"1+X"职业技能等级配套教材
"十四五"新工科应用型教材建设项目成果

新编21世纪职业教育精品教材

单片机技术应用与实践

主　编◎杨敬娜　董军刚　陈　亮
副主编◎包西平　甄　力　胡宝玲
赵伯鑫　王腾飞　王盈学
陈林腊　范晓茵　李险峰
参　编◎王治杰　崔　彦　王丽民
主　审◎乔　哲

中国人民大学出版社
·北京·

图书在版编目（CIP）数据

单片机技术应用与实践 / 杨敬娜，董军刚，陈亮主编. -- 北京：中国人民大学出版社，2022.11
新编 21 世纪职业教育精品教材
ISBN 978-7-300-31198-2

Ⅰ. ①单… Ⅱ. ①杨… ②董… ③陈… Ⅲ. ①单片微型计算机－职业教育－教材 Ⅳ. ①TP368.1

中国版本图书馆 CIP 数据核字（2022）第 203407 号

"1＋X" 职业技能等级配套教材
"十四五" 新工科应用型教材建设项目成果
新编 21 世纪职业教育精品教材
单片机技术应用与实践
主　编　杨敬娜　董军刚　陈　亮
副主编　包西平　甄　力　胡宝玲　赵伯鑫　王腾飞
　　　　王盈学　陈林腊　范晓茵　李险峰
参　编　王治杰　崔　彦　王丽民
主　审　乔　哲
Danpianji Jishu Yingyong yu Shijian

出版发行	中国人民大学出版社		
社　　址	北京中关村大街 31 号	**邮政编码**	100080
电　　话	010－62511242（总编室）		010－62511770（质管部）
	010－82501766（邮购部）		010－62514148（门市部）
	010－62515195（发行公司）		010－62515275（盗版举报）
网　　址	http://www.crup.com.cn		
经　　销	新华书店		
印　　刷	中煤（北京）印务有限公司		
开　　本	787 mm×1092 mm　1/16	**版　　次**	2022 年 11 月第 1 版
印　　张	18.25	**印　　次**	2023 年 9 月第 2 次印刷
字　　数	388 000	**定　　价**	69.00 元

P R E F A C E

前言

党的二十大报告指出，教育、科技、人才是全面建设社会主义现代化国家的基础性、战略性支撑。教育是国之大计、党之大计。职业教育是我国教育体系的重要组成部分，肩负着“为党育人、为国育才”的神圣使命。本教材以习近平新时代中国特色社会主义思想为指导，深入贯彻落实党的二十大精神，将思想道德建设与专业素质培养融为一体，着力培养爱党爱国、敬业奉献，具有工匠精神的高素质技能人才。

本教材在编写过程中，深入贯彻《国家职业教育改革实施方案》文件精神，通过新型活页式教材及配套开发的信息化教学资源，搭建工作岗位任务与课程教学内容之间的互通桥梁；以工作模块为单位组织内容，作为构建项目综合体的活页单元；融入“互联网＋”思维，实现传统纸质教材和数字化资源的关联。

本教材编写方式新颖，在学习内容、学习目标、应用能力、职业素养等方面进行了系统筹划，设计了工作情境导入、内容图谱、任务目标、任务实施、任务扩展、知识链接、内容梳理与总结、思考与练习、延伸阅读等栏目，并穿插了“小提示”等灵活栏目。教材内容系统完整，讲解深入浅出。

本教材的主要特色体现在以下几个方面：

1. 立德树人

通过“大国工匠”典型案例，培养学生爱党爱国、敬业奉献的精神。

2. 任务源于工作岗位，体现职业能力的成长过程

将实际工作岗位中的典型任务作为教学内容，明确了完成任务的初级能力和高级能力要求，具体体现在每个任务的基本任务和扩展任务中。

3. 将教学任务颗粒化，以“搭积木”方式组织项目

通过教材中的各任务模块，以搭积木的方式构建工程项目实施方案。教学过程中，既可以直接使用教材中的任务，也可以对任务进行重新组合，二次开发适合自身教学特点的任务。

4. 任务和知识点既相对独立又融会贯通

对于注重提升实践技能的学习者，可以以任务为主线来学习，锤炼技能；对于注重提

升软硬件开发和综合调试能力的学习者，可将“知识链接”和“任务实施”栏目结合起来学习。

5. C语言开发，电路板与仿真技术两线调试

本教材采用C语言开发，电路板和程序代码配合完成项目的实物联调，重点放在通过仿真软件 Proteus ISIS 进行虚拟联调。

本教材可作为高职高专、职业技术大学、应用型本科的自动化类、电子信息类、通信类、机电类专业的单片机技术课程的教学用书，也可供电子控制领域的爱好者参考。

本教材由河北软件职业技术学院杨敬娜、董军刚、陈亮担任主编，包西平、甄力、胡宝玲、赵伯鑫、王腾飞、王盈学、陈林腊、范晓茵、李险峰担任副主编，王治杰、崔彦、王丽民参与编写。编写分工如下：杨敬娜和董军刚确定了本书的编写思路与大纲，指导全书的编写工作，并负责统稿。杨敬娜编写工作模块 2、4、5，董军刚编写工作模块 8、9、11，陈亮编写工作模块 10 及工作模块 1～3 的延伸阅读，包西平编写工作模块 1～5 的思考与练习，甄力编写工作模块 7、13，胡宝玲编写工作模块 1、12，赵伯鑫编写任务 3-2，王腾飞编写工作模块 6、7 的思考与练习，王盈学编写工作模块 8、9 的思考与练习，陈林腊编写任务 6-1，范晓茵编写任务 6-2，李险峰编写任务 3-1，王治杰编写工作模块 4～5 的延伸阅读，崔彦编写工作模块 6～7 的延伸阅读，王丽民编写工作模块 8～9 的延伸阅读。本教材由河北软件职业技术学院乔哲担任主审。徐萌飞对教材编写提供了很多宝贵的意见和建议。此外，本教材在编写过程中参考了多位同行老师的著作及资料，在此一并表示感谢！

由于时间仓促加之编者水平有限，书中难免存在疏漏之处，恳请广大读者批评指正。

编者

C O N T E N T S 目录

单片机创新应用篇

单片机
基础应用篇

工作模块 1

单片机开发环境搭建

工作情境导入

单片机又称为微控制器，广泛应用于电子电气、汽车和 3C 产品（计算机、通信、消费类电子产品，又称为信息家电）类企业中，研发人员和生产技术人员在进行单片机控制系统开发和调试时，首先要做的就是搭建单片机开发环境，开发环境是进行后续项目调试和维护时所依赖的软硬件工具载体。

内容图谱

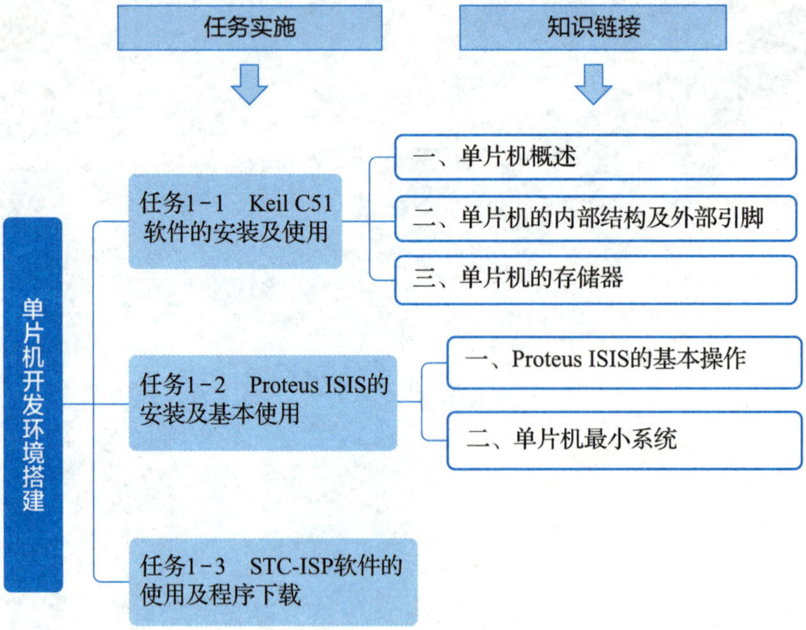

任务 1-1　Keil C51 软件的安装及使用

任务目标

知识目标

- 了解单片机的定义、分类、特点及应用。
- 了解单片机的内部结构、外部引脚及存储器结构。

技能目标

- 能够完成 Keil C51 软件的安装。
- 能够在 Keil 软件中新建工程。

素养目标

- 通过企业调研，了解单片机工程师的职业行为并学习其职业精神。
- 讲述大国工匠事迹，践行工匠精神。

任务描述

学会搭建单片机软件开发环境。C51 单片机程序的开发需要用到编程软件。本任务要求同学们能在 Windows 等操作系统上安装 Keil C51 编程软件，并完成工程的创建。

执行思路

首先在计算机上安装 Keil C51 软件，然后在软件环境中完成第一个工程的创建，并检验安装是否成功，确保关键界面设置正确。

任务实施

Keil C51 是德国软件公司 Keil（现已并入 ARM 公司）开发的基于 8051 内核的微控制器软件开发平台，是目前开发 8051 内核单片机的主流工具，具有丰富的库函数和功能强大的集成开发调试工具。它集编辑、编译、仿真等于一体，同时还支持 PLM、汇编和 C 语言程序设计，其界面友好（全 Windows 界面），易学易用，在调试程序、软件仿真方面也具有很强大的功能。与汇编语言相比，C 语言在功能性、结构性、可读性、可维护性方面优势明显，尤其是在开发大型软件时。

下面详细介绍 Keil C51 的安装和使用方法。

一、Keil C51 的安装

这里以安装 Keil C51 μVision4 版本为例。在 Windows 环境下运行 Keil C51 μVision4 软件的安装程序 C51 V901. EXE，按照图 1-1 所示的流程进行安装。

1-1　Keil C51 的安装

图 1-1 Keil C51 µVision4 的安装流程

二、Keil C51 的注册

安装成功后，在计算机桌面上右击，选择“以管理员身份运行”快捷选项（尤其是 64 位操作系统的电脑，一定要这么做，不要直接双击），进入 Keil 软件的开发环境，完成注册，如图 1-2 所示。

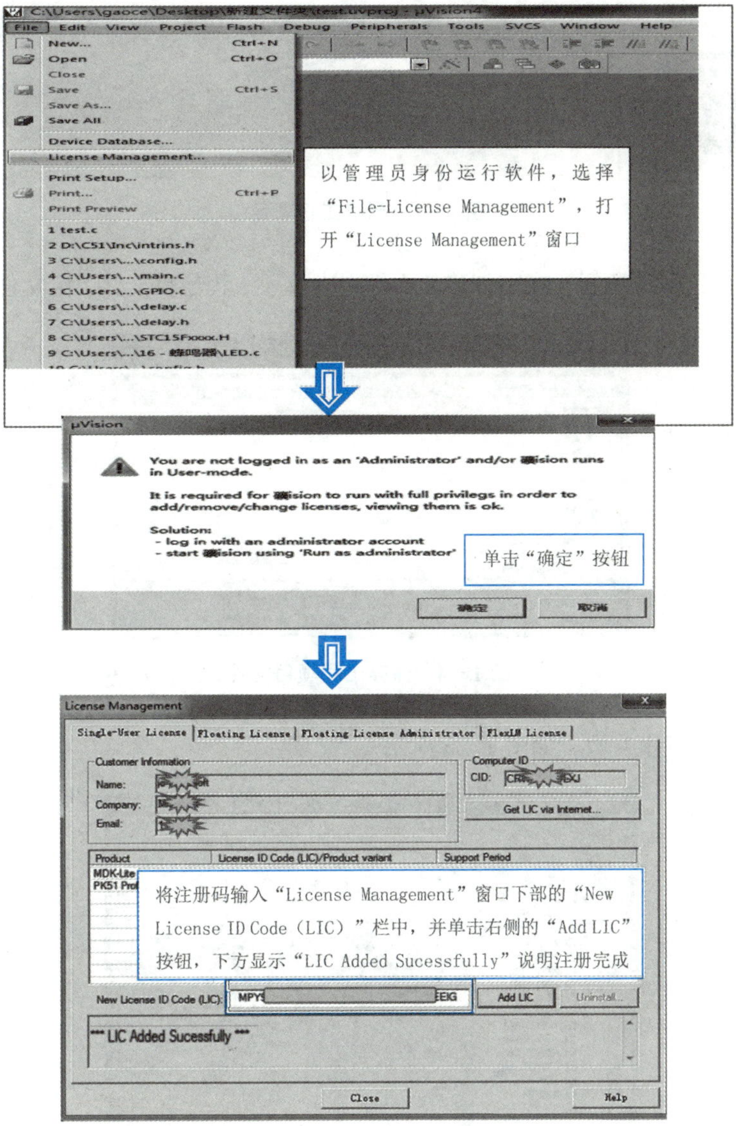

图 1-2　Keil 软件注册

三、Keil C51 的使用

创建一个空文件夹，用于放置新建的工程文件。为文件夹命名时尽量做到“见名知意”。

【小提示】因为一个工程包含若干个子文件，所以建议将一个工程保存到一个文件夹中，这样便于管理，否则当创建第二个工程时，文件会混淆，不便于后期修改和维护。

1-2　Keil 软件的使用

第 1 步：打开 Keil 编译器，选择“Project→New µVision Project”，创建工程项目，如图 1-3 所示。

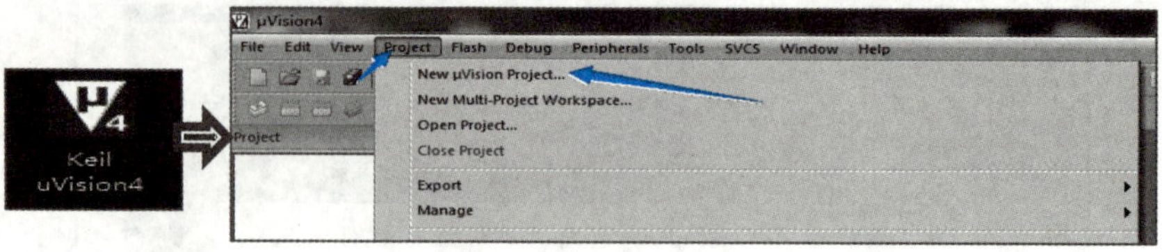

图 1-3　创建工程项目

第 2 步：如图 1-4 所示，在刚创建的文件夹中放入工程项目文件，给文件命名并保存。

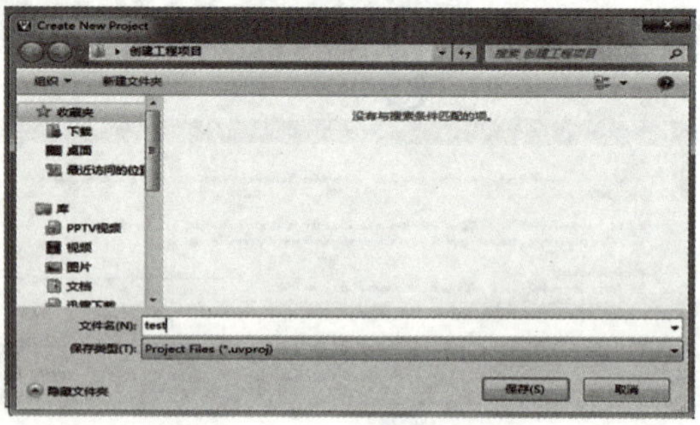

图 1-4　保存工程项目文件

第 3 步：选择芯片类型，如图 1-5 所示。

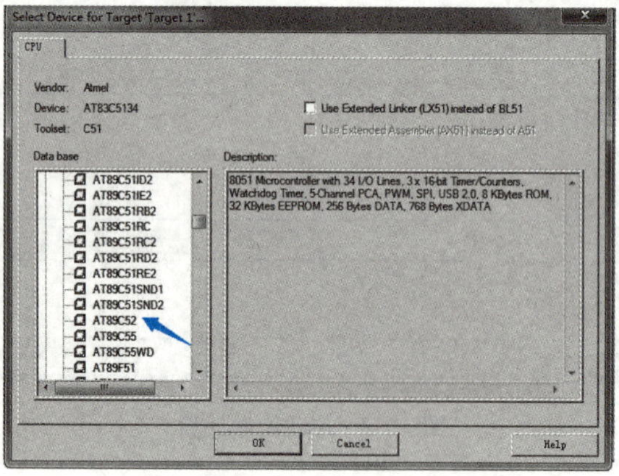

图 1-5　选择芯片类型

【小提示】Keil 软件中没有 STC 公司的产品，不过 STC 的产品和 Atmel 区别很小，所以如果使用的是 STC90C516RD 或 STC89C52RC 单片机，可以选择 Atmel 公司的 AT89C52。当然，也可以安装 STC 公司的插件，即可选择 STC 公司的芯片。

选择好对应的芯片之后，单击“OK”按钮，弹出如图 1-6 所示的对话框，显示 51 单片机的启动代码。建议选择“是”，自动添加启动代码。

图 1-6　自动添加启动代码

第 4 步：单击如图 1－7 中箭头所指的“创建新文档”按钮，或选择“File→New”来创建工程的 C 文件。选择“File→Save”或单击“保存”按钮，将文件保存到刚创建的文件夹中。在弹出的对话框中填写文件名时，可根据需要任意命名，但建议和工程名一致。

【注意】填写文件名时一定要加上文件的扩展名（如 .c 为 C 文件，.asm 为汇编文件），这里加上“.c”，同时要跟工程项目保存在同一个文件夹下。

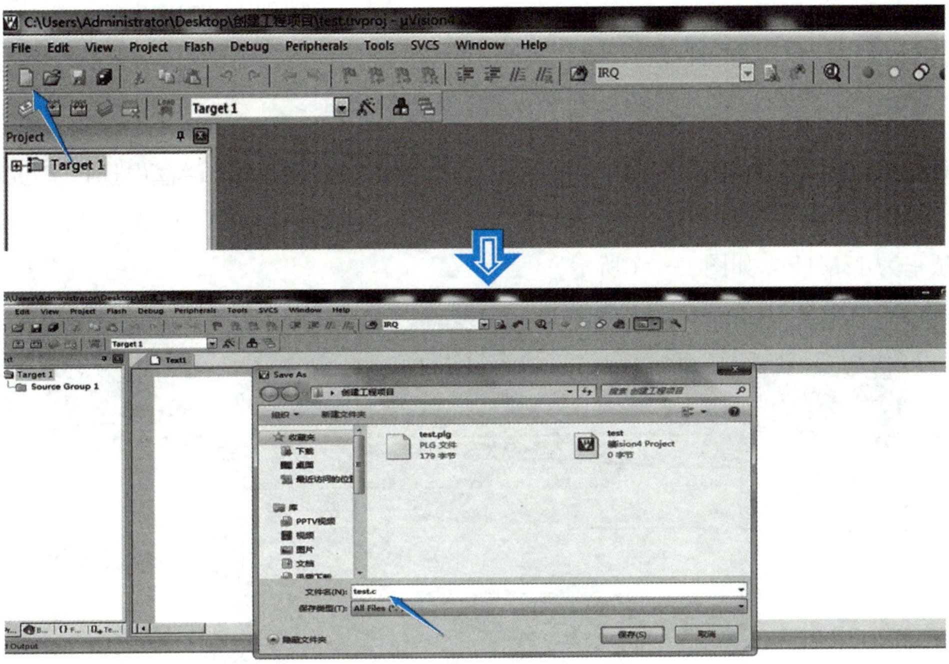

图 1－7　创建并保存文件

第 5 步：将 C 文件添加到工程文件里，操作命令如图 1－8 所示。

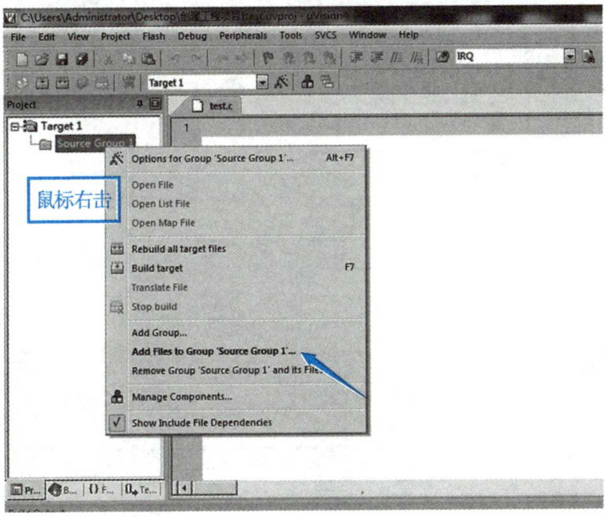

图 1－8　将 C 文件添加到工程文件

第 6 步：如图 1-9 所示，单击之前保存的 C 文件，然后单击“Add”按钮，即可将其添加到工程目录中。工程目录创建好之后，即可在 test. c 文档中编辑代码。

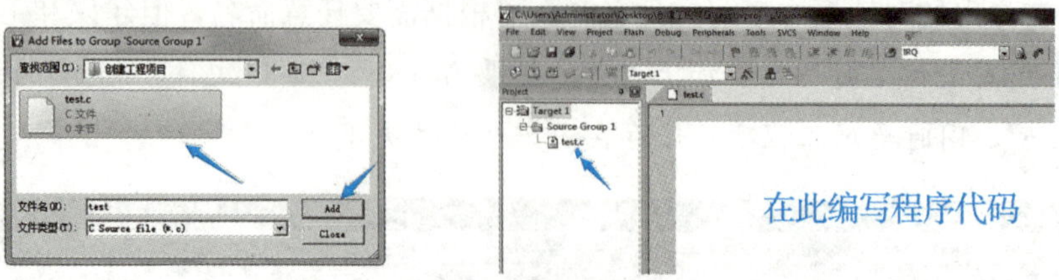

图 1-9　将 C 文件添加到工程目录

第 7 步：进行工程设置。单击“魔法棒”按钮，在弹出的对话框中选择“Output”标签，勾选输出 hex 文件的复选框，如图 1-10 所示。选择“Target”标签，设置单片机的工作频率为 12MHz，如图 1-11 所示。

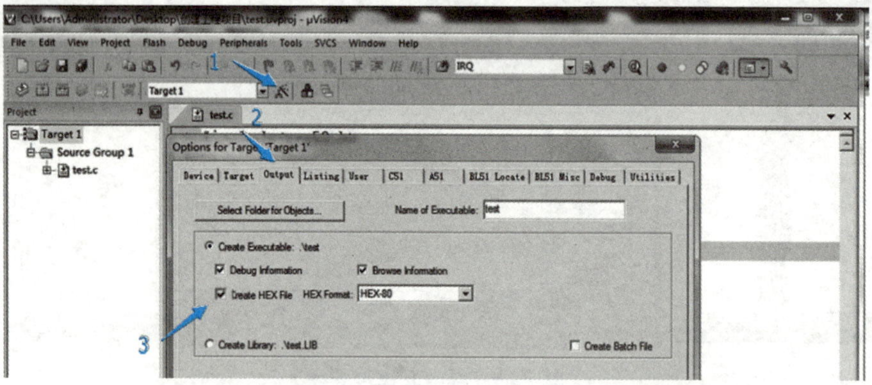

图 1-10　Output 设置

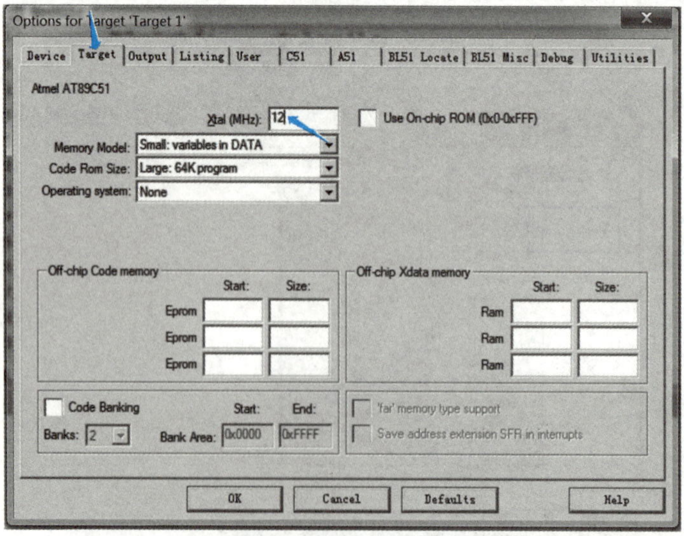

图 1-11　Target 设置

第 8 步： 如图 1－12 所示，单击“编译”按钮，对程序进行编译。输出结果包含编译程序、链接、程序大小、生成目标文件及错误警告信息等。

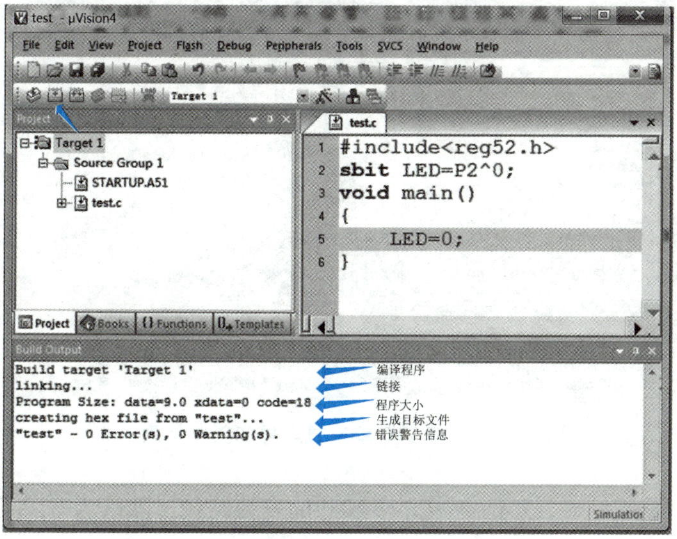

图 1－12　工程编译

如果编译有错误，则要根据提示修改源程序并保存。

编译通过之后，即可输出 hex 文件，即单片机可执行的目标文件。如图 1－13 所示的 test. hex 文件即为目标文件。

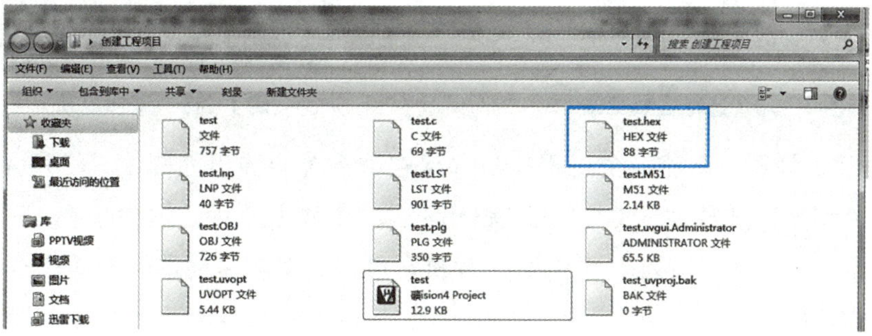

图 1－13　目标文件

至此，即在 Keil C51 上完成了一个完整工程项目的创建。

以上介绍的是纯软件环境下的开发过程，接下来就可以将编译生成的 hex 文件 test. hex 下载到芯片或加载到 Proteus 仿真软件中进行调试、运行了。

四、在 Keil C51 中添加 STC 器件型号

退出 Keil，运行软件 stc-isp-15xx-v6. 66（或更高版本），选择“Keil 仿真设置”标签，单击“添加型号和头文件到 Keil 中 添加 STC 仿真器驱动到 Keil 中”按钮，如图 1－14 所示。

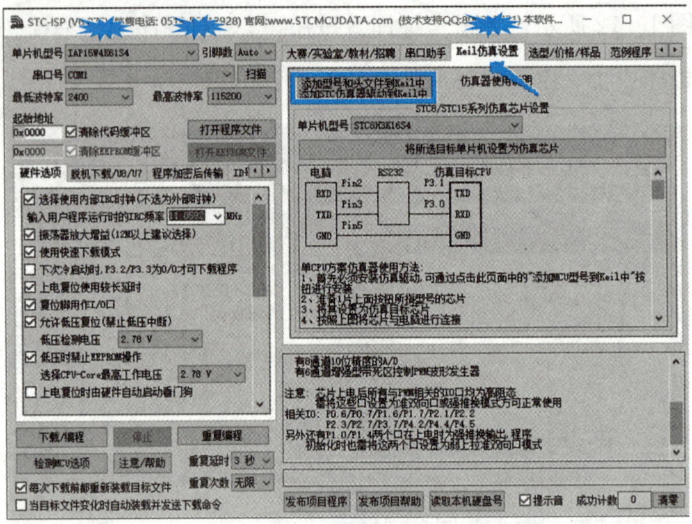

图 1-14　添加 STC 单片机型号和头文件到 Keil

在弹出的“浏览文件夹”对话框中选择 Keil 的安装路径（默认为 C:\Keil），如图 1-15 所示，单击“确定”按钮，显示“STC MCU 型号添加成功!”，如图 1-16 所示。

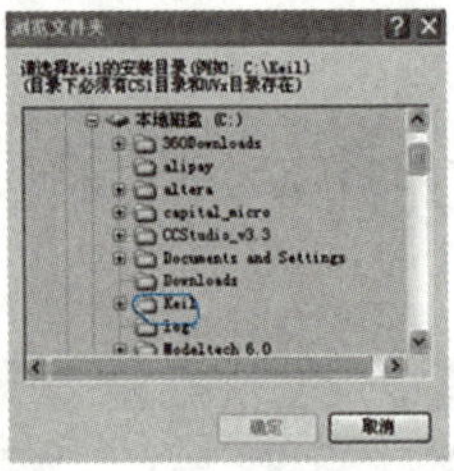

图 1-15　选择安装目录

图 1-16　添加成功

打开 Keil 编译器，新建一个工程项目并保存。系统会弹出如图 1-17 所示的对话框，要求选择器件型号，选择“STC MCU Database”，在弹出的对话框中选择 CPU 型号，如图 1-18 所示。对话框左栏列出了 STC 单片机，可根据实际需要进行选择；右栏显示所选单片机的基本说明。

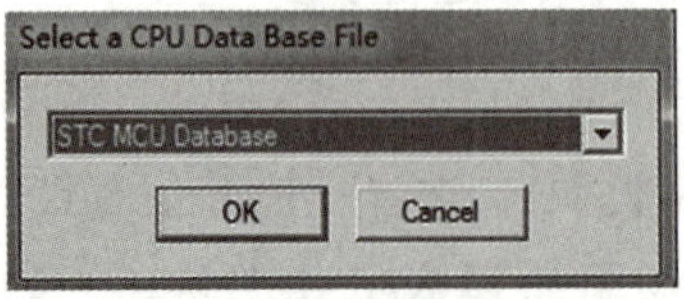

图 1-17　选择器件型号

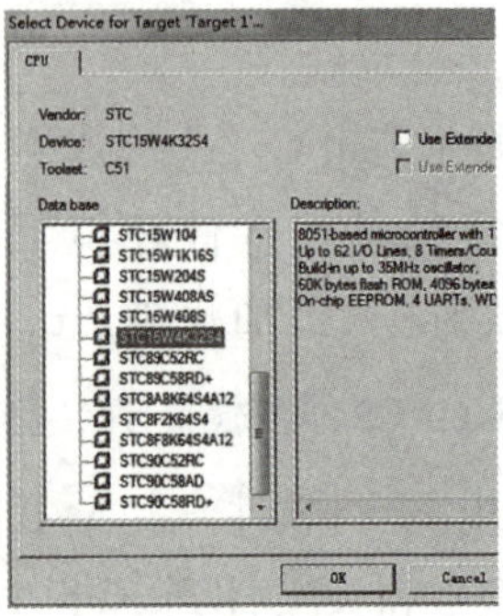

图 1-18　选择 CPU 型号

【注意】 添加 STC 器件后，工程项目配置对话框中的“Device”标签下默认为 STC MCU Database，如需切换回通用器件，在“Device”标签的“Database”下拉菜单中选择 Generic CPU Data Base 即可，此时左栏显示通用器件列表，可从中选择合适的器件，如图 1-19 所示。

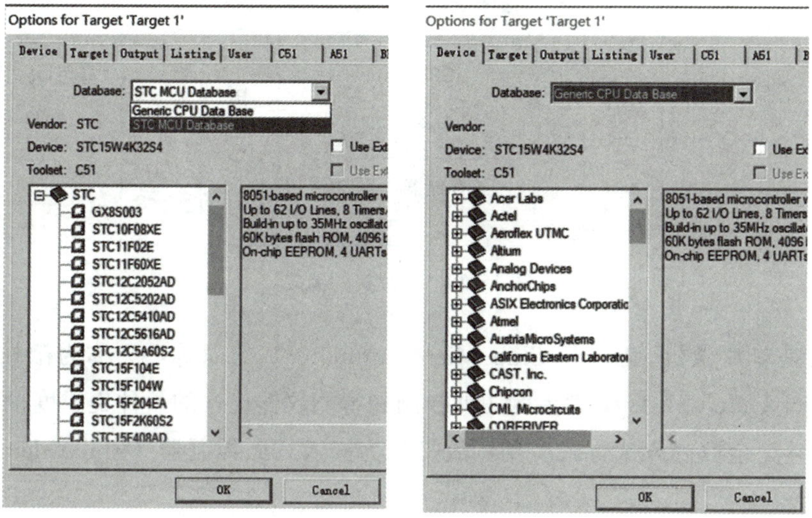

图 1-19　切换器件

任务小结

（1）Keil 软件的安装步骤如下：

安装 → 注册 → 安装完成

（2）Keil 软件的基本使用步骤如下：

新建工程 → 新建源文件 → 添加源文件 → 输入源程序 → 配置工程属性 → 编译调试 → 生成HEX文件

（3）需要在 Keil 中添加 STC 单片机时，可以借助 STC 软件完成，步骤如下：

keil仿真设置 → 选择keil安装路径 → 重启keil软件 → 完成STC选型

知识链接

一、单片机概述

（一）单片机的定义

单片机是将中央处理器（CPU）、存储器（RAM、ROM）、定时器/计数器、中断系统和一些输入/输出（I/O）接口等集成在一个芯片上的

1-3　单片机简介

微型计算机，如图 1－20 所示。

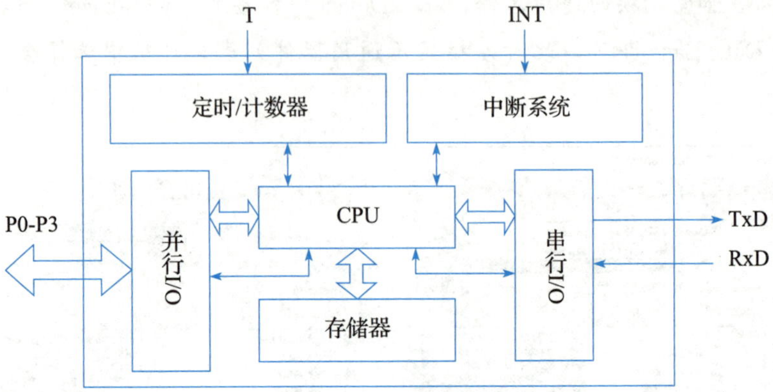

图 1－20　单片机的组成

单片机是单片微机（Single Chip Micro-Computer）的简称，又称为微控制器（Micro-Controller Unit，MCU），是专为工业控制和智能仪器设计的一种集成度很高的微型计算机。由于它完全以嵌入式方式应用，故又称为嵌入式微控制器（Embedded Micro-Controller）。

（二）单片机与计算机的异同

1. 组成

相同点：均由 CPU（运算、控制系统）、RAM（数据存储器）、ROM（程序存储器）、I/O 口（串口、并口等）等组成。

不同点：计算机的上述部件以芯片形式安装在主板上，单片机的上述部件集成在单芯片中。计算机包括键盘、显示器、鼠标、硬/软/光驱，以及音箱、打印机、扫描仪等外设。单片机则只是一片集成电路，依据引脚数量集成不同程度的片上资源。

2. 功能

计算机擅长数据的运算、采集、处理、存储和传输。

单片机擅长测控，即控制（或受控于）外设。通常，将单片机嵌入某个仪器/设备/系统中，实现智能化的效果。

3. 应用

计算机体积大，功耗大，价格高，用途较固定，属于通用计算机，易于掌握和使用。计算机用于控制时必须制作或购买专用的接口卡，并编制专门的应用软件。

单片机体积小，功耗小，价格低，用途广泛，属专用计算机。单片机是一种特殊器件，需经过专门学习方能掌握，且应用时涉及专业的硬件和软件。

（三）单片机应用系统

在学习单片机应用系统之前需明确以下概念：

单片机：通常指应用系统主处理机，即所选择的单片机器件。

单片机系统：按照单片机的技术要求和嵌入对象的资源要求构成的基本系统。

单片机应用软件：为了实现产品的智能化处理与智能化控制而嵌入的控制程序。

单片机应用系统：能满足嵌入对象要求的全部电路系统，即嵌入了应用软件的单片机系统。

如图 1－21 所示，单片机应用系统是以单片机为核心构成的智能化产品，包括硬件和软件，硬件是应用系统的基础，软件的作用是在硬件的基础上对其资源进行合理调配和使用，从而完成应用系统所要求的任务，二者相互依赖，缺一不可。

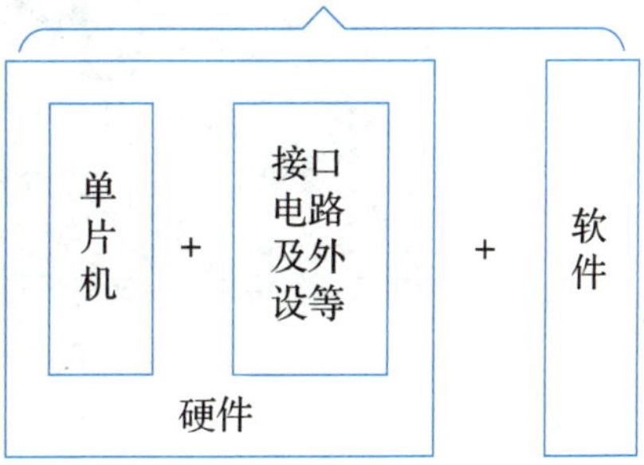

图 1－21　单片机应用系统的组成

总之，单片机是单片机系统中的一个器件，单片机系统是构成某一单片机应用系统的全部硬件电路，单片机应用系统是单片机系统和应用软件相结合的产物。

（四）单片机的特点及应用领域

（1）控制功能强，可靠性高。

单片机的实时控制功能特别强，其 CPU 可以对 I/O 端口直接进行操作，位操作能力更是其他计算机无法比拟的。另外，由于 CPU、存储器及 I/O 接口集成在同一芯片内，各部件间连接紧凑，数据在传送时受到的干扰较小，且不易受环境条件的影响，所以可靠性非常高。

（2）体积小、价格低、易于产品化。

单片机芯片可以看作一台完整的微型计算机，可以对其进行芯片设计，以减小应用系统的印制板、减少接插件，使安装更加简单方便。

由于单片机具有可靠性高、体积小、抗干扰能力强、能在恶劣环境下工作等特点，有较高的性价比，因此广泛应用于工业控制、仪器仪表智能化、机电一体化、家用电器等领域。单片机-嵌入式技术无处不在，逐渐改变人们传统的生产和生活方式。

单片机的主要应用领域如下：

（1）智能仪器仪表。

单片机广泛应用于多种仪器仪表，如智能电气测量仪表、智能传感器等，如图 1－22 所示。智能化后的仪器仪表性能更强、精度更高、硬件结构更简化，更便于产品的升级换代。

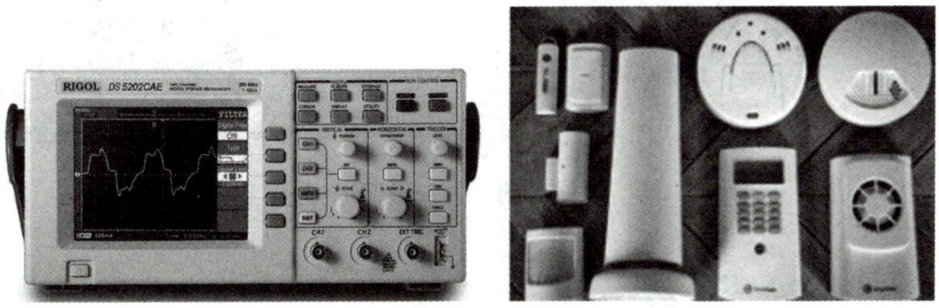

图 1－22　单片机的应用——智能仪器仪表

（2）汽车电子。

单片机广泛应用于汽车电子系统中，如汽车安全系统、汽车信息系统、智能自动驾驶系统、汽车防撞监控系统、汽车自动诊断系统等，如图 1－23 所示。

图 1－23　单片机的应用——汽车电子

（3）工业检测和控制。

在工业过程控制、智能控制、设备控制、数据采集和传输、测试、测量、监控等领域，单片机发挥着非常重要的作用，如图 1－24 所示。

图 1－24　单片机的应用——工业检测和控制

（4）机电一体化产品。

机电一体化产品是集机械技术、微电子技术、自动化技术和计算机技术于一体，具有智能化特征的机电产品。单片机在机电一体化产品的开发中发挥了巨大的作用。典型产品如机器人、数控机床、自动包装机、点钞机、医疗设备、打印机、传真机、复印机等，如图 1－25 所示。

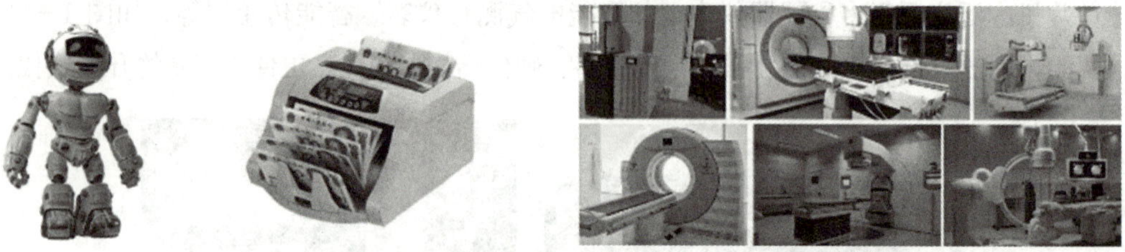

图 1－25　单片机的应用——机电一体化产品

（五）单片机的发展阶段及分类

单片机的发展经历了以下 4 个阶段：

第一阶段（1974～1976 年）：单片机初级阶段。

第二阶段（1976～1978 年）：低性能单片机阶段。

第三阶段（1978～1983 年）：高性能单片机阶段。

第四阶段（1983 年至今）：8 位单片机巩固发展，以及 16 位、32 位单片机推出和普及阶段。

经过多年的发展，单片机拥有了复杂的系列和五花八门的机型，形成了庞大的单片机家族。单片机的分类方式有多种，具体如下：

（1）按位数分类：8 位机、16 位机、32 位机（一般称为嵌入式处理器）。

（2）按生产厂商分类：Intel、Atmel 等。

（3）按应用领域分类：家电类、工控类、通信类、个人信息终端等。

（4）按通用性分类：通用型和专用型（如计费率电表）。

（5）按指令集分类：复杂指令集（CISC）和精简指令集（RISC）。

1）CISC 结构的单片机的数据线和指令线分时复用，指令丰富，功能较强，但取指令和取数据不能同时进行，速度受限，价格高。包括 Intel 的 MCS-51/96 系列、Atmel 的 AT89 系列等。

2）RISC 结构的单片机的数据线和指令线分离，取指令和取数据可同时进行，执行效率更高，速度更快。包括 Microchip 公司的 PIC16C5X/6X/7X/8X 系列、Atmel 的 ATmega 系列、STC 的增强型 51 系列等。

（6）按 CPU 内核分类：这是最常用的分类方法，可分为 51 系列单片机、AVR 系列单片机、PIC 系列单片机、STM32 系列单片机等。

1）51 系列单片机。

51 系列单片机是目前产量最大、应用最广泛的单片机之一。

1－4　单片机分类

20 世纪 80 年代以来，单片机技术发展迅速。我国使用最多的 8 位单片机是 Intel 的 MCS-51 系列单片机（8051 是其中最基础的单片机型号）以及与其兼容的单片机，称为 51 系列单片机。

20 世纪 80 年代中期后，Intel 以专利形式把 8051 内核技术转让给 Atmel、Philips 等公司。这些公司生产的兼容机与 8051 兼容，是在 8051 的基础上增加了一些功能模块，采用 CMOS 工艺，这些兼容机的各种衍生品种统称为 51 系列单片机，简称为 51 单片机。

国内外主流的 51 单片机如下：

①Intel 的 8051 系列单片机（早期型号 80C31、80C51、87C51，80C32、80C52、87C52）。

②Atmel 公司生产的 AT89 系列单片机（89C51、89C52、89C2051，89S51，89S52）。

③STC 系列单片机（STC89/90 系列、STC12/11 系列、STC15 系列，如 89c51/52、90c516）。

④Philips、华邦、Dallas、Siemens 等公司的产品。

下面重点了解一下 STC 系列单片机。

STC（宏晶科技）是位于深圳的一家8051单片机设计生产公司，推出了STC89/90系列、STC12/11系列、STC15系列等多个系列的单片机。

STC单片机的STC89/90系列除具有传统51单片机的标准功能外，还具有32位I/O口线、3个16位定时器/计数器和看门狗定时器、4个外部中断、一个7向量4级中断结构等，最高运行频率35MHz，6T/12T可选。

STC12/11系列是一种单时钟/机器周期（1T）的单片机，是高速、低功耗、超强抗干扰的新一代8051单片机。指令代码完全兼容传统8051，但速度快8～12倍。内部2路PWM，8路高速10位A/D转换，通用I/O口可设置成4种编程模式：准双向口/弱上拉，推挽/强上拉，仅为输入/高阻，开漏，每个I/O口驱动能力均可达到20mA。

STC15系列单片机在STC12系列的基础上增加了更多、更强的功能和配置：速度比STC11/12高20%，内置RC振荡器的精度更高、温漂更小，可选择多个频率，4个独立串口，硬件SPI接口，4K内部扩展SRAM，5路定时器，6路CCP/PCA/PWM比较捕获单元，等等。目前，STC15系列单片机在“1+X”职业技能认证和各项职业技能大赛中应用较广。

除了51单片机外，某些非51单片机也得到了较为广泛的应用，包括AVR、PIC与STM32系列单片机，它们博采众长且独具特色，得到广大设计工程师的关注。

2）AVR系列单片机。

AVR系列单片机是Atmel公司研发的增强型内置Flash的精简指令集高速8位单片机，其执行速度在相同的振荡频率下是8位MCU中最快的，广泛应用于计算机外部设备、工业实时控制设备、仪器仪表、通信设备、家用电器、宇航设备。AVR单片机有3个档次：低档Tiny系列（Tiny11等）、中档AT90S系列（AT90S1200等）、高档ATmega系列（ATmega8/16/32/64/128等）。

3）PIC系列单片机。

PIC系列单片机是Microchip（微芯）公司的产品，也是一种精简指令型的单片机，可分为基本级系列（如PIC16C5X）、中级系列（如PIC12C6XX）、高级系列（如PIC17CXX）。

PIC系列单片机的主要产品是PIC16C系列和PIC17C系列的8位单片机，适用于用量大、价格敏感的产品，如办公自动化设备、智能仪器仪表、汽车电子、工业控制设备等。

4）STM32系列单片机。

STM32系列单片机是由意法半导体（STMicroelectronics）公司开发的32位微处理器，性价比超高，其内核是专为要求高性能、低成本、低功耗的嵌入式应用设计的Arm-Cortex架构，功能极其强大。I/O口较多，可同时集成大量外设，如1μs的双12位ADC、数据传输速率18Mbps的SPI等。其在功耗和集成度方面也表现不俗。

5）16位单片机MSP430。

在我国，16位单片机也得到了广大用户的青睐，如美国德州仪器（TI）公司的MSP430。MSP430系列单片机是一种16位超低功耗、具有精简指令集的混合信号处理器，一个芯片就可构成一个数据采集系统，设计和使用非常方便。MSP430系列单片机多应用于需要电池供电的便携式仪器仪表中，被业界称为“绿色 MCU”。

1-5-1　单片机内部结构及外部引脚

二、单片机的内部结构及外部引脚

（一）单片机的内部结构

单片机的内部结构如图 1-26 所示。

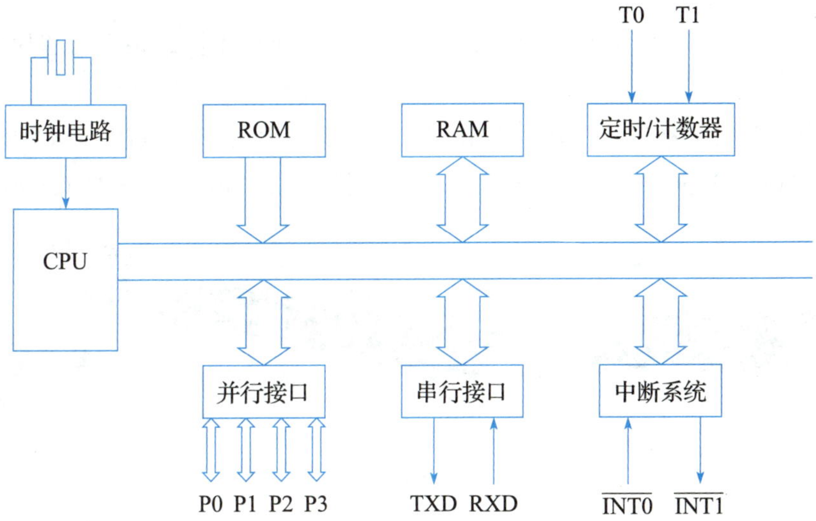

图 1-26　单片机的内部结构

（1）中央处理器（CPU）：8 位，具有运算和控制功能。CPU 通过总线与存储器、I/O 接口实现数据交换。

（2）内部 ROM：4KB 掩膜 ROM，用于存放程序、原始数据和表格。

（3）内部 RAM：共 256 个 RAM 单元，用户可使用前 128 个单元存放可读写数据，后 128 个单元被专用寄存器占用。

（4）两个 16 位定时器/计数器，实现定时或计数功能。

（5）并行 I/O 口：4 个 8 位 I/O 口，分别为 P0、P1、P2、P3 口。

（6）时钟电路：可产生时钟脉冲序列，允许晶振频率为 6MHz 和 12MHz。

（7）一个全双工串行口。

（8）一个中断系统：5 个中断源（外部中断 2 个，定时/计数中断 2 个，串行中断 1 个）。

其中，单片机的 CPU 主要由运算器和控制器构成：

运算器包括算术逻辑单元（ALU）、暂存器 1、暂存器 2、累加器（ACC）、寄存器 B 和 BCD 码调整电路。其主要功能是对操作数进行算术、逻辑运算和位操作。如算术运算、加 1 和减 1 运算、十进制调整、逻辑操作、数据传送。

控制器包括程序计数器（PC）、数据指针（DPTR）、堆栈指针（SP）、程序状态字（PSW）、振荡器、定时电路和复位电路等。

1-5-2 单片机外部引脚功能

（二）单片机的外部引脚

1. 单片机封装

不同厂家、不同型号的51系列单片机虽然在引脚数量和封装形式上稍有不同，但都分为控制引脚、输入/输出端口引脚、电源及时钟引脚三部分。

下面以AT89S51单片机为例来讲解不同封装下的芯片及其引脚排布情况。

AT89S51单片机作为51系列单片机的代表，被广泛应用在控制领域中，这个型号包括DIP封装、PLCC封装、TQFP封装等，如图1-27（a）、图1-27（b）、图1-27（c）所示。

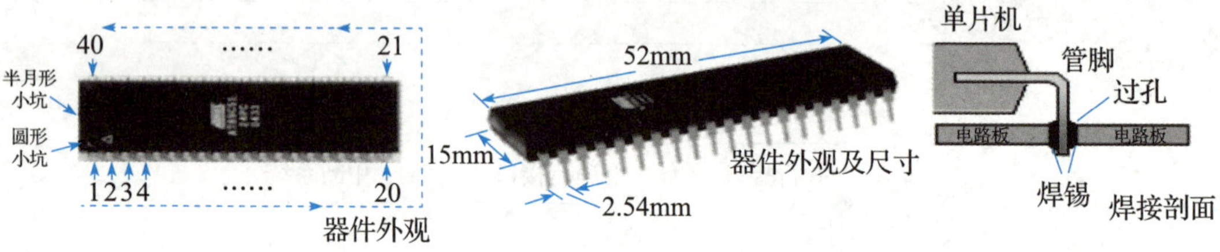

（a）DIP封装

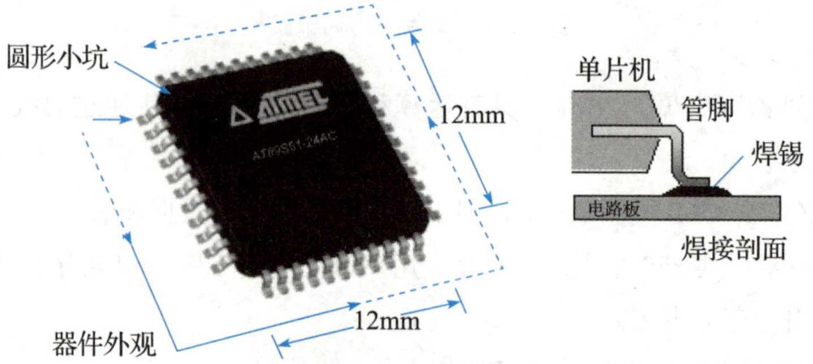

（b）PLCC封装

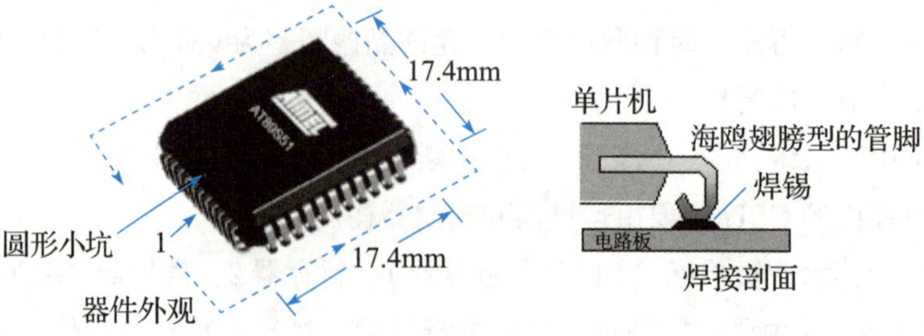

（c）TQFP封装

图1-27 51单片机的不同封装

通常，在电路原理图中看到的单片机形式如图 1－28（a）所示，电路符号的管脚不是按从小到大的顺序排列的，而是把功能相近的管脚放到一起，这样便于分析电路。如图 1－28（b）所示的 AT89S51 单片机实物的管脚则是按逆时针顺序排列的，请注意区别！

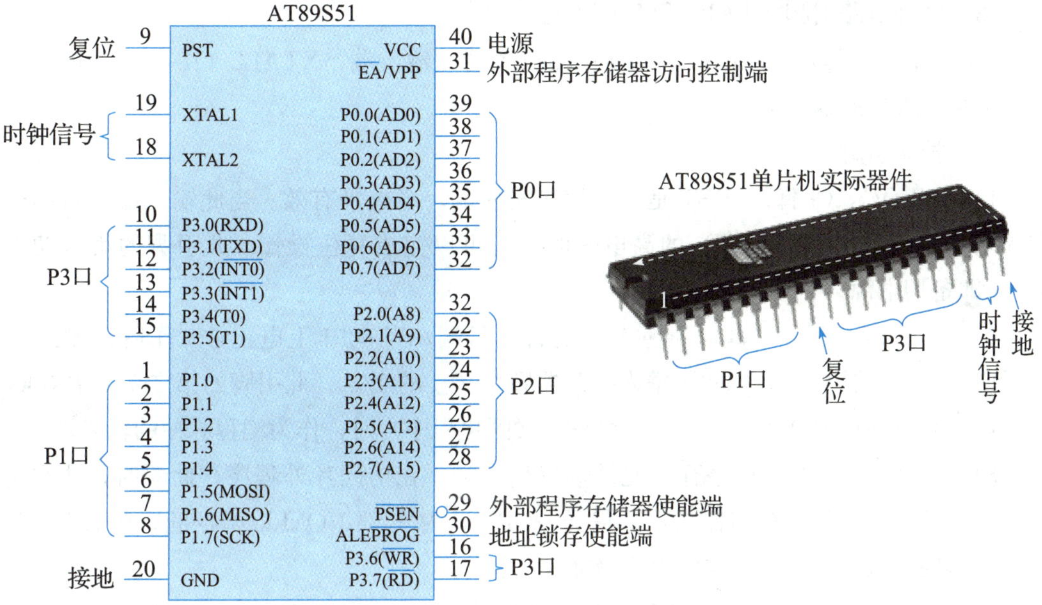

（a）电路原理图　　　　（b）实物

图 1－28　51 单片机的电路原理图和实物

2. 单片机引脚描述

单片机通常采用 40 脚双列直插式封装形式，如图 1－29 所示。

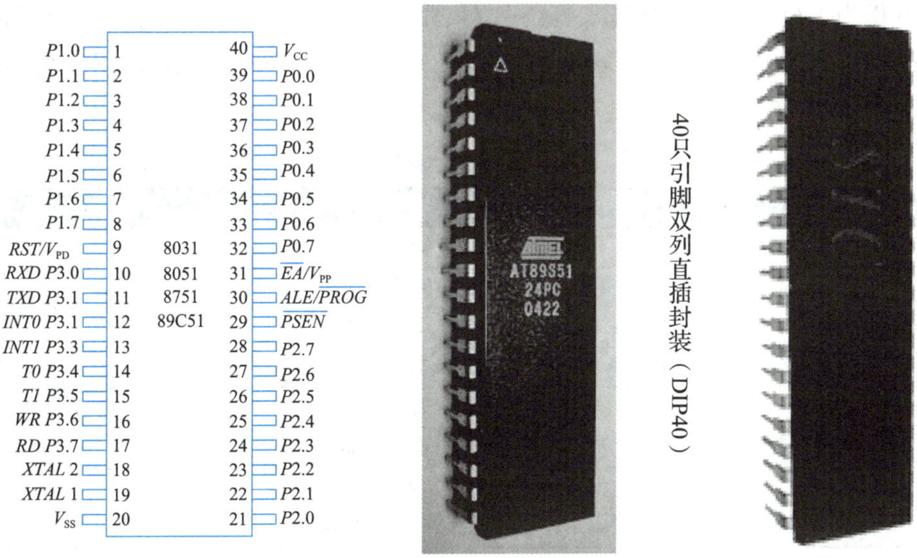

图 1－29　单片机的引脚分布和 DIP 封装芯片

（1）电源引脚 VCC 和 VSS。

正电源引脚 VCC（40 脚）为＋5V/3.3V/2.7V，VSS/GND（20 脚）为接地端。不同的单片机可以允许不同的工作电压，功耗也不同。

（2）时钟电路引脚 XTAL1 和 XTAL2。

XTAL1（19 脚）为内部振荡电路反相放大器的输入端，XTAL2（18 脚）为内部振荡电路反相放大器的输出端。

（3）控制引脚。

1）RST/V_{PD}（9 脚）：RST 是复位信号输入端，高电平有效。当此输入端保持两个机器周期（24 个时钟振荡周期）的高电平时，就可以完成复位操作。此引脚的第二功能是 V_{PD}，即备用电源。

2）ALE/PROG（30 脚）：地址锁存允许信号端，当 8051 上电正常工作后，ALE 引脚不断向外输出正脉冲信号，此频率为振荡器频率 f_{osc} 的 1/6 。此引脚的第二功能 PROG 是对片内带有可编程 ROM 的单片机编程写入（固化程序）时，作为编程脉冲的输入端。

3）PSEN（29 脚）：程序存储允许输出信号端。在访问片外程序存储器时，此端定时输出负脉冲作为读片外存储器的选通信号。CPU 在从外部 ROM 取指期间，PSEN 信号在每个机器周期（12 个时钟周期）中两次有效。

4）EA/V_{PP}（31 脚）：外部程序存储器地址允许输入端/固化编程电压输入端。当 EA 引脚接高电平时，CPU 先访问片内程序存储器并执行内部程序存储器中的指令，再访问外部 ROM 的内容。当 EA 引脚接低电平（接地）时，CPU 只访问外部 ROM 并执行外部程序存储器中的指令，而不管是否有片内程序存储器。

（4）I/O（输入/输出）端口 P0、P1、P2 和 P3。

4 个 8 位并行 I/O 口（P0～P3 口）都可以作为普通的双向并行输入/输出口。需要注意的是：P0 作为 I/O 口时必须外接 4.7kΩ～10kΩ 的上拉电阻；P0 作为地址/数据复用总线时是低 8 位地址线［A0～A7］及数据线［D0～D7］；P2 作为地址/数据复用总线时是高 8 位地址线［A8～A15］；P3 口还具有复用功能，具体见表 1－1。

表 1－1　P3 口的第二功能

引脚	第二功能
P3.0	RXD（串行口接收数据输入）
P3.1	TXD（串行口发送数据输出）
P3.2	INT0（外部中断 0 输入）
P3.3	INT1（外部中断 1 输入）
P3.4	T0（定时器 0 的外部计数脉冲输入）
P3.5	T1（定时器 1 的外部计数脉冲输入）
P3.6	WR（片外数据存储器写选通控制输出）
P3.7	RD（片外数据存储器读选通控制输出）

三、单片机的存储器

1-6 单片机的存储器

单片机的存储器的相关名称如下：

- 数据存储器——Random Access Memory，RAM。
- 程序存储器——Read Only Memory，ROM。
- 闪速存储器——Flash Memory。
- 可擦除可编程只读存储器——（UV）Erasable Programmable ROM，EPROM。
- 电可擦除可编程只读存储器——Electrical Erasable Programmable ROM，EEPROM/E2PROM。
- 静态存储器——Static RAM，SRAM。
- 动态存储器——Dynamic RAM，DRAM。

单片机的存储器的空间分布情况如下：

51 单片机在存储器的设计上，通常将程序存储器 ROM 和数据存储器 RAM 分开（STC 单片机除外），所以 51 单片机的存储器在物理上分为 4 个存储空间：片内数据存储器、片内程序存储器、片外数据存储器、片外程序存储器。8051 单片机的存储器地址空间分布如图 1-30 所示。

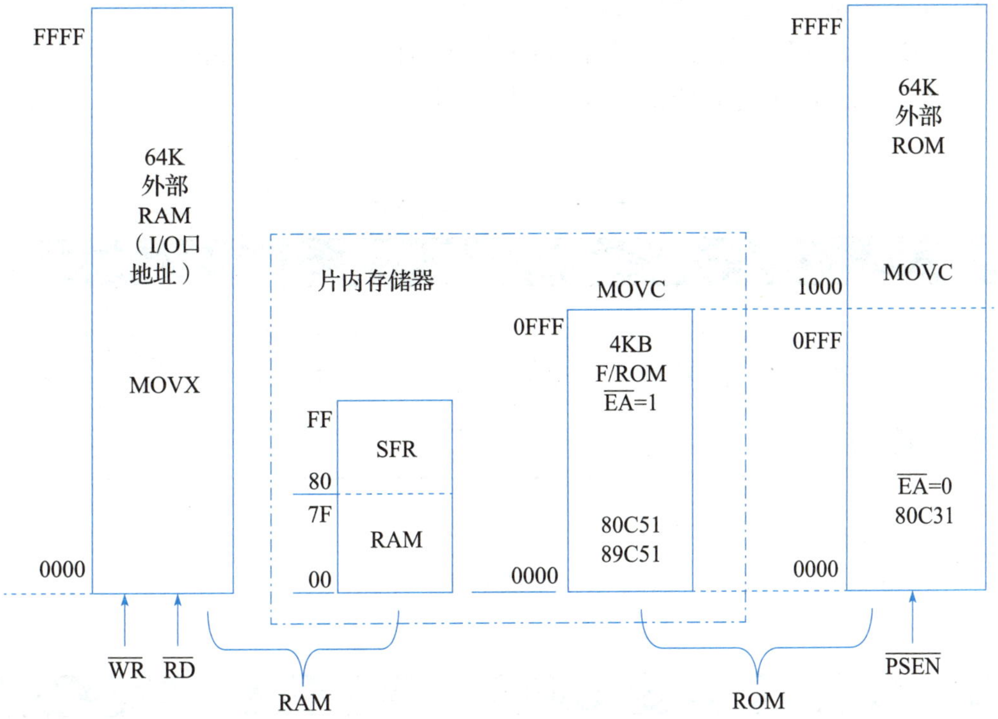

图 1-30　8051 单片机的存储器地址空间分布

单片机的存储器的配置情况如下：

- 片内低 RAM 128 字节（00H～7FH）。
- 片内高 128 字节 RAM：21 个特殊功能寄存器（SFR）。
- 片内 Flash ROM 4K 字节（000H～FFFH）。
- 可寻址片外 RAM 64K 字节（0000H～FFFFH）。
- 可寻址片外 ROM 64K 字节（0000H～FFFFH）。

（一）片内数据存储器 RAM

片内数据存储器又叫内部 RAM，也叫随机存取内存，主要用于数据缓冲和中间数据的暂存，这种内存在使用过程中可随时进行写入和读取信息操作。

51 单片机内部有 256 字节的 RAM，分为以下两部分：

1. 片内 RAM 128 字节（00H～7FH）

按用途分为工作寄存器区、位寻址区、用户 RAM 区（30H～7FH）3 个区域，如图 1-31 所示。

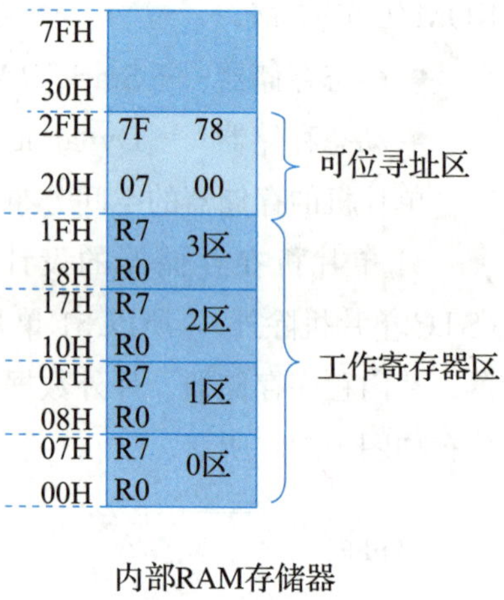

图 1-31　片内数据存储器

片内 RAM 前 32 个单元是工作寄存器区（00H～1FH），分为 4 组，每组 8 个单元，单元的符号为 R0～R7。CPU 通过程序状态字寄存器（PSW）中的 RS1 和 RS0 的状态确定选用哪组寄存器组工作。寄存器组的设置见表 1-2。

表 1-2　寄存器组的设置

RS1	RSO	工作寄存器组号	R0～R7 物理位元址
0	0	0	00H～ 07H
0	1	1	08H～0FH
1	0	2	10H～17H
1	1	3	18H～ 1FH

片内 RAM 有 128 个可按位寻址的位，占 16 个单元。位地址编号为：00H～7FH，分布在 20H～2FH 单元。RAM 位寻址区位地址见表 1-3。

表 1-3　RAM 位寻址区位地址

单元地址	MSB ←—————— 位地址 ——————→ LSB							
2FH	7F	7E	7D	7C	7B	7A	79	78
2EH	77	76	75	74	73	72	71	70
2DH	6F	6E	6D	6C	6B	6A	69	68
2CH	67	66	65	64	63	62	61	60

续表

单元地址	MSB ←—————————————			位地址			————————————→LSB
2BH	5F	5E	5D	5C	5B	5A	59	58
2AH	57	56	55	54	53	52	51	50
29H	4F	4E	4D	4C	4B	4A	49	48
28H	47	46	45	44	43	42	41	40
27H	3F	3E	3D	3C	3B	3A	39	38
26H	37	36	35	34	33	32	31	30
25H	2F	2E	2D	2C	2B	2A	29	28
24H	27	26	25	24	23	22	21	20
23H	1F	1E	1D	1C	1B	1A	19	18
22H	17	16	15	14	13	12	11	10
21H	0F	0E	0D	0C	0B	0A	09	08
20H	07	06	05	04	03	02	01	00

注意：一个单元地址对应有 8 个位地址

MSB——Most Significant Bit（最高有效位）

LSB——Least Significant Bit（最低有效位）

用户 RAM 区分布在 30H～7FH，用于数据缓冲区或堆栈区。

2. 片内高 128 字节 RAM

内部数据存储器高 128 字节单元的地址为 80H～0FFH，其间离散分布着若干特殊功能寄存器（SFR），专用于控制、选择、管理、存放单片机内部各部分的工作方式、条件、状态、结果。不同的 SFR 管理不同的硬件模块，包括程序状态字寄存器、累加器、I/O 口锁存器、定时器/计数器、串口数据缓冲器及数据指针等。SFR 共计 21 个，其中地址号能被 8 整除的 SFR 中的各位也可按位寻址（共 11 个可以进行位寻址）。特殊功能寄存器见表 1-4。

下面介绍几个比较重要的 SFR：

（1）程序计数器（PC）：PC 是一个 16 位计数器，其内容为将要执行的指令地址，寻址范围 64KB。PC 具有自动加 1 功能，以确保程序顺序执行。PC 没有地址，是不可寻址的，因此用户无法对它进行读写。但在执行转移、调用或返回等指令时能自动改变其内容，以改变程序的执行顺序。

（2）累加器（ACC）及 B 寄存器：累加器（ACC）简称 A，是所有特殊功能寄存器中最重要、使用频率最高的寄存器，常用于存放参加算术或逻辑运算的两个操作数中的一个及运算结果。B 寄存器主要用于乘法和除法运算，也可作为一般寄存器使用。

（3）程序状态字寄存器（PSW）：PSW（8 位）是一个标志寄存器，用于存放指令运行结果的状态信息，以供程序查询和判别。有些位在执行过程中由硬件自动设置，有些位由用户设定。PSW 的位定义见表 1-5。

表 1-4　特殊功能寄存器

SFR	MSB			位地址/位定义				LSB	字节地址
B	F7	F6	F5	F4	F3	F2	F1	F0	F0H
ACC	E7	E6	E5	E4	E3	E2	E1	E0	E0H
PSW	D7	D6	D5	D4	D3	D2	D1	D0	D0H
	CY	AC	F0	RS1	RS0	OV	F1	P	
IP	BF	BE	BD	BC	BB	BA	B9	B8	B8H
	/	/	/	PS	TP1	PX1	PT0	PX0	
P3	B7	B6	B5	B4	B3	B2	B1	B0	B0H
	P3.7	P3.6	P3.5	P3.4	P3.3	P3.2	P3.1	P3.0	
IE	AF	AE	AD	AC	AB	AA	A9	A8	A8H
	EA	/	/	ES	ET1	EX1	ET0	EX0	
P2	A7	A6	A5	A4	A3	A2	A1	A0	A0H
	P2.7	P2.6	P2.5	P2.4	P2.3	P2.2	P2.1	P2.0	
SBUF									(99H)
SCON	9F	9E	9D	9C	9B	9A	99	98	98H
	SM0	SM1	SM2	REN	TB8	RB8	TI	RI	
P1	97	96	95	94	93	92	91	90	90H
	P1.7	P1.6	P1.5	P1.4	P1.3	P1.2	P1.1	P1.0	
TH1									(8DH)
TH0									(8CH)
TL1									(8BH)
TL0									(8AH)
TMOD	GATE	C/T	M1	M0	GATE	C/T	M1	M0	(89H)
TCON	8F	8E	8D	8C	8B	8A	89	88	88H
	TF1	TR1	TF0	TR0	IE1	IT1	IT0	IE0	
PCON	SMOD	/	/	/	GF1	GF0	PD	IDL	(87H)
DPH									(83H)
DPL									(82H)
SP									(81)
P0	87	86	85	84	83	82	81	80	80H
	P0.7	P0.6	P0.5	P0.4	P0.3	P0.2	P0.1	P0.0	

表 1-5 PSW 的位定义

PSW (0D0H)	D7	D6	D5	D4	D3	D2	D1	D0
位定义	Cy	Ac	F0	RS1	RS0	OV	—	P
位含义	进位标志	辅助进位标志	用户自定义位	工作寄存器选择位		溢出标志	未定义位	奇偶标志

(4) I/O 口寄存器：单片机内部有 4 个 I/O 口寄存器，实际上就是 P0～P3 口所对应的 I/O 口锁存器，用于锁存通过端口的数据，分别由名为 P0、P1、P2、P3 的 4 个 SFR 代表。

(5) 数据指针寄存器 (DPTR)：DPTR 为 16 位，包括高 8 位 DPH、低 8 位 DPL 两部分，用于外部存储器寻址。

(二) 片内程序存储器 ROM

片内程序存储器 ROM 主要用于存放计算机中事先编制好的程序和表格常数。

51 单片机芯片中有 4KB 片内程序内存单元，其地址为 0000H～0FFFH，其中地址为 0003H～002AH 的单元在使用时是有特殊规定的。

地址为 0000H～0002H 的 3 个单元是系统的启动单元，在单片机进入复位后，会自动从 0000H 单元开始执行指令程序。这 3 个单元并不能存放任何完整的程序，用户在使用时，必须在该单元存放一条无条件跳转指令，以便跳转到指定的程序地址处执行。地址为 0003H～002AH 的 40 个单元则被平均分为 5 段，每段 8 个单元，分别用作 5 个中断源的中断地址区，具体见表 1-6。

表 1-6 中断源的中断地址区

中断入口地址	中断地址区间	中断源
0003H	0003H～000AH	外部中断 0
000BH	000BH～0012H	定时器/计数器中断 T0
0013H	0013H～001AH	外部中断 1
001BH	001BH～0022H	定时器/计数器中断 T1
0023H	0023H～002AH	串行口中断

(三) 片外存储器

片外存储器包括片外数据存储器和片外程序存储器。

外部数据存储器一般由静态 RAM 芯片组成，扩展存储器容量的大小由用户根据需要而定。51 单片机访问外部数据存储器可用 1 个特殊功能寄存器——数据指针寄存器 DPTR 进行寻址，由于 DPTR 为 16 位，可寻址的范围达 64KB，所以扩展外部数据存储器的最大容量是 64KB。

51 单片机片外最多能扩展 64KB 程序存储器，片内外的 ROM 是统一编址的。如 EA 保持高电平，8051 的程序计数器 PC 在 0x0000～0x0FF 地址范围内（即前 4KB 地址），则执行片内 ROM 中的程序；如 PC 在 0x1000～0xFFFF 地址范围内，则自动执行片外程序存储器中的程序。如 EA 保持低电平，则只能寻址外部程序存储器，片外存储器可以从 0x0000 开始编址。

任务 1-2　Proteus ISIS 的安装及基本使用

任务目标

知识目标

- 了解单片机的最小系统组成及作用。
- 了解单片机的时序。

技能目标

- 能够完成 Proteus ISIS 软件的安装。
- 熟悉 Proteus ISIS 软件的基本使用方法，能够绘制最小系统电路。

素养目标

- 培养学生搜集信息及分析信息的能力。
- 培养学生精益求精的工匠精神。

任务描述

Proteus ISIS 软件是一款能够进行单片机程序仿真的优秀软件。仿真技术的使用，提高了单片机工程师软硬件联调的效率，也解决了初学者没有电路板的问题。本任务要求同学们完成仿真软件的安装并掌握其基本使用方法，完成单片机最小系统电路的绘制。单片机最小系统电路仿真图如图 1-32 所示。

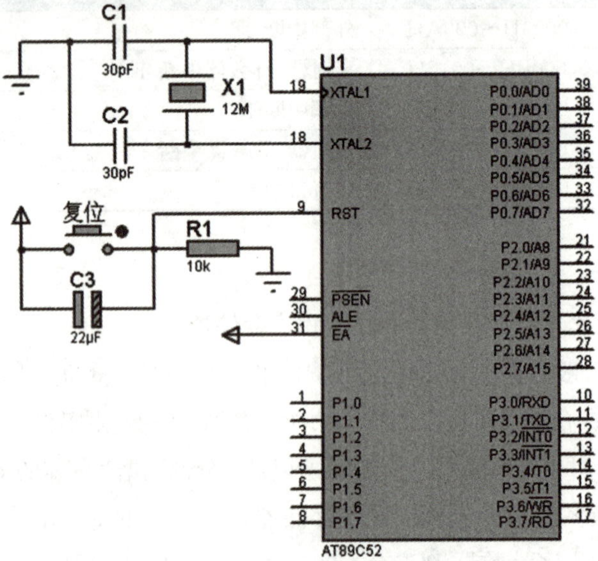

图 1-32　单片机最小系统电路仿真图

执行思路

在计算机上安装 Proteus ISIS 7.8 软件或更新的版本，然后在熟悉其操作界面的基础上绘制电路。

任务实施

Proteus 软件是由英国 Lab Center Electronics 公司开发的 EDA 工具软件。Proteus 软件由 ISIS（Intelligent Schematic Input System）和 ARES（Advanced Routing and Editing Software）两部分组成，其中 ISIS 是电路分析与实物仿真软件，主要用于完成原理图设计和交互仿真，ARES 主要用于 PCB 设计，生成 PCB 文件。Proteus 可将原理图设计、单片机编程、系统仿真到 PCB 设计一气呵成，真正实现了从概念到产品的完整设计。

一、软件安装

按照软件安装包中的安装说明逐步完成即可，这里不再赘述。安装完成后，建议将快捷方式（图 1－33）手动放到桌面，以方便使用。

1－7　Proteus ISIS 的安装

二、软件使用

双击桌面上的 ISIS 快捷方式图标或者选择“开始→程序→Proteus 7 Professional→ISIS 7 Professional”，出现如图 1－34 所示的启动界面，表明正在进入 Proteus ISIS 集成环境。

图 1－33　ISIS 快捷方式图标

图 1－34　ISIS 启动界面

启动完成后就会进入 Proteus ISIS 集成环境，其主要工具栏和编辑窗口分布如图 1－35 所示。

第 1 步： 建立新项目。

选择“文件→新建设计”，如图 1－36 所示，在弹出的如图 1－37 所示的对话框中选择设计模板，通常选择 DEFAULT 或 A4 图纸即可。单击“OK”按钮关闭对话框，完成设计图纸的模板的选择，出现空白的设计空间。

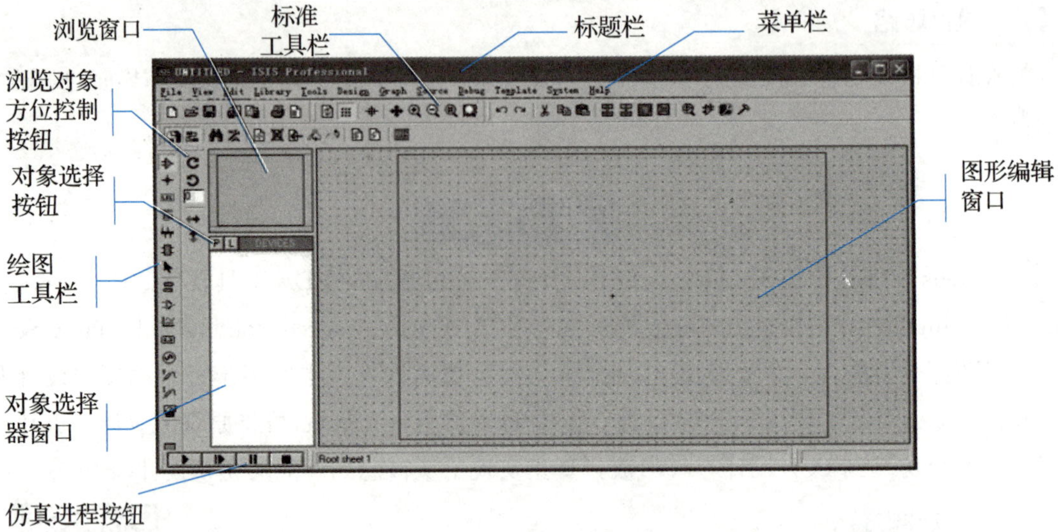

图 1-35　Proteus ISIS 集成环境

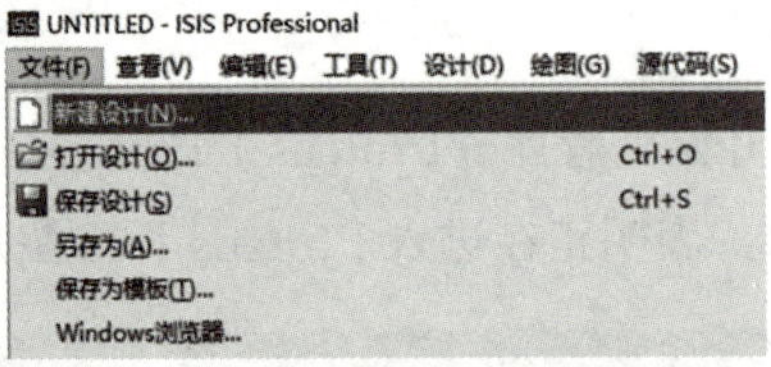

图 1-36　新建设计

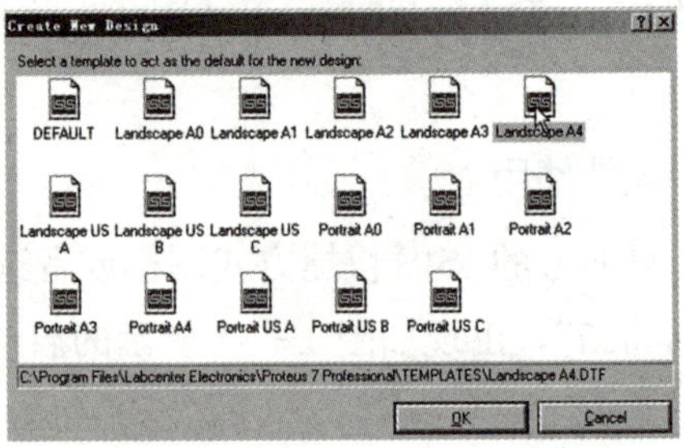

图 1-37　选择模板

此时设计名称为 UNTITLED（未命名），可以选择“文件→保存设计”命名为“最小系统电路”。

第 2 步：添加元器件。

将所需元器件加入对象选择器窗口。

单击“对象选择器”按钮 P ，如图 1-38 所示。

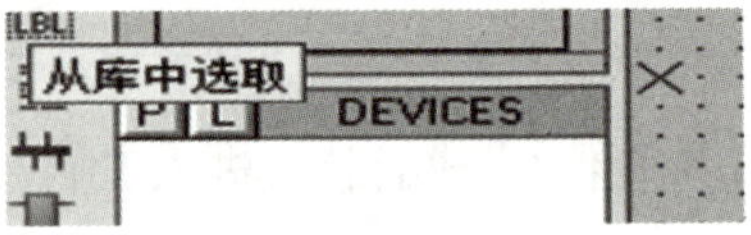

图 1-38　对象选择器

弹出“Pick Devices”界面，在“关键字”栏输入 AT89C51，系统会在对象库中搜索，并将搜索结果显示在“结果”栏，如图 1-39 所示。

图 1-39　查找器件

在“结果”栏的列表项中双击“AT89C52”，则可将“AT89C52”添加至对象选择器窗口。采用相同的方法依次添加 BUTTON（按键）、CAP（电容）、CAP-ELEC（电解电容）、CRYSTAL（晶振）、RES（电阻），如图 1－40 所示。此时，可见绘图工具栏中的“元器件”按钮处于选中状态，即进入元器件模式，如图 1－41 所示。

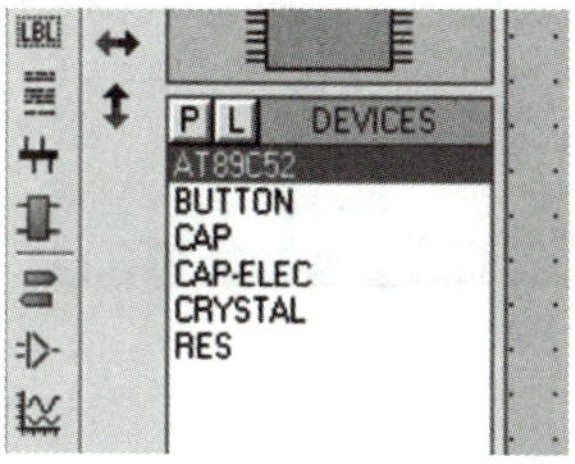

图 1－40　添加到对象选择器窗口的元器件

图 1－41　元器件模式

第 3 步： 放置元器件。

在对象选择器窗口中选中 AT89C52，然后在绘图窗口单击并移动鼠标，即可看到若隐若现的元器件随鼠标移动，在中间位置单击鼠标放置单片机。采用同样的方法放置好其他元器件，大致布局如图 1－42 所示。

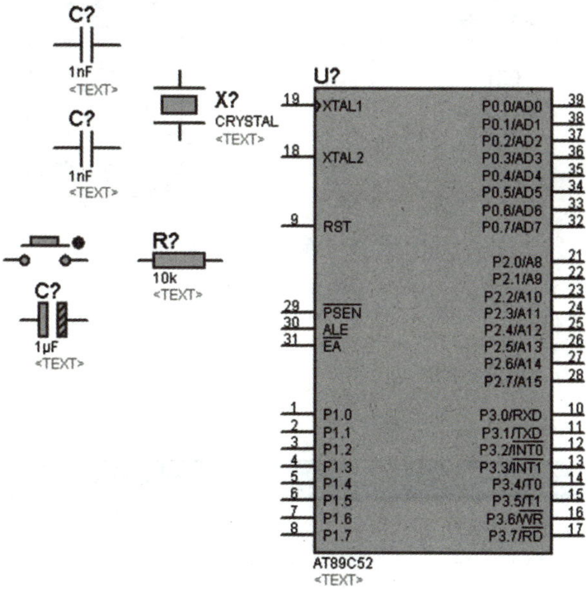

图 1－42　元器件布局

元器件位置可以随时调整。将光标移到元器件上单击鼠标，此时元器件的颜色变为红色，表明已被选中，拖曳鼠标即可移动元器件。

第 4 步：将元器件编号。

刚放置好的元器件的标识是“?”，例如 R?，需要对其编号。选择“工具→全局标注”，弹出“标注器”对话框，如图 1-43 所示，所有选项保持默认，单击“确定”按钮，“?”就会变成数字并自动排序，如图 1-44 所示。

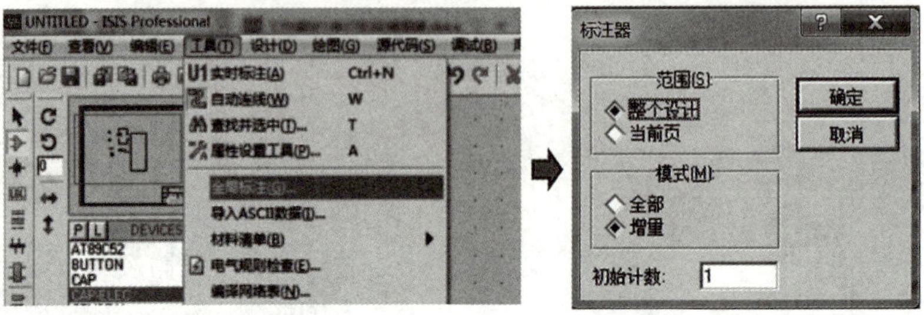

图 1-43　将元器件编号

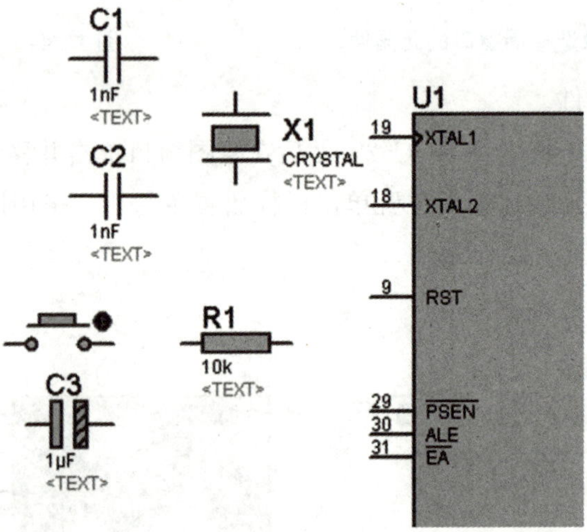

图 1-44　编号后的元器件

第 5 步：修改元器件参数。

参照表 1-7 修改各元器件参数。

表 1-7　元器件参数

标识	名称	参数
R1	电阻	10k
C1、C2	电容	30pF
C3	电解电容	22μF
X1	晶振	12MHz

(1) 双击电阻 R1，弹出“编辑元器件”对话框，修改“Resistance”的参数为 10k，如图 1-45 所示。

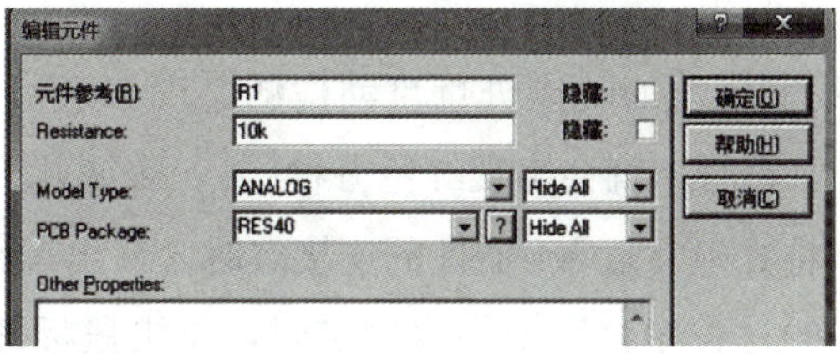

图 1-45　修改元器件参数——电阻 R1

（2）分别双击电容 C1、C2，弹出“编辑元器件”对话框，修改“Capacitance”的参数为 30pF，如图 1-46 所示。

图 1-46　修改元器件参数——电容 C1

（3）双击电容 C3，弹出“编辑元器件”对话框，修改“Capacitance”的参数为 22μF，如图 1-47 所示。

图 1-47　修改元器件参数——电容 C3

（4）双击晶振 X1，弹出“编辑元器件”对话框，修改“Frequency”的参数为 12MHz，如图 1-48 所示。

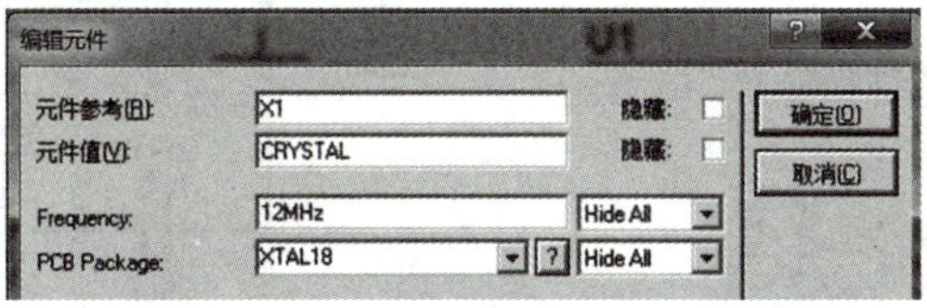

图 1-48　修改元器件参数——晶振 X1

（5）右击按键 BUTTON，在弹出的快捷菜单中选择“编辑属性”，弹出“编辑元器件”对话框，修改“元器件参考”的参数为复位，如图 1-49 所示。

图 1-49　修改元器件参数——按键

第 6 步：连接导线。

Proteus 可以在需要绘制导线的时候进行自动检测。现在连接 XTAL1 与 X1 的上边引脚，当光标靠近 XTAL1 引脚时，就会出现红色方框，表明找到了连接点，单击鼠标并移动，就会出现连接线，将光标靠近 X1 器件的连接点时，又出现红色方框，单击鼠标，连接导线就画好了。在连线的过程中，需要拐弯固定时，单击鼠标即可固定一个点。对照电路图完成连线，如图 1－50 所示。

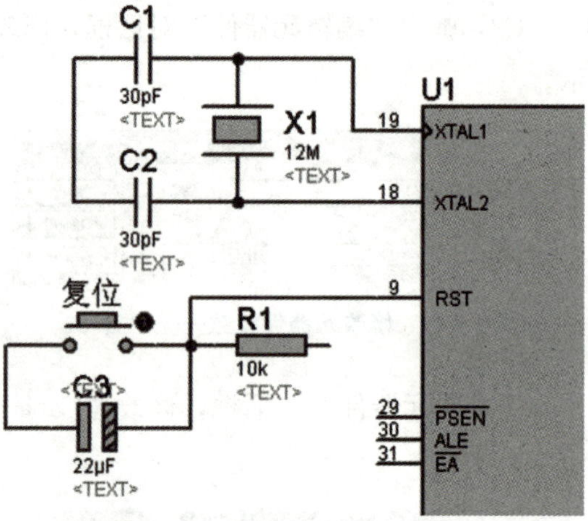

图 1－50　绘制导线

第 7 步：放置电源。

选择“终端模式”，如图 1－51 所示。POWER 为 VCC 电源，GROUND 为地，操作方法均为先选中，再放置到绘图区，然后进行连线，完成的电路图如图 1－52 所示。VCC 为＋5V 电源，双击该图标即可修改电压等参数。

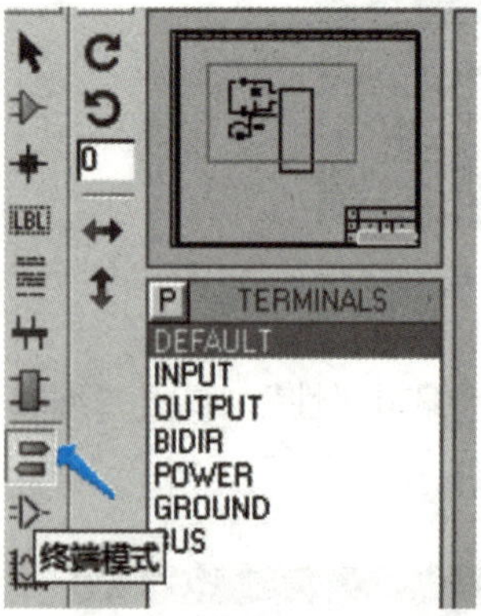

图 1－51　开启终端模式

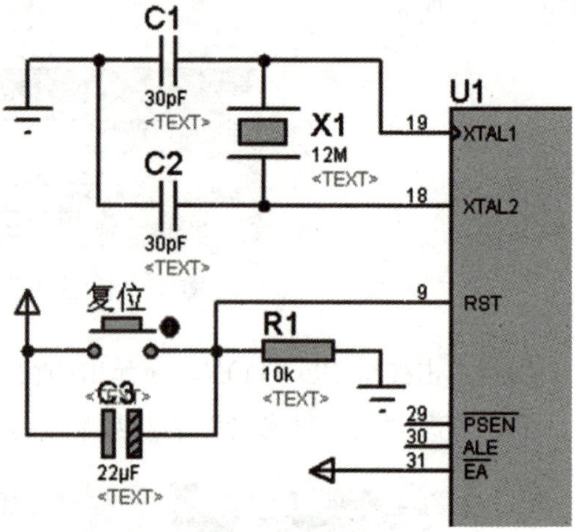

图 1－52　放置电源后的电路图

第 8 步：隐藏灰色的“＜TEXT＞”，使画面清洁（可以不设置）。

如图 1－53 所示，选择“模板→设置设计默认值”，在弹出的“设置默认规则”对话框中取消勾选“显示隐藏文本”复选框。

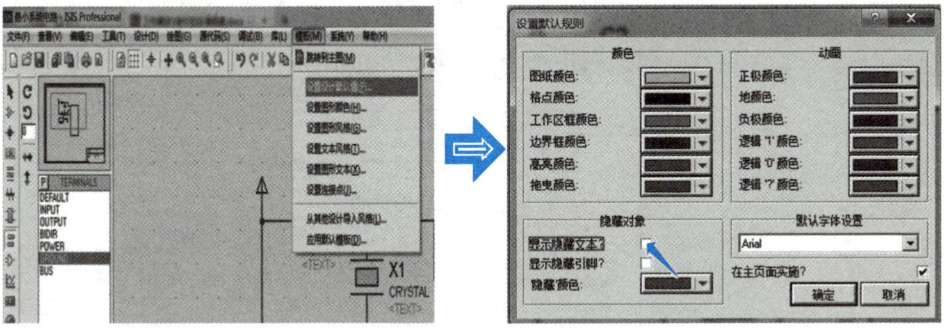

图 1－53　隐藏文本

隐藏文本后的电路图如图 1－54 所示。

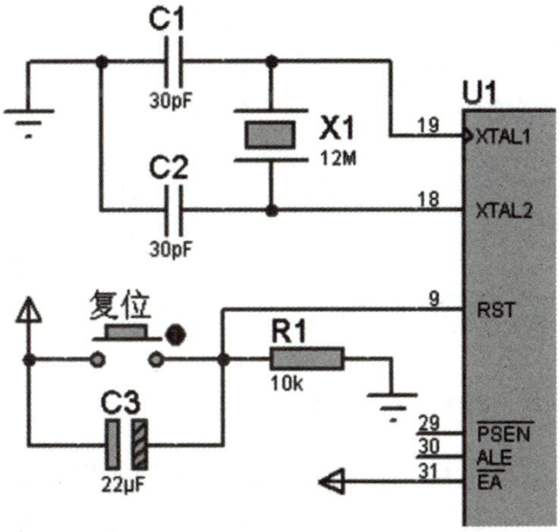

图 1－54　隐藏文本后的电路图

任务小结

仿真电路图的绘图步骤如下：

新建文件 → 添加元器件 → 放置元器件 → 修改参数 → 放置终端 → 连接导线 → 修改设置

知识链接

一、Proteus ISIS 的基本操作

Proteus ISIS 的基本操作技能点如图 1－55 所示。详细内容请扫描二维码。

1－8　Proteus ISIS 的基本操作

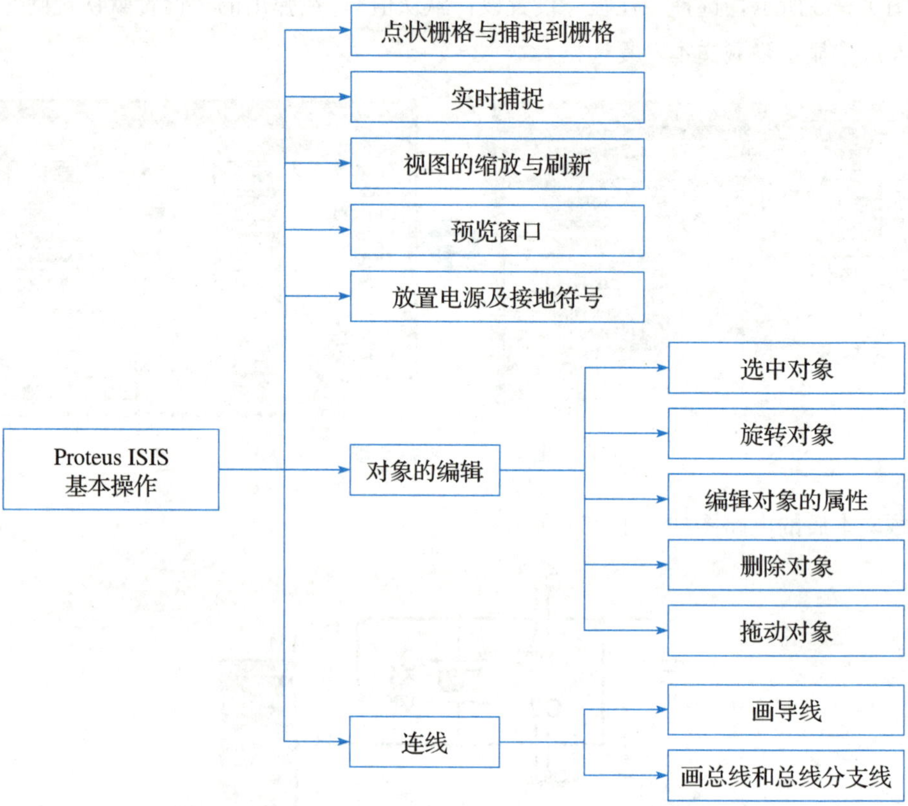

图 1-55　Proteus ISIS 的基本操作

1-9　单片机最小系统

二、单片机最小系统

单片机最小系统是指用最少的元器件组成的、能进行正常工作的最简单电路。对于 51 系列单片机来说，最小系统包括单片机、电源电路、时钟电路和复位电路，四者缺一不可。

（一）时钟电路（晶振电路）

单片机是在统一的时钟脉冲控制下一拍一拍地进行工作，这个脉冲是由单片机控制器中的时序电路发出的。单片机的时序就是 CPU 在执行指令时所需控制信号的时间顺序，为了保证各部件同步工作，单片机内部电路应在唯一的时钟信号下严格地控制时序进行工作。

时钟频率直接影响单片机的速度，时钟电路直接影响单片机系统的稳定性。

51 单片机内部具有一个时钟振荡电路，外接振荡器即可启用。典型的时钟电路如图 1-56 所示，电路中的电容通常取 30pF，晶振的取值通常为 1MHz～33MHz。

（二）时序

与单片机的时序有关的概念有 4 个，按照定时单位来划分，从小到大依次是节拍、状态、机器周期和指令周期。时序关系如图 1-57 所示。

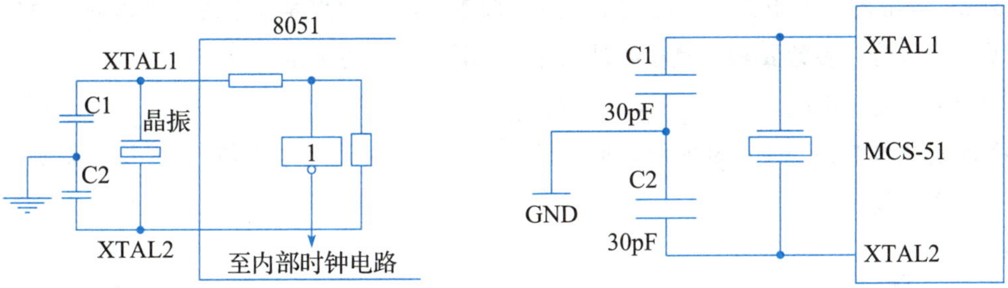

图 1-56　典型的时钟电路

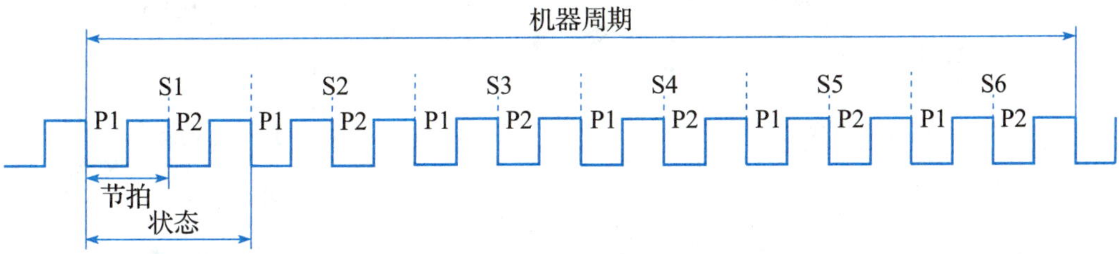

图 1-57　时序关系

（1）节拍：振荡脉冲的周期称为节拍，用 P 表示，也称时钟周期，是晶振的振荡频率的倒数。

（2）状态：两个节拍定义为一个状态周期，简称状态，用 S 表示。

（3）机器周期：51 系列单片机采用定时控制方式，有固定的机器周期。规定一个机器周期的宽度为 6 个状态，即 12 个振荡脉冲周期，因此机器周期就是振荡脉冲的十二分频。

从图 1-57 中能清楚地看到：1 个机器周期＝6 个状态周期＝12 个时钟周期。

（4）指令周期：指令周期一般由若干机器周期组成，是从取指令、分析指令到执行完指令所需的全部时间。指令不同，所需的机器周期也不同。对于一些简单的指令一般为单机器周期，对于一些比较复杂的指令一般为双机器周期，只有乘、除指令为 4 个机器周期。

（三）复位和复位电路

在单片机运行的过程中，有时需要对系统进行复位，以避免因经常加电或断电对硬件造成伤害。复位电路的作用是在单片机的一些寄存器及存储设备中装入厂商预设的初始值，程序从头开始执行。在复位引脚输入端 RST 上加一个维持两个机器周期以上的高电平，即可使单片机复位。

常用 51 单片机的复位电路包括 3 种：阻容上电自动复位电路、手动复位电路、看门狗复位电路。

（1）阻容上电自动复位电路。

如图 1-58 所示为阻容上电自动复位电路，这种电路利用电容的电压不能突变而是按指数规律上升或下降的特性，产生所需的复位脉冲。它的单片机的复位条件是使 RST 引脚持续 10ms 以上的高电平。优点是应用普遍，成本低廉。缺点是在电源出现瞬时跌落的情况下，无法获得符合参数要求的复位脉冲或根本无法产生复位脉冲。

（2）手动复位电路。

手动复位电路如图 1－59 所示，通过按压按键使复位端经电阻与 VCC 接通得到短时的高电平来实现复位。

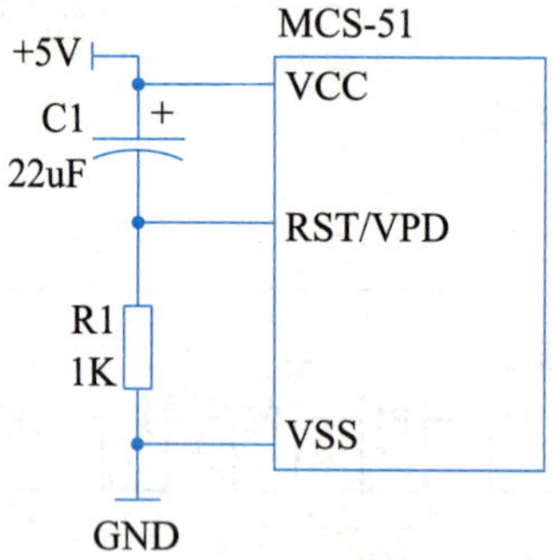

图 1－58　阻容上电自动复位电路

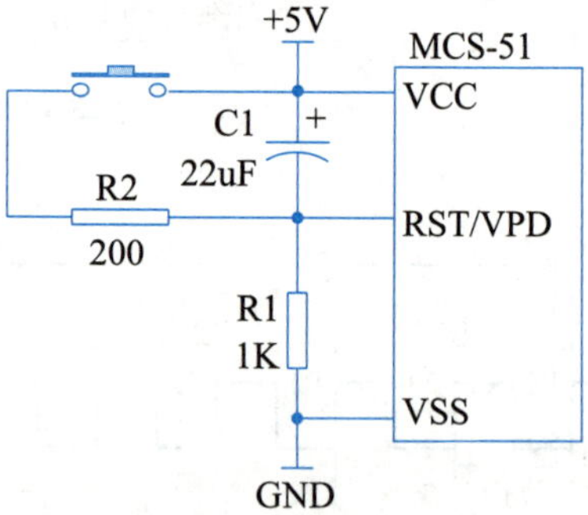

图 1－59　手动复位电路

（3）看门狗复位电路。

外接了自动复位芯片 MAX813L 的看门狗复位电路如图 1－60 所示。

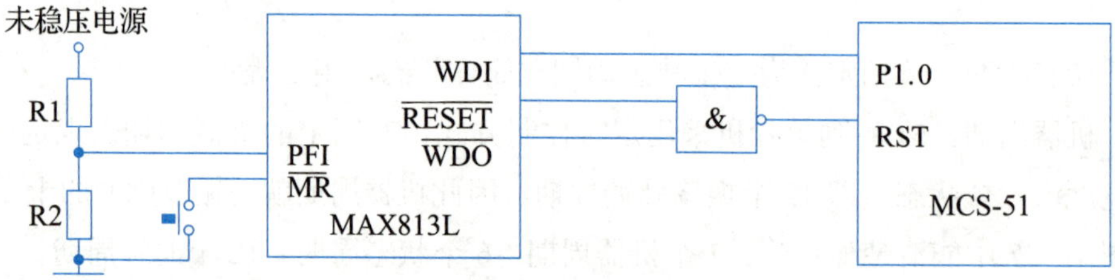

图 1－60　看门狗复位电路

（四）电源电路

单片机芯片的第 40 脚为正电源引脚 VCC，一般外接＋5V 电压，第 20 脚为接地引脚 VSS/GND。获得 5V 电压的方法有很多，例如 3 节 1.5V 电池串联、接入稳压电源、接入 5V 的手机充电适配器、接入 USB 接口等。

任务 1－3　STC-ISP 软件的使用及程序下载

任务目标

知识目标

- 了解单片机的型号及通信端口号。

技能目标

- 能够完成单片机程序的下载。

素养目标

● 培养搜集信息及分析信息的能力。

任务描述

程序编译成功之后，需要将生成的 hex 文件烧录到实验开发板上的单片机中，观察程序执行是否正确。本任务要求同学们使用 STC-ISP 软件完成程序的下载。

执行思路

在计算机上安装 STC-ISP 软件，然后在熟悉其操作的基础上完成程序的下载。

任务实施

一、STC-ISP 软件的获取及安装

用户可以从配套光盘或 STC 公司官方网站获取该软件及相关驱动程序。下面以 STC-ISP-15xx-v6.66 版本为例介绍使用方法。

1-10 STC_ISP 软件的使用及程序下载

二、软件使用

（1）在桌面上为该软件创建一个快捷方式，如图 1-61 所示，双击快捷方式图标即可启动软件，其主界面如图 1-62 所示。

图 1-61 快捷方式图标

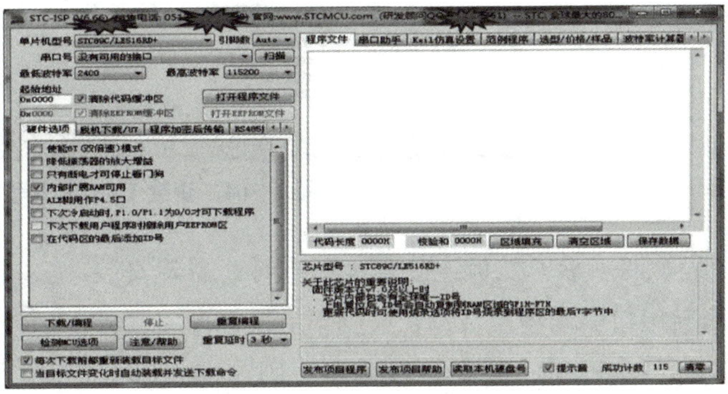

图 1-62 STC-ISP-15xx-v6.66 的主界面

（2）选择串口，如图 1-63 所示。

将串口线连接电脑并且更新驱动，单击“扫描”按钮可获取连接成功的串口号。如果扫描不成功，也可自主选择并下载需要的串口号。方法是右击“计算机”，选择“管理”快捷选项，在弹出的“计算机管理”对话框中选择“设备管理器”，然后在中间栏选择端口并查看端口号，如图 1-64 所示，端口号为 COM3。

【注意】由于通常使用的是 USB 转串口线，因此需要安装驱动，USB 转串口驱动程序可以从网上下载，如 CH341SER.EXE 驱动程序。

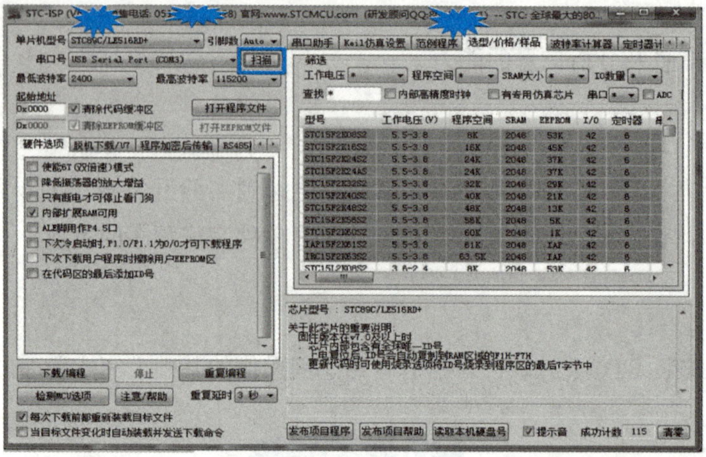

图 1－63　选择串口

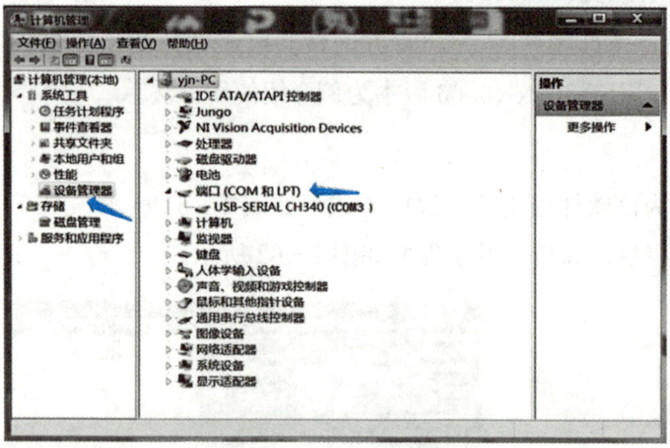

图 1－64　查看 USB 串口号

首次将实验开发板连接至计算机时，需要安装 USB 转串口驱动程序（每台电脑第一次使用实验板前执行一次即可，如果已经安装，则忽略此步）。具体安装步骤如下：

1）打开驱动程序安装包，双击图标 CH341SER.EXE 打开安装程序。

2）弹出如图 1－65 所示的对话框，单击“安装”按钮，等待安装完成。

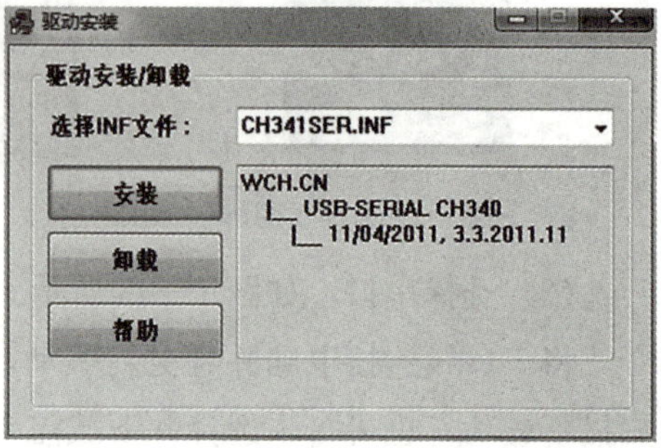

图 1－65　安装 USB 转串口驱动

（3）选择单片机型号。选择要进行烧录的单片机的型号，如图 1－66 所示。

（4）选择程序文件。单击“打开程序文件”按钮，选择 Keil 软件生成的 test. hex 文件，如图 1－67 所示。

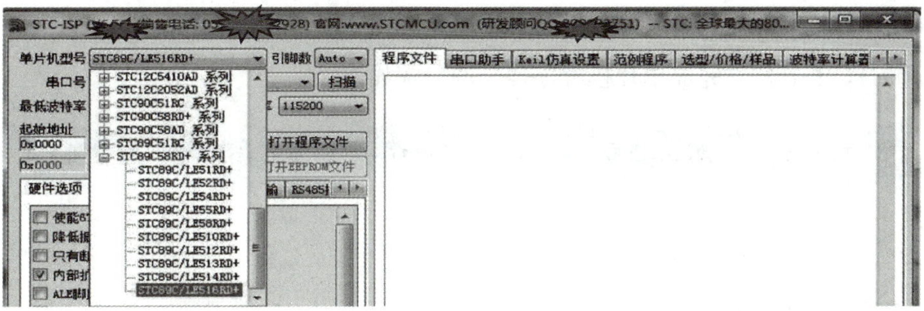

图 1－66　选择单片机型号

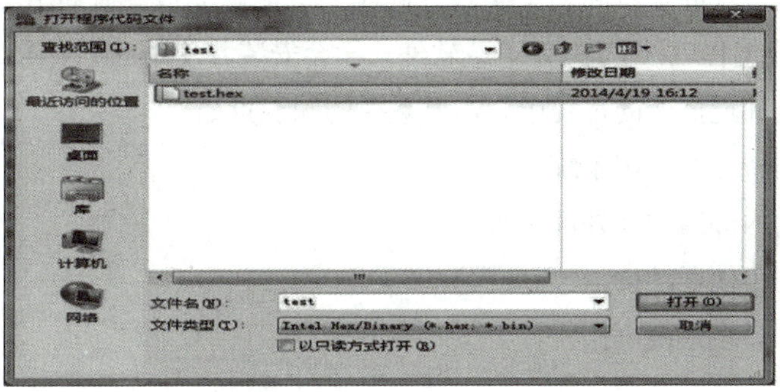

图 1－67　选择程序文件

（5）下载程序文件。单击“下载/编程”按钮，右下方的信息栏会出现“正在检测目标单片机…”提示，给单片机上电或者按下实验开发板上的 RST 电源复位键，程序便会从计算机自动烧录到单片机，如图 1－68 所示。

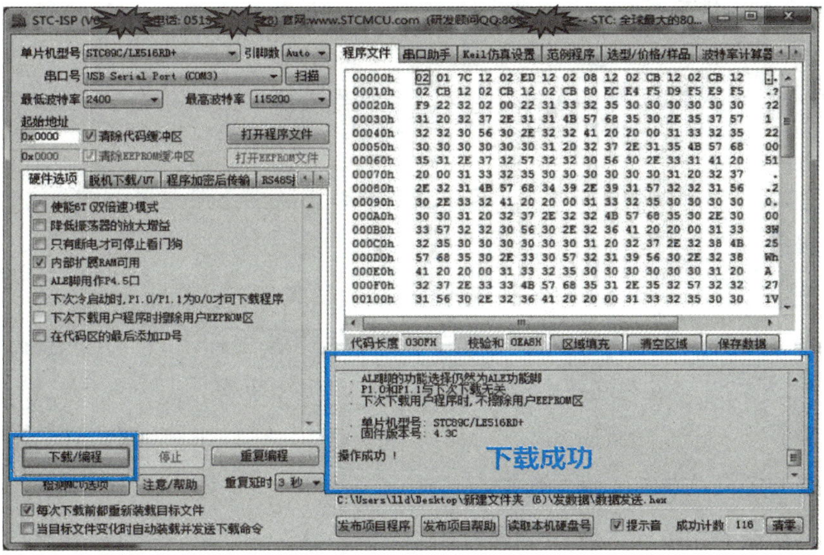

图 1－68　下载程序文件

任务小结

采用 STC-ISP 软件完成单片机程序烧录的步骤如下：

选择单片机型号 → 确认串口号 → 打开程序文件 → 下载编程 → 单片机上电烧录

内容梳理与总结

通过对本工作模块的学习和动手实践，同学们应能够完成单片机开发环境的搭建；学会安装并使用 Keil 编程软件和 STC 下载软件；学会安装并使用 Proteus ISIS 仿真软件。

在单片机开发环境搭建的过程中，需要掌握的知识点如下：

（1）单片机的特点及应用系统。

（2）单片机的内部结构及外部引脚。

（3）单片机的存储器结构。

（4）单片机的最小系统电路。

思考与练习 1

一、填空题

1. 51 系列单片机为________位单片机。

2. 单片机应用系统由________和________组成。

3. 51 单片机的 RST 引脚上保持________个机器周期以上的高电平时，单片机即发生复位。

4. 单片机最小系统除了包括单片机外，还应包括________、________和________。

二、选择题

1. 单片机的 XTAL1 和 XTAL2 引脚是（　　）引脚。

A. 外接定时器　　B. 外接串行口　　C. 外接中断　　D. 外接晶振

2. 51 单片机芯片是双列直插式封装的，有（　　）个引脚。

A. 24　　B. 30　　C. 40　　D. 50

3. （　　）不是构成单片机的部件。

A. 微处理器　　B. 存储器　　C. I/O 接口　　D. 打印机

4. 单片机应用系统仿真软件是（　　）。

A. Proteus　　B. Keil　　C. Protel　　D. STC-ISP

5. 烧录到 51 单片机芯片中的文件的后缀是（　　）。

A. .c　　B. .asm　　C. .h　　D. .hex

三、简答题

1. 什么是单片机？单片机由什么组成？各组成部分的作用是什么？
2. 列举目前常用单片机的类型，简要说明其特点。
3. 简述通过 Keil 软件新建、配置和调试工程的步骤。

延伸阅读

自主研发创新二十载，只为我的中国“芯”
——大国工匠梁骏

工匠寄语：

“芯片产业，就是要以我为主。” ——强“芯”道路要靠自主研发

“创新，不断地创新，这是我们必须要做的。” ——创新是发展的必由之路

工匠人物：梁骏

全国五一劳动奖章获得者，杭州国芯首席技术专家，二十年如一日，带领团队在芯片“卡脖子”的关键技术上攻坚克难。

工匠事迹：请扫二维码阅读

1-11　工匠事迹

工作模块 2

LED 灯显示控制

工作情境导入

在生产和生活中，仪表指示灯（图 2-1）和小型照明灯、装饰灯（图 2-2）随处可见，使城市的夜晚更加绚丽多彩。单个灯的点亮、熄灭、闪烁或者多个灯显示出某一个图形，仅通过简单的通断开关是无法实现的，可以采用单片机进行控制。本模块将讲解如何通过单片机的 I/O 口解决工作岗位中 LED 灯的控制问题。

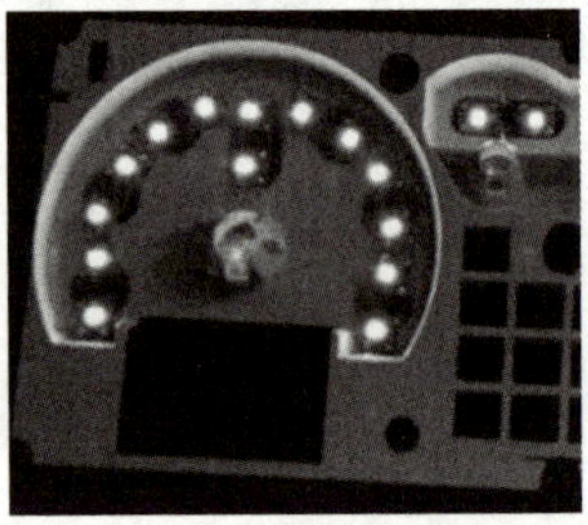

图 2-1　仪表指示灯

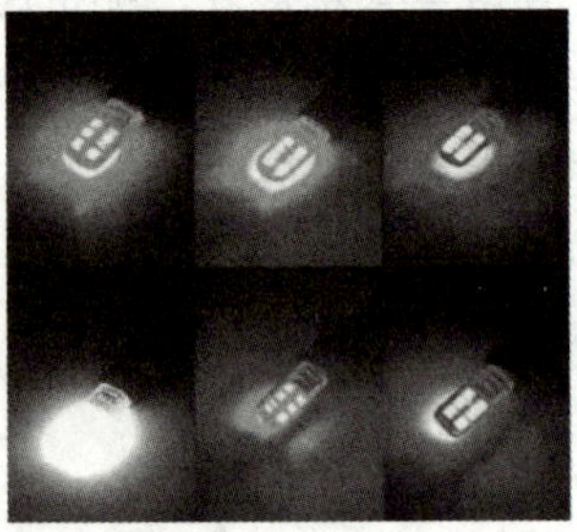

图 2-2　装饰灯

内容图谱

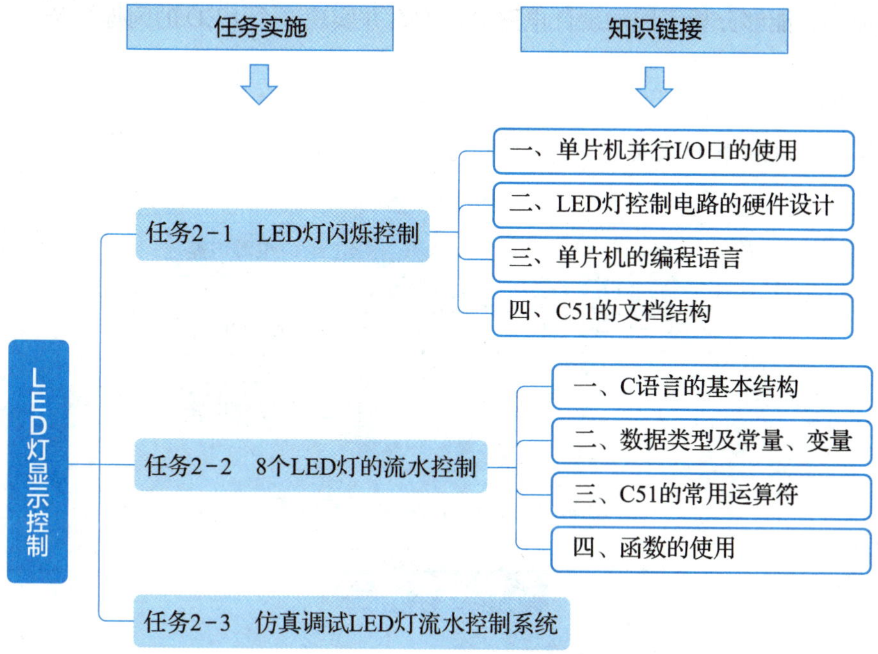

任务 2-1　LED 灯闪烁控制

任务目标

知识目标

- 了解 c 文档结构。
- 掌握单片机 4 个并行口 P0、P1、P2、P3 的特点及应用。
- 掌握函数结构及函数的使用方法。

技能目标

- 能够操作 Proteus ISIS 软件绘制单片机与 LED 的连接图。
- 能够操作 Keil 软件编写单片机控制 LED 灯闪烁的程序。
- 能够设计 LED 灯与单片机连接的实际电路并进行程序调试。

素养目标

- 熟悉智能产品开发工程师岗位的工作任务，学习其职业精神。
- 讲述大国工匠事迹，践行工匠精神。

任务描述

通过单片机控制 LED 灯闪烁。使用 Proteus ISIS 软件绘制并仿真电路，选择合适的电子元器件制作实际电路板，体会仿真与实物实现的关联性，熟悉使用单片机开发程序的流程。

初级能力：用单片机任意一个 I/O 口点亮 1 个 LED 灯。

高级能力：能够分析不同的硬件电路设计方案并实现 8 个 LED 的闪烁控制。

执行思路

LED 灯控制的系统框图如图 2 - 3 所示。

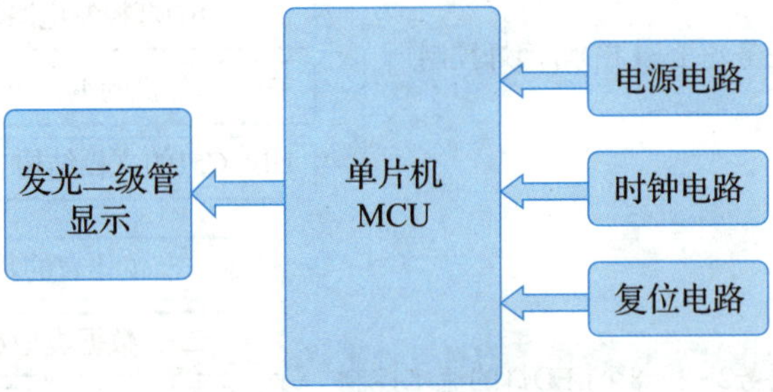

图 2 - 3　LED 灯控制的系统框图

任务实施

一、LED 显示控制电路原理图

在 Proteus ISIS 中绘制的 LED 灯控制电路原理图如图 2 - 4 所示。

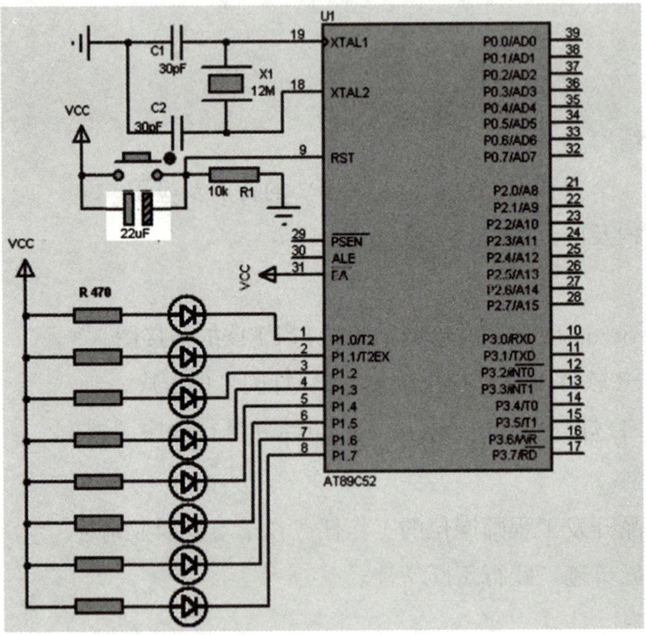

图 2 - 4　LED 灯控制电路原理图

根据电路原理图，单片机的 P1 并行口与 8 个 LED 灯的阴极相连，P1 输出低电平 0 时，LED 灯亮；输出高电平 1 时，LED 灯灭。仿真电路元器件明细见表 2-1。

表 2-1 仿真电路元器件明细

序号	元器件名称	元器件型号	元器件参数
1	单片机	AT89C52	
2	瓷片电容	CAP	30pF
3	电解电容	CAP-ELEC	22uF
4	晶振	CRYSTAL	12MHz
5	按键	BUTTON	
6	发光二极管-红	LED-RED	
7	电阻	RES	10kΩ、470Ω

二、LED 灯控制电路板的制作

第 1 步： 准备电子元器件。

制作 LED 灯控制电路所需的电子元器件见表 2-2。

表 2-2 LED 灯控制电路元器件

序号	元器件名称	规格	数量
1	电阻	10kΩ	1 个
2	电阻或排阻	470Ω	8 个或者 1 个 9 针的
3	电解电容	10μF	1 个
4	瓷介电容	30pF	2 个
5	晶振	12MHz	1 个
6	万用板	5cm×7cm	1 块
7	DIP40 锁紧座	40PIC	1 个
8	常开轻触开关	6×6×5 微动开关	1 个
9	发光二极管	3mm 红色	8 个
10	排针	40 针	1 个
11	USB 插座	A 母	1 个
12	自锁开关	8×8	1 个

LED 灯控制电路元器件如图 2-5 所示。

第 2 步： 制作电路板。

按照图 2-4 所示的电路原理图布局万用板。为了方便供电，在万用板中制作 USB 供电接口，如图 2-6 所示，然后进行焊接。在虚拟仿真时不用绘制 USB 供电接口。

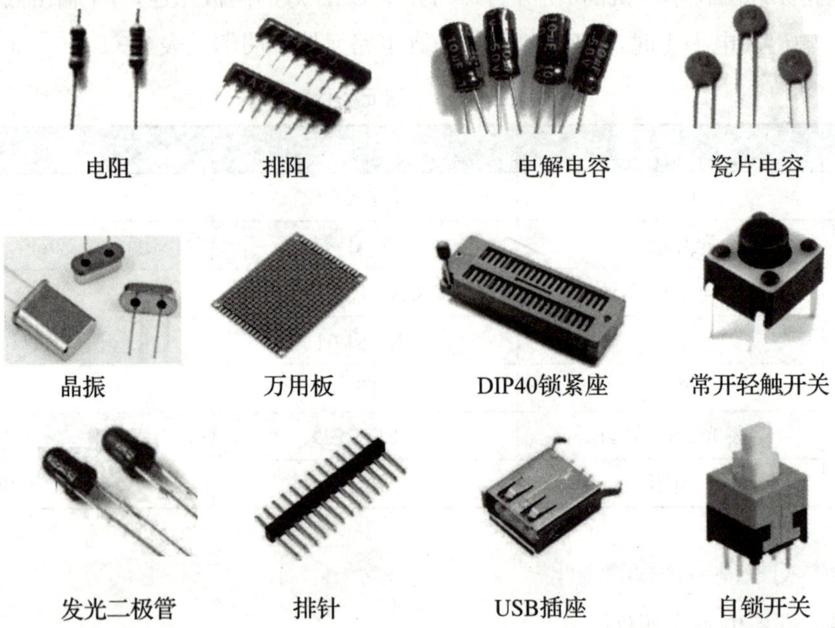

图 2-5　LED 灯控制电路元器件

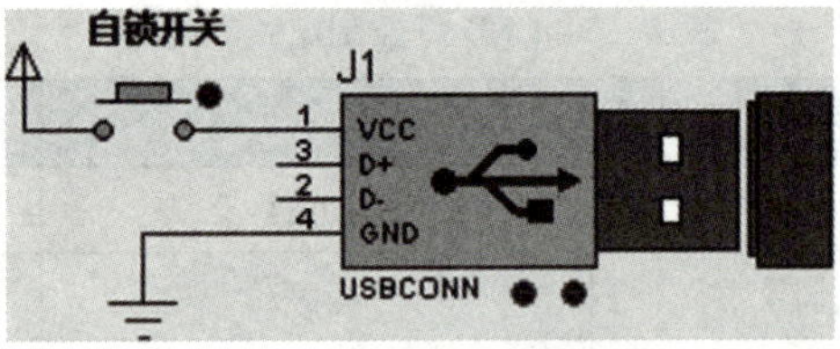

图 2-6　USB 供电接口

焊接制作的电路板如图 2-7 所示。

图 2-7　电路板

【小提示】学习重点不放在单片机的硬件电路制作的情况下，可以直接购买一块单片机学习开发板作为学习工具，电路板自带程序下载器（推荐使用 USB 口下载的电路板），程序下载时直接使用 STC 软件下载即可。这样，可以把重心放在程序编写方面。如果条件允许，可以尝试制作 PCB 印制电路板并焊接，强化动手能力。

三、LED 灯控制参考程序

（1）新建文件夹，命名为“1 个 LED 灯闪烁”。

（2）打开 Keil 软件，新建工程并命名为“1 个 LED 灯闪烁”。

（3）新建文本文档，命名为“1LED. c”，然后把 C 文件添加到工程中，即可在程序编写窗口编写程序。

1 个 LED 灯闪烁控制的参考程序如下：

```
//任务 2-1 1 个 LED 灯闪烁                //注解符号
#include<reg51.h>                         //预编译命令
sbit P1_0=P1^0;                           //定义可寻址位
void delay();                             //函数的声明
void main()                               //主函数
{     while(1)
    {  P1_0=0;                            //点亮 1 个 LED 灯
  delay();
  P1_0=1;                                 //LED 灯熄灭
  delay();     }}
void delay()                              //延时子函数
{    unsigned int i;
     for(i=0; i<50000; i++);}
```

程序解读：

P1_0=0;：P1.0 引脚输出低电平时，LED 灯亮。

P1_0=1;：P1.0 引脚输出高电平时，LED 灯灭。

【小提示】书写程序的技巧如下：

（1）书写程序时分清层次，同一个层级的程序左对齐，一般一行写一句，便于调试。

（2）书写时注意数字“0”（瘦长）和字母“O”（扁平）；数字“1”和字母“l”。

（3）所有程序代码在英文状态下输入，区分大小写。

四、下载程序

启动 STC 软件，通过如图 2-8 所示的下载器将程序下载到单片机。将下载器的 USB 口插入电脑的 USB 口，电压选择 5V，将下载器另一端的 RXD 连接单片机的 TXD、TXD 连接单片机的 RXD（由于有的下载器采用同名连接，有的采用交错连接，因此如果不能正常下载，可以尝试对调），单击 STC 软件中的“下载”按钮，然后给单片机供电，完成程序的下载。程序下载成功后，可以把

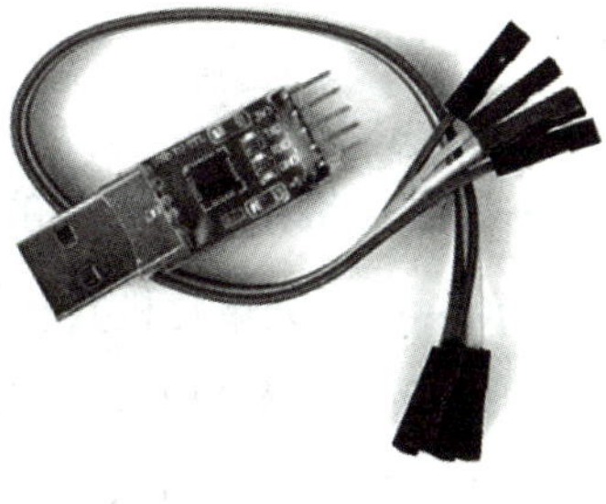

图 2-8　STC 自动下载器

下载器从电路板上拔掉，只留供电的 USB 线。

【小提示】STC 自动下载器的核心芯片是 CH341 或 CH340，可完成 USB 电平与 TTL 电平的转换；如果电脑是通过 RS232 串口下载程序，下载器的核心芯片应选用 MPS232。有些单片机开发板的供电和程序下载用一个 USB 口，程序下载完成后，不能拔掉，要继续供电。

任务小结

单片机程序的开发流程如下：

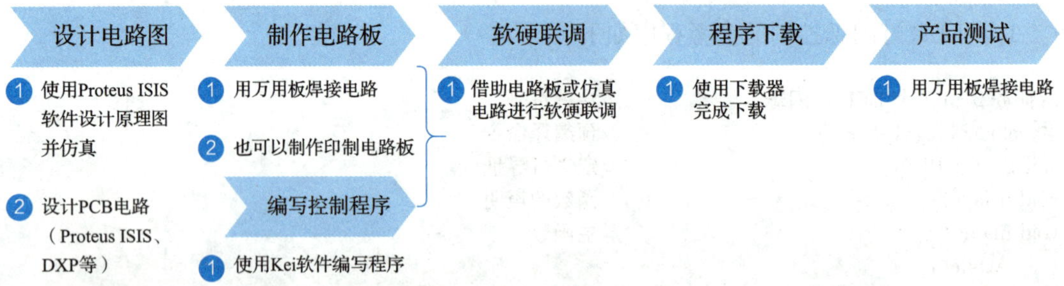

在开发过程中，制作电路板和编写控制程序可以同步进行，但需要团队之间密切合作。

任务扩展

实现 8 个 LED 灯的闪烁控制。

相对于任务 2－1，只修改主函数即可。

```
//任务 2-1 扩展：实现 8 灯闪烁控制
void main()                    //主函数
{
    while(1)
    {
        P1=0x00;               //字节操作，P1 的 8 个引脚赋值 0
        delay( );              //延时
        P1=0xff;               //给 P1 的 8 个引脚赋值 1
        delay( );              // 延时
    }
}
```

知识链接

一、单片机并行 I/O 口的使用

MCS-51 系列单片机共有 4 个 8 位并行 I/O 口，分别是 P0、P1、P2、P3。每个并行口有 8 个引脚，分别是 P0.0～P0.7、P1.0～P1.7、P2.0～P2.7、P3.0～P3.7。操作时，既可以对每一个引脚按位进行编程，也可以一次对 8 个引脚按字节进行编程。4 个并行口可以作为

2－1　单片机并行 I/O 口的使用

一般 I/O 口使用，它们在结构和功能上又各具特点。

【小提示】1 字节=8 个位，给 P1 的 8 个引脚赋值 1，即 11111111。将该二进制数转化成十六进制数，可以写为 P1=0xff，0x 是十六进制数的前缀。

（一）P0 口功能分析

（1）作为通用 I/O 口使用时，由于 P0 口内部电路是漏极开路，当需要输出高电平时，需要外接上拉电阻。当 P0 口连接外电路，外电路的高低电平状态通过 P0 读到 CPU 进行处理（即读引脚）时，需要先在端口写入 1，即 P0=0xff。PO 口还有一个状态是读端口，这是为了适应对 I/O 口进行“读-修改-写”操作语句的需要。例如，C51 语句：

P0=P0&0x0f；//& 按位取“与”，将 P0 口的高 4 位引脚清零后输出

读端口是由 CPU 自行完成的，编程时无须做前期处理。

（2）在进行单片机系统扩展时，P0 可以作为“低位地址/数据”线分时复用，P0 口是具有高电平、低电平和高阻抗 3 种状态的端口。因此，是一个真正的双向端口，简称双向口。

（3）每个引脚能驱动 8 个 TTL 负载。

（二）P1 口功能分析

作为通用 I/O 口使用时，P1 口是一个带内部上拉电阻的 8 位准双向 I/O 端口。P1 口的每一位都可驱动 4 个 TTL 负载，读引脚时，需要先向端口写入 1，即 P1=0xff;。

【小提示】准双向口是指其具备双向工作的能力，但由于内部电路的结构，不具备高阻态。

（三）P2 口功能分析

（1）作为通用 I/O 口使用时，P2 口是一个带内部上拉电阻的 8 位准双向 I/O 端口。P2 口的每一位都可驱动 4 个 TTL 负载，读引脚时，需要先向端口写入 1，即 P2=0xff;。

（2）作为高 8 位地址线使用时，P2 口在访问外部程序存储器或 16 位地址的外部数据存储器时，P2 口送出高 8 位地址数据，与 P0 口的低 8 位地址数据共同组成 16 位地址总线，可寻址 64KB 地址空间。当 P2 口作为高 8 位地址总线口使用时，就不能再作为通用 I/O 口使用。

（四）P3 口功能分析

作为通用 I/O 口使用时，P3 口是一个带内部上拉电阻的 8 位准双向 I/O 端口。P3 口的每一位都可驱动 4 个 TTL 负载，读引脚时，需要先向端口写入 1，即 P3=0xff;。P3 口除了可作为一般 I/O 外，还具有复用功能，具体见表 1-1。

二、LED 灯控制电路的硬件设计

（一）发光二极管的工作原理

2-2 认识发光二极管

发光二极管简称 LED 灯（Light Emitting Diode），通常显示为红色、绿

色、黄色和蓝色，是半导体二极管的一种，具备单向导电性，即正向偏置导通，反向偏置截止。本任务中，正向偏置时，LED 灯导通，点亮；反向偏置时，LED 灯截止，熄灭。

发光二极管的种类有很多，不同类型有不同的管压降，例如红色发光二极管的压降为 2.0～2.2V，黄色发光二极管为 1.8～2.0V，绿色发光二极管为 3.0～3.2V。发光二极管的工作电流一般为 5～20mA。

发光二极管在使用时需要串联电阻，称为限流电阻，限流电阻 R 的计算公式如下：

$$R=\frac{U-U_{LED}}{I_{LED}}$$

式中：U——LED 电路电压；

U_{LED}——LED 管压降；

I_{LED}——LED 工作电流。

限流电阻 R 不能太大，阻值太大发光二极管不够亮；阻值太小，发光二极管容易烧毁。一般选择 470Ω～1kΩ 的电阻。

（二）LED 灯与单片机的连接电路的设计

为了确保连接电路设计得更科学，需要理解 4 个专业名词：灌电流、拉电流、上拉电阻、下拉电阻。

灌电流和拉电流都是对输出端而言的，是衡量电路输出驱动能力的参数。

对于一个端口而言，若电流方向是流向内部的则是灌电流，若内部电流通过芯片引脚向外流则是拉电流。如图 2-9（a）所示为灌电流，图 2-9（b）所示为拉电流。51 单片机输出低电平时，驱动能力很强，电流可达 20～50mA；输出高电平时，驱动能力弱，电流在 5mA 以下。

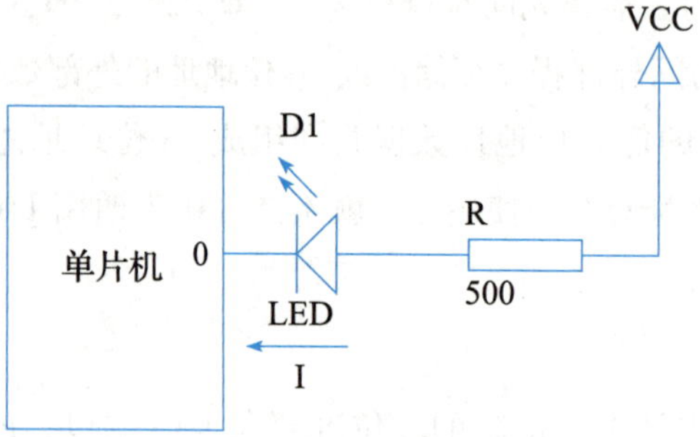

（a）灌电流

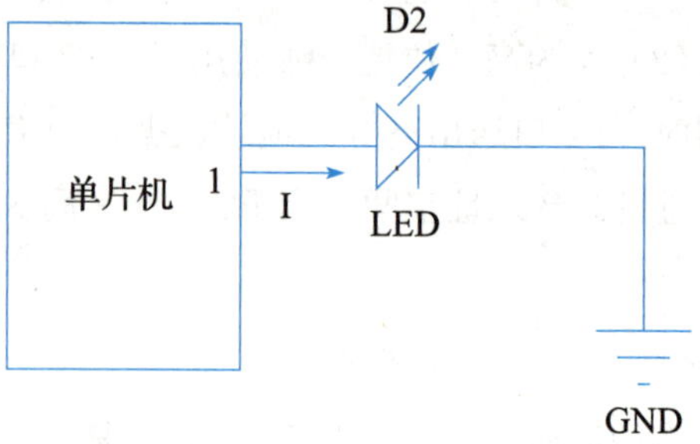

（b）拉电流

图 2-9　灌电流和拉电流

电源到器件引脚上的电阻叫上拉电阻，作用是使该引脚能够输出稳定可靠的高电平。一般应用在提高 TTL 电路的驱动、CMOS 电路和 OC 门电路的输出电平以及需加大单片机管脚输出驱动能力的场合。大地到器件引脚上的电阻叫下拉电阻，一般用于设定低电平或者阻抗匹配。如图 2－10 所示，R1 为上拉电阻，R2 为下拉电阻。

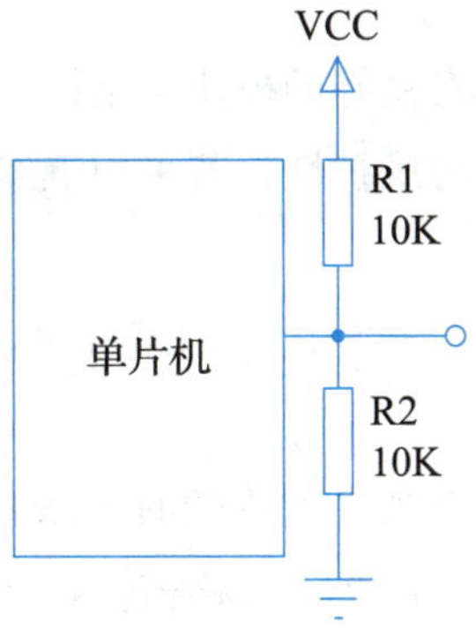

图 2－10　上拉电阻和下拉电阻

三、单片机的编程语言

单片机的编程语言有很多，大致可以分成三类：机器语言、汇编语言、高级语言。

（一）机器语言

机器语言是计算机唯一能够接受和执行的语言。机器语言的形式为二进制代码，每一串二进制代码叫作一条指令，一条指令规定计算机需要执行的一个工作。一台计算机中所有指令的集合称作该计算机的指令系统，不同型号的计算机的指令系统不同。用机器语言编写程序时，用户要熟记计算机所有的指令代码和代码的含义，并且要自行处理数据的存储空间分配问题。机器语言比较烦琐，容易出错，大部分用户已经不再使用。

（二）汇编语言

汇编语言是一种用文字助记符来表示机器指令的符号语言，是最接近机器码的一种语言。例如，用“ADD”表示加法，用“MOV”表示数据传递等。汇编语言的主要优点是占用资源少，程序执行效率高，由于它的一条指令对应一条机器码，因此每一步都很清楚。但是由于不同类型的单片机的汇编语言可能有点差异，因此不易移植。

（三）高级语言——C 语言

单片机的 C 语言是一种编译型程序设计语言，它兼顾了多种高级语言的特点，并具备汇编语言的功能。C 语言具有功能丰富的库函数，运算速度快，编译效率高，有良好的可移植性，还可以直接对系统硬件进行控制。此外，C 语言程序具有完整的程序模块结构，从而为软件开发时采用模块化程序设计方法提供了有力的保障。因此，采用单片机 C 语言进行程序设计已成为单片机软件开发的主流。

单片机 C 语言的特点如下：

（1）无须了解机器硬件及其指令系统，只需初步了解单片机的存储结构。

（2）便于管理内部寄存器的分配、不同存储器的寻址和数据类型等细节问题，但对硬件控制有限；而汇编语言可以完全控制硬件资源。

（3）在小型应用程序中，产生的代码量大，执行速度慢；但在较大型的程序中，代码效率很高。

（4）程序由若干函数组成，具有良好的模块化结构，便于改进和扩充。

（5）程序具有良好的可读性和可维护性，若采用汇编语言开发大型程序，则难度增加，且程序可读性差。

（6）具有丰富的库函数，可大大减少用户的编程量，显著缩短编程与调试时间，提高开发效率。

（7）使用汇编语言编制的程序，当机型改变时无法直接移植，而C语言程序是面向用户的程序设计语言，能在不同机型上运行，可移植性好。

四、C51的文档结构

2-3　C文档构建和函数结构

初学单片机编程，可按这三步掌握编程技巧：第1步 掌握程序的结构组成；第2步 掌握函数的编写；第3步 语句实现。

C语言程序由预编译命令和函数组成，C语言程序中的函数与其他语言中所描述的“子程序”或“过程”的概念是一样的。C语言的基本结构如图2-11所示，一个C语言源程序是由一个或多个函数组成，每个函数具有相对独立的功能。每个C语言程序都必须有（且仅有）一个主函数main()，程序的执行总是从主函数开始，调用其他函数后再返回主函数main()，不管函数的排列顺序如何，最后均在主函数中结束整个程序。子函数可以有若干个。

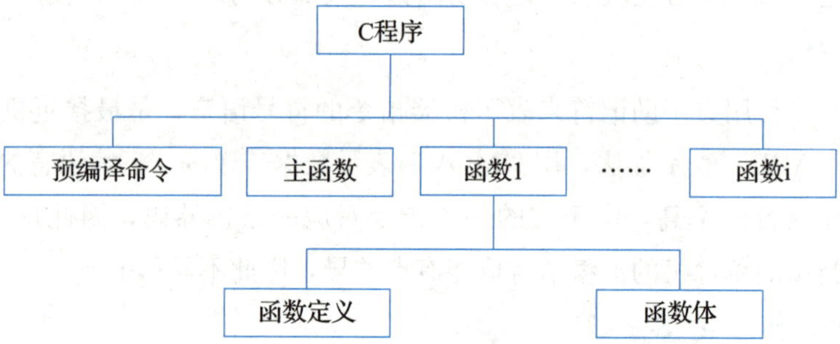

图2-11　C语言的基本结构

下面以任务2-1的程序为例，分析C语言的基本结构。

（1）#include<reg51.h>——预编译命令。

预编译命令是指C语言程序中以符号“#”开头的编译指令，通常写成“#include<头文件>”，该指令的作用是打开一个特定的文件，将它的内容作为正在编译的文件的一部分“包含”进来。如reg51.h就是一个头文件，用于对单片机寄存器及端口进行定义，这样在编程中就可以直接用寄存器名和端口名。也可以根据程序需求来制作头文件。

（2）void main（）——主函数。

主函数里可以放置能直接实现功能要求的语句，也可以调用其他的子函数。在程序语句较多时，建议把这些语句封装成子函数，在主函数中完成调用。

在任务 2－1 中，主函数直接编写的是完成任务要求的功能语句，例如 P1_0=0；中调用了子函数 delay（）。

（3）void delay（）——子函数。

子函数能够独立实现某种功能，在任务 2－1 中实现的是延时功能，可以被主函数或者其他子函数调用。当子函数写在调用它的函数的后面时，需要在程序前面加上子函数的声明。下面的程序中，void delay（）；就是函数的声明，后面的“；”分号不能省略。

```
#include<reg51.h>             //预处理命令
sbit P1_0=P1^0;               //定义可寻址位
void delay();                 //函数的声明
void main()                   //主函数
```

（4）定义位或者变量。

头文件之后、函数之前的位置可放置需要定义的内容，包括可寻址位的定义、全局变量和函数的声明等。例如，sbit P1_0=P1^0；用于定义可寻址位。

任务 2－2　8 个 LED 灯的流水控制

任务目标

知识目标

- 掌握 C 语言的基本语句。
- 了解 keil C 的数据类型及常量变量。
- 了解 keil C 的运算符。

技能目标

- 能够运用运算符编写流水灯程序。
- 能够运用库函数编写流水灯程序。

素养目标

- 熟悉智能产品开发工程师岗位的工作任务，学习其职业精神
- 团结协作，互帮互助。

任务描述

使用 8 个 LED 灯完成流水显示动画效果，即第一个灯亮 1s 后，熄灭，第二个灯亮起，1s 后熄灭，第三个灯亮起，以此类推，8 个灯都亮一次后，重新从第一个灯开始，如此往复。使用 Proteus ISIS 软件进行电路仿真。

初级任务：能够用一种编程思路实现流水灯功能。

高级任务：①至少通过3种方案实现流水灯功能；②实现LED灯花样显示控制。

执行思路

可以参考LED闪烁控制的编程思路——位编程或者字节编程，实现流水灯控制。不过，为了提高程序的编写效率，推荐使用C语言的其他语法来实现，如位运算符、标准库函数等。

任务实施

一、流水灯控制的电路原理图

8个LED灯流水控制的电路原理图同任务2-1。

二、流水灯控制的参考程序

```
//任务2-2  采用运算符实现的流水灯控制程序
#include <reg51.h>
void delay(unsigned int i);          //延时函数声明
void main()                          //主函数
{
   unsigned char w, i;               //定义无符号字符型变量w和i
   while(1)
   {  w=0x01;                        //变量初值，构造数值0x01
      for(i=0; i<8; i++)             //for循环
        {
        P1=~w;                       //w值取反赋值给P1
      w<<=1;                         //按位左移1位，等同于w=w<<1;
      delay(1000);                   //1s延时
}
   }
 }
                                     //延时函数
void  delay(unsigned int i)          //函数定义
{
     unsigned int j, k;              //定义无符号整型变量j和k
     for(k=0; k<i; k++)              //双重for循环语句实现软件延时
       for(j=0; j<125; j++);
}}
```

程序解读：

实现流水灯控制时，P1口的电平状态见表2-3。从表中可以看出“0”位置的LED灯会亮起，并且遵从依次向左移1位的规律。在编写程序的时候，可以依次赋值表格中最后1列的8个字节，也可以采用“位”操作运算符，一位一位地控制LED的亮、灭。语句w<<=1；中的“<<”是位左移运算符，功能是把符号左边的二进制数全部左移若干位，

移动的位数由右操作数指定，右操作数必须是非负值，其右边空出的位用 0 填补，高位左移溢出则舍弃该高位。例如，执行 w<<=1；后，w=0x01 即 w=0000 0001 左移 1 位，变成 0000 0010。P1=~w；中的~是取反运算符，在下次左移之前，w 取反后是 1111 1110，P1.0 引脚的 LED 灯亮起；w 左移 1 位后再取反，变成 11111101，P1.1 引脚的 LED 灯亮起，依次执行 8 次，即可实现流水灯控制。

表 2-3　P1 口的电平状态

P1.7	P1.6	P1.5	P1.4	P1.3	P1.2	P1.1	P1.0	字节
1	1	1	1	1	1	1	0	0xfe
1	1	1	1	1	1	0	1	0xfd
1	1	1	1	1	0	1	1	0xfb
1	1	1	1	0	1	1	1	0xf7
1	1	1	0	1	1	1	1	0xef
1	1	0	1	1	1	1	1	0xdf
1	0	1	1	1	1	1	1	0xbf
0	1	1	1	1	1	1	1	0x7f

思考：为什么 P1 不赋值 0xfe，然后执行按位左移运算？

答：若 P1=0xfe，然后执行左移运算符，效果是 1 灯亮、2 灯亮、3 灯亮……8 灯亮。

任务小结

通过对本任务的学习，应掌握 C51 的基本语句结构，C51 语言的数据类型，常量、变量以及函数的应用，体会编程语句的灵活性。

任务扩展

使用标准库函数实现流水灯功能。提示：预编译语句需要加上#include<intrins.h>。

主函数修改如下：

```
//任务 2-2 扩展：使用标准库函数实现的流水灯控制程序
#include<intrins.h>      //内部函数库，提供移位操作函数
void main( )              //主函数
{  P1=0xfe;               //P1 为 11111110B，P1.0 点亮
   while(1)
   { delay(1000);         //1s 延时
   P1=_crol_ (P1, 1); //按位左移库函数
   }}
```

【小提示】_crol_(P1，1）为按位左移函数，其功能是把 P1 的值全部左移 1 位，溢出的高位填补到最低位。例如：P1 口的初始值见表 2-4。

表 2-4 P1 口的初始值

P1.7	P1.6	P1.5	P1.4	P1.3	P1.2	P1.1	P1.0
1	0	1	1	1	1	0	1

第一次左移 1 位后：P1 为 0111 1011B 即 0x7B。

第二次左移 1 位后：P1 为 1111 0110B 即 0xf6，以此类推。

知识链接

一、C 语言的基本结构

程序结构是指程序中语句的执行顺序。C 语言有 3 种程序结构：顺序结构、选择结构、循环结构。

2-4 顺序语句和循环语句

（一）顺序结构

顺序结构主要包括表达式语句和复合语句。

1. 表达式语句

表达式语句是最基本的 C 语言语句。表达式语句由“表达式”加分号“；”组成，执行表达式语句就是计算表达式的值。

```
如：P1=0x00；//赋值语句，将 P1 口的 8 位引脚清零
```

C 语言中有一个特殊的表达式语句，称为空语句。空语句中只有一个分号“；”，程序执行空语句时需要占用一条指令的执行时间，但是什么也不做。在 C51 程序中，常常把空语句作为循环体，用于消耗 CPU 时间以等待事件发生的场合。

例如，delay 延时函数中包含下面的语句：

```
for(j=0； j<125； j++)；
```

for 语句后面的“；”是一条空语句，作为循环体出现。

又如，while(1)；语句的循环条件永远为真，无限循环，循环体是空语句，什么也不做。程序设计时，通常将该语句作为停机语句使用。

2. 复合语句

把多个语句用大括号 {} 括起来，组合在一起形成具有一定功能的语句块，这种由若干条语句组合而成的语句块称为复合语句。在程序中应把复合语句看作单条语句，而不是多条语句。{} 内部的各条语句都必须以“；”结尾，在“} ”之外，不能加“；”。

（二）选择结构

选择结构主要由选择语句组成。选择语句包括以下 4 类：

1. 基本 if 语句

基本 if 语句的格式如下：

```
if (表达式)
  {
   语句组;
  }
```

if 语句的执行过程：当“表达式”的结果为“真”时，执行其后的“语句组”，否则跳过该语句组，继续执行下面的语句。if 语句的执行过程如图 2－12 所示。

【注意】在 if 语句中，“表达式”必须用括号括起来，大括号里的语句组如果只有一条语句，可以省略大括号。但是为了提高程序的可读性并防止程序书写错误，建议加上大括号。

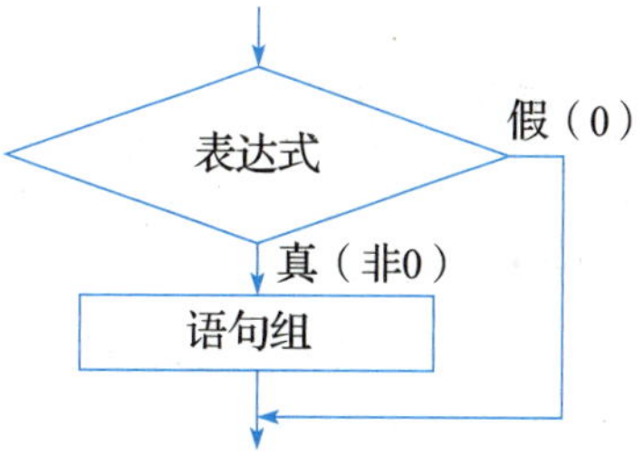

图 2－12　if 语句的执行过程

2. if-else 语句

if-else 语句的一般格式如下：

```
if (表达式)
 {
   语句组 1;
 }
else
 {
   语句组 2;
 }
```

if-else 语句的执行过程：当“表达式”的结果为“真”时，执行其后的“语句组 1”，否则执行“语句组 2”。if-else 语句的执行过程如图 2－13 所示。

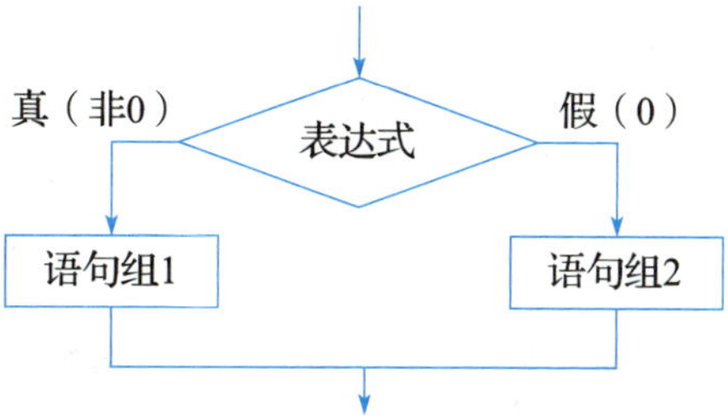

图 2－13　if-else 语句的执行过程

3. if-else-if 语句

if-else-if 语句是由 if else 语句组成的嵌套，用来实现多个条件分支的选择，其一般格式如下：

```
if (表达式 1)
{
    语句组 1;
}
else if (表达式 2)
    {
语句组 2;
    }
…
    else if (表达式 n)
    {
语句组 n;
    }
    else
    {
语句组 n+1;
    }
```

if-else-if 语句的执行过程如图 2－14 所示。执行该语句时，依次判断“表达式 n”的值，当“表达式 n”的值为“真”时，执行其对应的“语句组 n”，并跳过剩余的 if 语句组，执行该语句下面的一个语句。如果所有表达式的值均为“假”，则执行最后一个 else 后的“语句组 $n+1$”，然后再执行下面的一个语句。

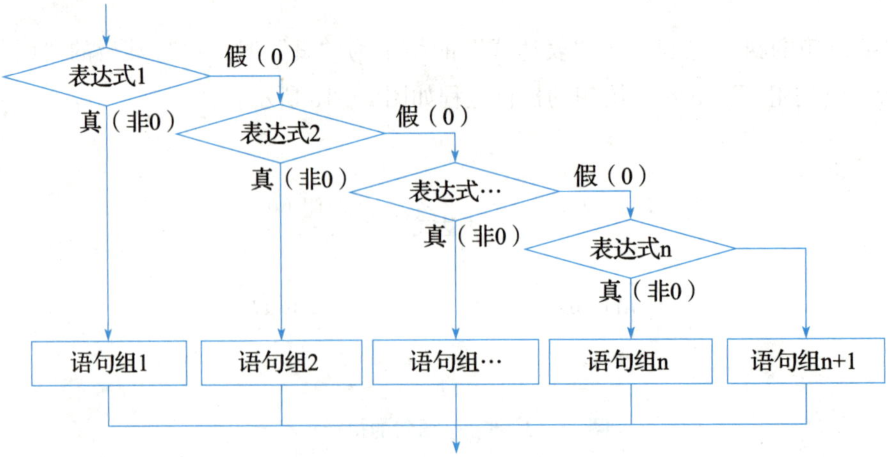

图 2－14　if-else-if 语句的执行过程

4. switch 语句

多分支选择语句 switch 的一般格式如下：

```
switch（表达式）
{
    case 常量表达式 1：    语句组 1；break；
    case 常量表达式 2：    语句组 2；break；
    ……
    case 常量表达式 n：    语句组 n；break；
    default           ：    语句组 n+1；
}
```

该语句的执行过程：首先计算表达式的值，并逐个与 case 后的常量表达式的值比较，当表达式的值与某个常量表达式的值相等时，则先执行对应该常量表达式后的语句组，再执行 break 语句，跳出 switch 语句的执行，继续执行下一条语句。如果表达式的值与所有 case 后的常量表达式均不相等，则执行 default 后的语句组。

【注意】（1）依据 ANSI 标准，switch 后面括号内的表达式允许为任何类型。

（2）每个 case 的常量表达式的值必须互不相等。

（3）各个 case 和 default 的出现次序不影响执行结果。

（4）执行 switch 语句时，根据 switch 后面的表达式的值找到匹配的入口标号，继续执行下去，不再进行判断。

（三）循环结构

在满足某个特定的条件时重复执行一组语句，这样的语句结构称为“循环结构”，被重复执行的那组语句称为“循环体”。循环结构在程序设计中的应用是极为广泛的，C 语言中用于实现循环的语句有 3 种：while 循环语句，do…while 循环语句，for 循环语句。

1. while 循环语句

while 循环语句称为“当型循环”：当条件成立时，执行循环体，直到条件为“假”时才停止循环。while 循环语句的一般格式如下：

```
while（循环继续的条件表达式）
  {
    语句组；//循环体
  }
```

执行过程：首先判断循环继续的条件表达式，该表达式通常是逻辑表达式或关系表达式，当表达式的值为真（非 0）时反复执行循环体，为假（0）时执行循环体外面的语句。while 循环语句执行过程如图 2-15 所示。

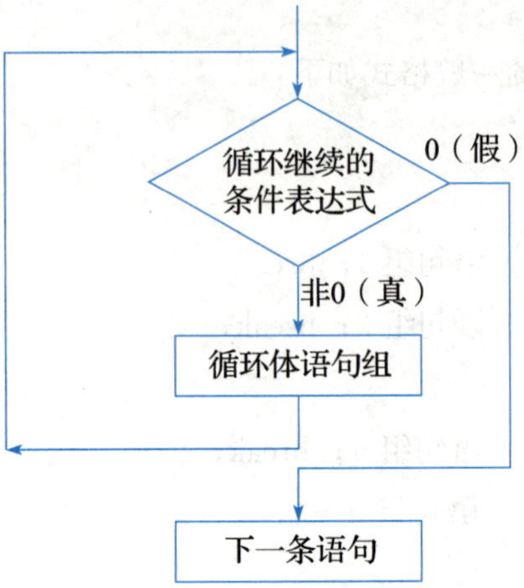

图 2－15　while 循环语句执行过程

2. do-while 循环语句

do-while 循环语句称为“直到型循环”语句，适用于程序执行时，需要先执行一次循环体，再进行循环条件的判断的场合。

do-while 循环语句的一般格式如下：

```
do
  {
   语句组；//循环体
  } while（循环继续条件）；
```

do-while 循环语句的执行过程如图 2－16 所示，先无条件执行一次循环体，然后判断条件表达式，当表达式的值为真（非 0）时，返回执行循环体，直到条件表达式的值为假（0）为止。

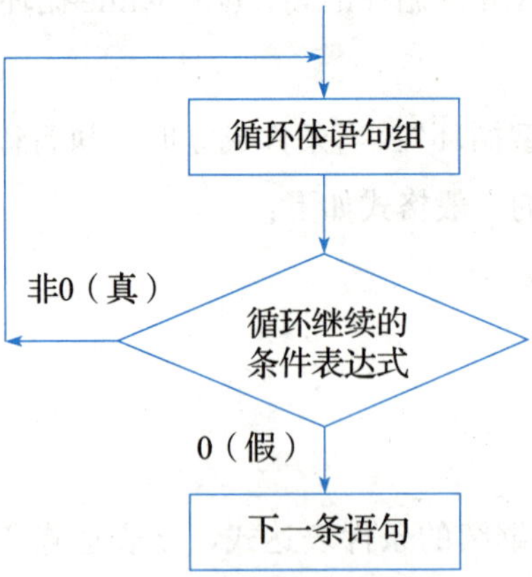

图 2－16　do-while 循环语句的执行过程

3. for 循环语句

在总循环次数已确定的情况下，使用 for 语句比方便。for 语句的一般格式如下：

```
for（循环变量赋初值；循环继续条件；循环变量增量）
{
    循环体语句组；
}
```

关键字 for 后面的圆括号内通常包括 3 个表达式：表达式 1 循环变量赋初值、表达式 2 循环继续条件、表达式 3 循环变量增量。3 个表达式用“；”隔开。大括号内是循环体“语句组”。

for 循环语句的执行过程如下：

（1）进行循环变量赋初值。

（2）求解循环继续条件，若值为真，则执行 for 语句中的循环体语句组，然后执行表达式 3，即修改循环变量；若值为假，则结束循环。

（3）求解表达式 3 后再执行第（2）步。

for 循环语句的执行过程如图 2－17 所示。

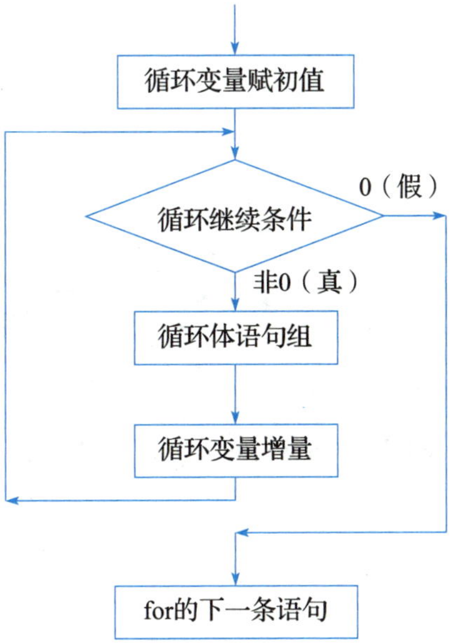

图 2－17　for 循环语句的执行过程

4. break 语句和 continue 语句

（1）break 语句。

break 语句通常用在循环语句和 switch 语句中，对 if-else 语句不起作用，在多层循环中，一个 break 只能终止并跳出最近一层的结构。break 语句的执行过程如 2－18 所示。

（2）continue 语句。

continue 语句的作用是跳过循环体中剩余的语句，结束本次循环，强行执行下一次循环。它与 break 语句的不同之处是 break 语句直接结束整个循环语句；而 continue 则是停止当前循环体的执行，跳过循环体中余下的语句，再次进入循环条件判断，准备下一次循环体的执行。continue 语句的执行过程如图 2－19 所示。

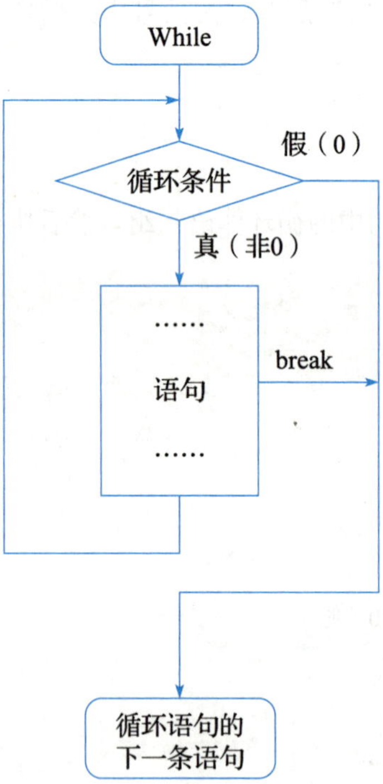

图 2－18　break 语句的执行过程

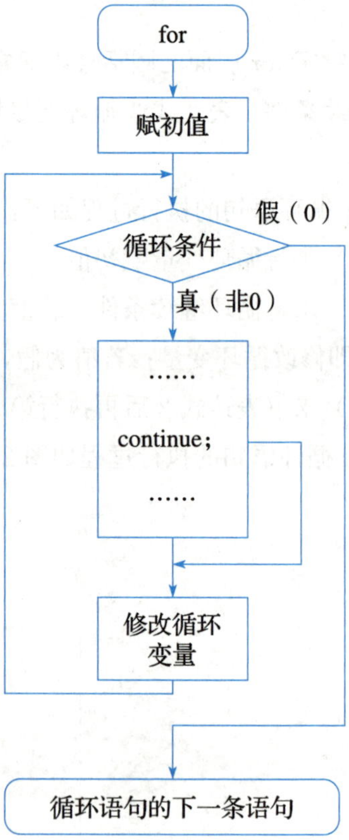

图 2－19　continue 语句的执行过程

contiue 语句只用于 for、while、do-while 等循环体中，常与 if 条件语句一起使用，加速循环结束。

二、数据类型及常量、变量

（一）C51 的数据类型

2－5　数据类型及位操作

程序中涉及的各种数据（常量、变量）都必须存放在内存中。

（1）不同类型的数据在内存中占用不同的存储空间，且采取不同的存储形式。

（2）不同类型的数据对应不同的取值范围。

（3）数据类型决定了允许对其进行的操作。

常用的 C51 数据类型见表 2－5。

表 2-5　常用的 C51 数据类型

名称	数据类型符	字节数	位数	范围
无符号（短）整型	unsigned int	2B	16	0～65535
有符号（短）整型	signed int	2B	16	−32768～32767
无符号长整型	unsigned long	4B	32	0−4294967295
有符号长整型	signed long	4B	32	−2147483648～2147483647
无符号字符型	unsigned char	1B	8	0～255
有符号字符型	signed char	1B	8	−128～127
单精度实型	float	4B	32	±1.175494E−38～3.402823E+38
位型	bit	1bit	1	0 或 1
指针型	*	1～3B	8～24	对象的地址
可寻址位	sbit	1bit	1	0 或 1
专用寄存器	sfr	1B	8	0～255
16 位专用寄存器	sfr16	2B	16	0～65535

（二）常量

1. 标识符

定义：用来标识变量、常量、函数等的字符序列。

组成：（1）只能由字母、数字、下划线组成，且第一个字符必须是字母或下划线。

（2）区分大小写，例如 num 与 Num 为不同的标识符。

（3）不能使用关键字，例如“char”不是合法的标识符。

长度：最长 32 个字符。

命名原则：（1）见名知意。

（2）不易混淆。如 l 与 I，o 与 0。

【小提示】常量和变量都需要使用 C 语言的标识符来表示。

2. 常量

在程序执行过程中，其值不发生改变的量称为常量。常量分为不同的类型，有整型常量、实型常量、字符常量和字符串常量，具体见表 2-6。此外，还有一类特殊的常量，即转义字符，见表 2-7。

表 2-6　常量的类型及说明

常量类型	具体类型	表示形式	说明
整型常量	八进制整型常数	○12	八进制数 12
	十六进制整型常数	0x1A；0X1A	十六进制数 1A
	十进制整型常数	34；34L	十进制数 34（占 16 位）； 长整型数 34（占 32 位）

续表

常量类型	具体类型	表示形式	说明
实型常量	十进制形式	0.0，.25，5.789	由 0～9 和小数点组成 小数点前面的 0 可以省略
	指数形式	2E5 3.7E−2	等于 2×10^{5} 等于 3.7×10^{-2}
字符常量	字符型	'b' '5'	字符 b，字符 5
	转义字符型	\n	回车换行，具体见表 2-7
字符串常量	字符串常量	" CHINA"	内存中存储的是 C-H-I-N-A-\0

表 2-7　常用转义字符

转义字符	意义	转义字符	意义
\n	回车换行	\\	反斜线符（\）
\t	横向跳到下一制表位置	\'	单引号符
\v	竖向跳格	\"	双引号符
\b	退格	\a	鸣铃
\r	回车	\ddd	1～3 位八进制数所代表的字符
\f	走纸换页	\xhh	1～2 位十六进制数所代表的字符

（三）变量

1. 变量的定义

在程序执行的过程中，取值可变的量称为变量。一个变量必须有一个名字，且在内存中占据一定的存储单元，该存储单元中存放变量的值。使用变量前必须进行强制定义，即“先定义，后使用”。也可在定义变量类型的同时，给出变量的初值。

变量定义的完整形式如下：

【存储类型】数据类型【存储器类型】变量名…；

【】中的内容是可选项，数据类型和变量名是必要的。

（1）存储类型说明符。

auto：自动变量（动态存储区）。

register：寄存器变量（动态存储区）。

extern：外部变量（CPU 的通用寄存器）。

static：静态变量（静态存储区）。

存储类型是指变量占用内存空间的方式，也称为存储方式。

【小提示】变量的存储方式可分为“静态存储”和“动态存储”两种。

静态存储变量：程序执行过程中，定义时指定的存储单元一直保持不变，直到程序结束。

动态存储变量：程序执行过程中，使用时才分配内存单元，使用完毕后立即释放，再使用再分配。

从以上分析可知，静态存储变量是一直存在的，而动态存储变量则时而存在时而消失。

1）自动变量。

把存储类型符 auto 加在变量名前，变量就是自动变量。自动变量只能在函数内说明；auto 可以省略。在不同函数中说明的自动变量，可以使用相同的名字，它们的类型可以相同，也可以不同。

2）寄存器型变量。

把数据存放在寄存器里，操作起来比存放在内存里快。例如，register int x；就是把变量 x 定义为一个寄存器型的整型变量，存放在 CPU 的通用寄存器中。现在程序中极少使用寄存器型变量。

3）外部变量。

把存储类型符 extern 加在变量名及其类型前面，该变量就成为一个外部变量。凡是在函数外部定义的变量都是外部变量。当一个工程中的多个模块文件都需要使用同一个变量时，只需要在一个程序模块文件中将该变量定义为外部变量，而在其他程序模块文件中用ertern 说明该变量是已被定义过的外部变量即可。另外，函数也可以定义为外部函数。

4）静态变量。

把存储器类型符 static 加在变量名及其类型前面，该变量就成为静态变量。例如，static int i；在整个程序运行期间，静态变量一直占据系统分配给它的存储区不予归还，直到程序运行结束。

（2）数据类型说明符。

具体见表 2-5。

（3）存储器类型。

C51 编译器支持的存储器类型见表 2-8。

表 2-8　C51 编译器支持的存储器类型

存储器类型	描述
data	直接访问内部数据存储器，允许最快访问（128B）
bdata	可位寻址内部数据存储器，允许位与字节混合访问（16B）
idata	间接访问内部数据存储器，允许访问整个内部地址空间（256B）
pdata	“分页”外部数据存储器（256B）
xdata	外部数据存储器（64KB）
code	程序存储器（64KB）

(4) 变量名。

变量的名字是一种标识符，必须遵守标识符的命名规则。习惯上，变量名用小写字母表示，以增加程序的可读性。必须注意的是，大写字符和小写字符被系统认为是两个不同的字符。

例如：int a，b，c；//定义整型变量 a，b，c，存储类型是 auto，auto 可以省略。

unsigned char i= ‘A’；//定义无符号字符型变量 i，同时赋初值字符 “A”。

说明：

1）允许在一个类型说明符后说明多个相同类型的变量。各变量名之间用逗号隔开。类型说明符与变量名之间至少用一个空格隔开。

2）最后一个变量名之后必须以“;”结尾。

3）变量定义必须放在变量使用之前，一般放在函数体的开头部分。

2. 变量的作用域

(1) 全局变量。

全局变量具有全局作用域，只需在一个源文件中定义，就可以作用于所有的源文件。其他不包含全局变量定义的源文件需要用 extern 关键字再次声明全局变量。

(2) 局部变量。

局部变量只有局部作用域，一般只作用于函数内部。

三、C51 的常用运算符

表 2-9 至表 2-14 列出了 C51 的常用运算符。

表 2-9　算术运算符

符号	说明	运算对象个数	举例	含义
+	加法运算	双目	x=y+z;	y+z 的结果赋值给 x
-	减法运算	双目	x=y-z;	y-z 的结果赋值给 x
*	乘法运算	双目	x=y*z;	y×z 的结果赋值给 x
/	除法运算	双目	x=y/z;	y÷z 的结果赋值给 x
%	取余运算	双目	x=y%z;	y÷z 的余数赋值给 x，如 5%2 的结果是 1
++	自增 1	单目	i++;	i 自身加 1
--	自减 1	单目	i--;	i 自身减 1

表 2-10　赋值运算符

符号	说明	运算对象个数	举例	含义
=	基本赋值	双目	x=y+z;	y 与 z 的和赋值给 x
+=	加赋值	双目	x+=1;	x=x+1

续表

<table>
<tr><th>符号</th><th>说明</th><th>运算对象个数</th><th>举例</th><th>含义</th></tr>
<tr><td>－＝</td><td>减赋值</td><td>双目</td><td>x－＝1；</td><td>x＝x－1</td></tr>
<tr><td>＊＝</td><td>乘赋值</td><td>双目</td><td>x＊＝2；</td><td>x＝x＊2</td></tr>
<tr><td>/＝</td><td>除赋值</td><td>双目</td><td>x/＝2；</td><td>x＝x/2</td></tr>
<tr><td>%＝</td><td>模赋值</td><td>双目</td><td>x%＝2；</td><td>x＝x%2</td></tr>
<tr><td><<＝</td><td>左移位赋值</td><td>双目</td><td>x<<＝1；</td><td>x 变量整体先左移 1 位，再赋值给 x</td></tr>
<tr><td>>>＝</td><td>右移位赋值</td><td>双目</td><td>x>>＝1；</td><td>x 变量整体先右移 1 位，再赋值给 x</td></tr>
<tr><td>&＝</td><td>位与赋值</td><td>双目</td><td>x&＝0xf0；</td><td>做位与操作后赋值</td></tr>
<tr><td>|＝</td><td>位或赋值</td><td>双目</td><td>X|＝0xf0；</td><td>做位或操作后赋值</td></tr>
<tr><td>^＝</td><td>异或赋值</td><td>双目</td><td>X^＝0xf0；</td><td>做位异或操作后赋值</td></tr>
<tr><td>～＝</td><td>取反赋值</td><td>双目</td><td>x～＝x；</td><td>做位取反操作后赋值</td></tr>
</table>

表 2－11　关系运算符

<table>
<tr><th>符号</th><th>说明</th><th>运算对象个数</th><th>举例</th><th>含义</th></tr>
<tr><td><</td><td>小于</td><td>双目</td><td>x<y；</td><td>x 是否小于 y</td></tr>
<tr><td><＝</td><td>小于等于</td><td>双目</td><td>x<＝y；</td><td>x 是否小于等于 y</td></tr>
<tr><td>></td><td>大于</td><td>双目</td><td>x>y；</td><td>x 是否大于 y</td></tr>
<tr><td>>＝</td><td>大于等于</td><td>双目</td><td>x>＝y；</td><td>x 是否大于等于 y</td></tr>
<tr><td>＝＝</td><td>等于</td><td>双目</td><td>x＝＝y；</td><td>x 是否等于 y</td></tr>
<tr><td>！＝</td><td>不等于</td><td>双目</td><td>x！＝y；</td><td>x 是否不等于 y</td></tr>
</table>

表 2－12　逻辑运算符

<table>
<tr><th>符号</th><th>说明</th><th>运算对象个数</th><th>举例</th><th>含义</th></tr>
<tr><td>！</td><td>逻辑非</td><td>单目</td><td>！a；</td><td>a 为非 0 时，！a 为假；a 为 0 时，！a 为真</td></tr>
<tr><td>&&</td><td>逻辑与</td><td>双目</td><td>x&&y；</td><td>x，y 都为真时，才为真</td></tr>
<tr><td>||</td><td>逻辑或</td><td>双目</td><td>x||y；</td><td>x，y 有 1 个为真时，就为真</td></tr>
</table>

表 2－13　位运算符

<table>
<tr><th>符号</th><th>说明</th><th>运算对象个数</th><th>举例</th><th>含义</th></tr>
<tr><td>&</td><td>按位逻辑与</td><td>双目</td><td>0x23&0x0f＝0x03；</td><td>屏蔽 0x23 的高四位，保留低四位</td></tr>
<tr><td>|</td><td>按位逻辑或</td><td>双目</td><td>0x23|0x0f＝0x2f；</td><td>0x23 保留高四位，置 1 低四位</td></tr>
<tr><td>～</td><td>按位取反</td><td>单目</td><td>x＝～0x23；</td><td>x＝0xd2</td></tr>
<tr><td>^</td><td>按位异或</td><td>双目</td><td>0x23^0x0f＝0x2c；</td><td>异或运算：相同出 0，相异出 1</td></tr>
</table>

续表

符号	说明	运算对象个数	举例	含义
<<	按位左移	双目	x<<2;	高位丢弃，低位补 0 若 x=0x01，移位后为 0x04
>>	按位右移	双目	x>>2;	高位补 0，低位丢弃 若 x=0x10，移位后为 0x04

表 2-14　指针和地址运算符

符号	说明	运算对象个数	举例	含义
*	提取变量的内容	单目	nx= * a;	提取地址 a 的内容赋值给 nx
&	提取变量的地址	单目	ny=&b;	提取变量 b 的地址赋值给 ny

四、函数的使用

（一）函数的类型及定义

从用户的角度来看，函数分为标准库函数和用户自定义函数两种。标准库函数是由 C51 的编译器提供的，用户不必定义这些函数，可以直接调用。用户自定义函数是用户根据需要编写的函数。一个函数由两部分组成：函数定义和函数体。

函数书写的一般格式如下：

```
函数类型  函数名（形式参数表）——————————函数定义
{
    局部变量定义;  ┐
    函数体语句;    ├——————————函数体
    return 语句;   ┘
}
```

（1）函数类型：函数返回值的类型。如果函数没有返回值，应该将函数类型定义为 void 型（空类型）。需要注意的是，函数体返回值的类型一定要和函数类型一致，不然会导致错误。

（2）函数名：自定义函数的名字，不能与主函数 main 相同，要符合 C 语言标识符规则。

（3）形式参数表：用于给出函数被调用时传递数据的形式参数，形式参数的类型必须要加以说明。如果定义的是无参数函数，可以没有形式参数表，但是圆括号不能省略。

（4）局部变量定义：对在函数内部使用的局部变量进行定义。

（5）函数体语句：为完成函数的特定功能而设置的语句。

（6）return 语句：用于返回函数执行的结果。对于无返回值函数，该语句可以省略。

（二）函数的调用

在 C51 程序中，无论是调用标准库函数还是调用用户自定义函数，都必须遵循“先定义、后调用”的原则。调用标准库函数时，必须在源程序的开始处使用预处理命令“#include”将包含标准库函数的头文件包含进来，如特殊功能寄存器头文件 reg51. h 或 reg52. h，绝对地址文件 absacc. h，输入/输出流函数文件 stadio. h，动态内存分配函数文件 stdlib. h，缓冲区处理函数文件 string. h 等。调用用户自定义函数时，必须在调用前定义该函数。如果被调用函数在程序文件中的位置定义在调用函数之后，那么必须在调用之前对函数进行声明。

函数调用就是在一个函数体中引用另外一个已经定义的函数，前者称为主调用函数，后者称为被调用函数，函数调用的一般格式如下：

函数名（实际参数列表）;

对于有参数类型的函数，若实际参数列表中有多个实参，则各参数之间用逗号隔开。实参与形参顺序对应，个数应相等，类型应一致。

函数有以下 3 种调用形式：

（1）函数语句。

将被调用函数作为主调用函数的一个语句。例如，在主函数中调用延时函数的语句为

```
delay(50000);
```

delay 函数的调用只是完成特定的功能，不需要有返回值。

（2）函数表达式。

被调用函数以一个运算对象的形式出现在一个表达式中。这时要求被调用函数返回一定的数值，并以该数值参加表达式的运算。例如：

```
m=max(a,b) * 2;
```

max(a,b)函数的功能是 a，b 中返回较大的值，然后乘以 2，赋值给 m。当 a=3，b=5 时，m=10。

（3）函数参数。

将被调用函数作为另一个函数的实参或者本函数的实参，例如：

```
m=max(a,max(b,c));
```

max(b,c)的返回值作为 max 函数的一个实参进行运算，返回值与 a 比较，最终返回较大值。当 a=1，b=2，c=3 时，m=3。

任务 2－3 仿真调试 LED 灯流水控制系统

任务目标

知识目标

- 了解 C51 的特殊功能寄存器。
- 掌握 P1 口的字节赋值语句。

技能目标

- 会使用 Keil C51 的单步、全速、运行到光标等常规调试方法。
- 能够准确调试 1s 的延时。

素养目标

- 在进行软硬联调的过程中，培养严谨、认真、耐心的学习态度。
- 讲述大国工匠事迹，践行工匠精神。

任务描述

对任务 2－2 流水灯执行 Keil C51 调试命令，观察程序运行过程中的中间结果，并能够准确调试 1s 的延时。

初级任务：能够实现 1s 的准确延时。

高级任务：能够熟练使用调试命令。

执行思路

体会调试命令的功能，观察程序运行效果，对不符合预期的结果进行修改。

任务实施

单片机的程序调试分为两种：一种是软件模拟调试，另一种是硬件调试。

软件模拟调试就是用计算机模拟单片机的指令，并虚拟单片机片内资源，从而实现调试。软件模拟调试适用于小型工程。

硬件调试也需要计算机软件的配合，计算机软件把编译好的程序通过串行口、并行口或者 USB 口传输到仿真器，仿真器仿真全部单片机资源。仿真器会将单片机内存与时序等情况返回给计算机，这样就可以在计算机里看到单片机程序真实的执行情况。不仅如此，还可以通过计算机的软件实现单步、全速、运行到光标等常规调试手段。

下面将具体介绍如何使用 Keil uVision 软件来调试单片机程序。

一、调试准确的时间长度

第 1 步：单击“工程属性配置”按钮，弹出如图 2－20 所示的窗口，单击“Target”标签，确认“Xtal”文本框中的数值是 12.0。

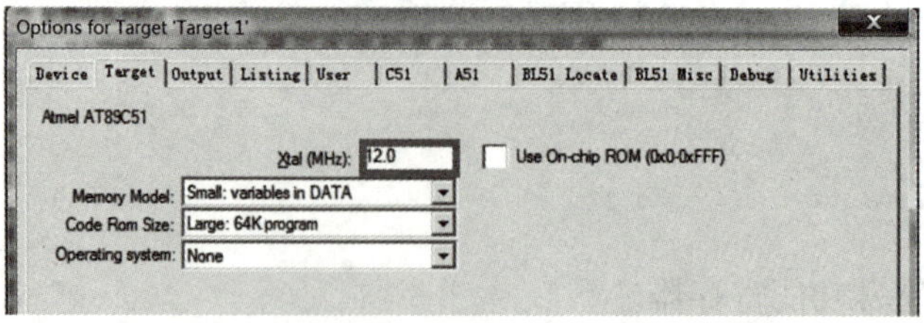

图 2－20　工程属性配置

第 2 步： 打开任务 2－2 中编译通过的单片机项目。选择“Debug”标签中的“Start/Stop Debug Session”，这个选项可以打开/关闭调试功能。注意，再次进入调试窗口之前，一定要对程序进行编译。

调试窗口如图 2－21 所示，箭头所指的程序行将被执行。

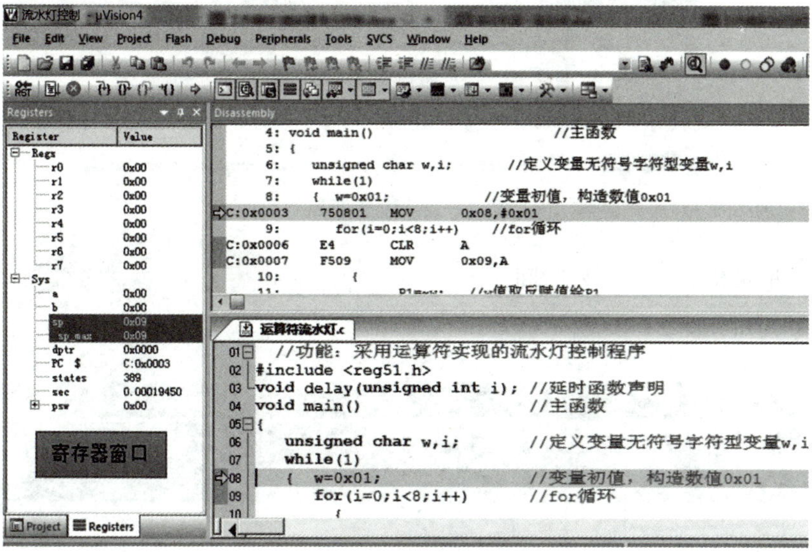

图 2－21　调试窗口

寄存器窗口功能见表 2－15。

表 2－15　寄存器窗口功能

名称	内容	说明
Regs	工作寄存器区	C 语言一般不直接使用，是汇编子程序和 c 函数之间重要的参数传递工具
Sys	累加器 a，寄存器 b，dptr，PC，PSW	具体可参考任务 1－1 中的知识链接
	寄存器 b	主要用于乘法和除法操作
	sp，sp_max	堆栈指针，堆栈指针最大值
	states	执行指令的数量
	sec	执行指令的时间累计（单位：s）

根据指令执行的不同，上述值会有相应的变化，可以监测这些在单片机中看不到的值而达到调试的目的。

第 3 步： 设置断点。

在 C 程序第 13 行的左边双击鼠标，设置断点，如图 2－22 所示。再次双击鼠标即可取消断点。

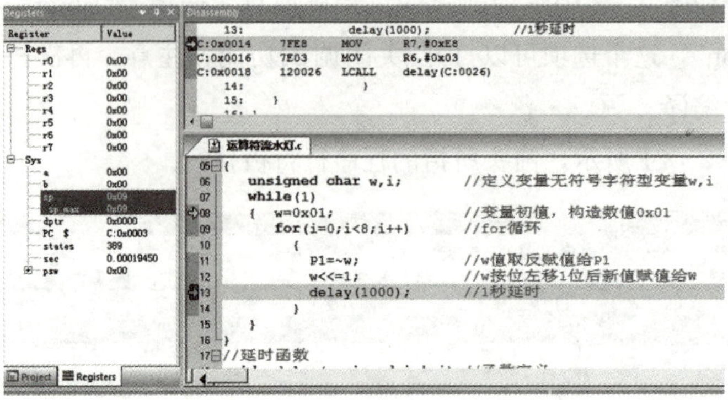

图 2－22　设置断点

第 4 步：记录延时函数开始时间。

调试命令按钮如图 2－23 所示。

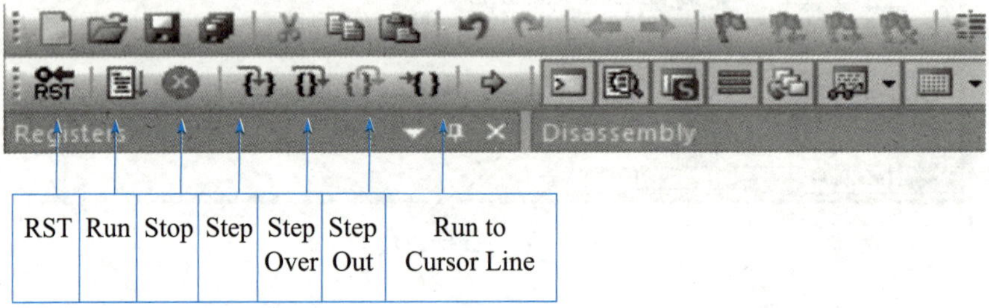

图 2－23　调试命令按钮

● RST：复位命令。

● Run（F5）：全速运行。一般与断点配合使用，执行时程序能够从当前行连续运行到断点处，节省调试时间。但无法观察某条语句或某段语句的运行结果。

● Stop：停止运行。在无断点设置的程序中，执行 Run 时，Stop 就会被激活。

● Step（F11）：单步跟踪调试。每按一次，箭头向下移动一句，系统就执行一句。

● Step Over（F10）：单步运行调试。每按一次，箭头向下移动一句，系统就执行一句。Step 可以跟踪到函数内部执行，而 StepOver 只是把函数作为一个语句来执行。

● Step Out（Ctrl+F11）：跳出当前函数。进入函数内部执行时，按该按钮可以结束当前函数的运行。

● Run to Cursor Line（Ctrl+F10）：全速运行至光标处。断点调试有记忆功能，重复调试程序时，程序运行到断点处便会停止。此方法特别适用于循环程序的调试，用户可根据需要设置多个断点。

执行“Run”命令，发现箭头运动到断点处之后，断点前的程序左边的灰色条变成了绿色，如图 2－24 所示，表面这些程序已经执行过。delay 程序是将要执行的程序。记录当前寄存器窗口中 sec 栏的时间：0.00039900s。

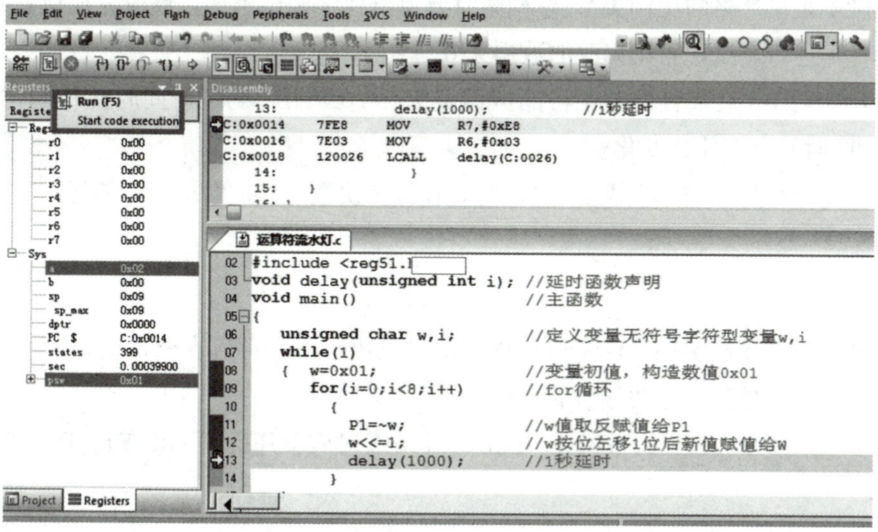

图 2-24　记录程序开始时间

第 5 步：记录延时函数结束时间。

执行“Step”命令，发现箭头进入延时函数内部，如图 2-25 所示，sec 的时间增长了。执行“Step Out”命令，发现箭头回到主函数第 14 行，说明已经执行完延时函数，这时 sec 的时间变为 1.01541800s，如图 2-26 所示。

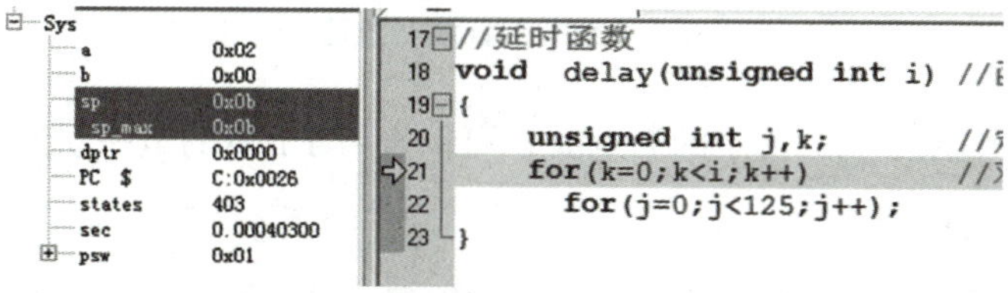

图 2-25　执行“Step”命令

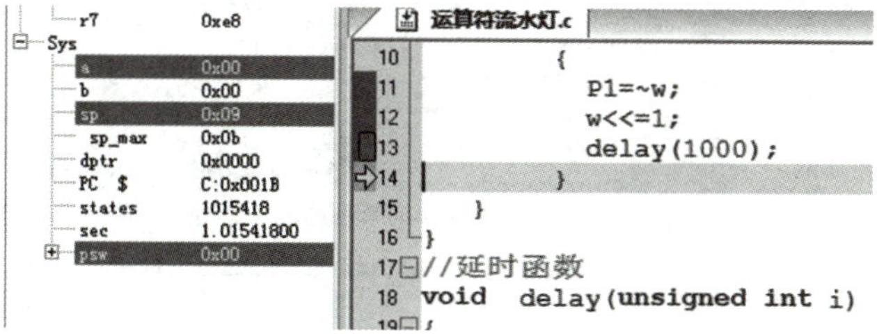

图 2-26　执行“Step Out”命令

也可以执行“Step Over”命令，直接把 delay（1000）作为一条语句执行，然后记录 sec 的时间，发现与执行“Step Out”命令得到的时间是一样的。

结束时间－开始时间＝1.01541800－0.00039900＝1.01s，可取 1s。这就是 delay 函数的执行时间。若时间大于或小于 1s，可以通过减少或增加循环次数进行调整（次数的多少与时间长度不是呈严格的比例关系）。调整时要退出程序调试模式，修改完成后，一定要先重新编译，再进行调试，否则修改的数据无效。

思考：如果在工程属性配置中将晶振设置为 24.0MHz，调试时间时执行同样的程序，消耗的 CPU 时间会有什么变化？

答：当晶振增加 1 倍，变成 24MHz 时，在循环次数一样的情况下，消耗的时间会变为原来的一半。

二、模拟监测输出信号

软件调试虽然无法实现硬件调试那样的信号输出，但是可以在软件窗口监测输出信号的高低电平，以及单片机相关端口的变化。

如图 2-27 所示，Port0、Port1、Port2、Port3 对应单片机的 P0、P1、P2、P3 口，共 32 个针脚。

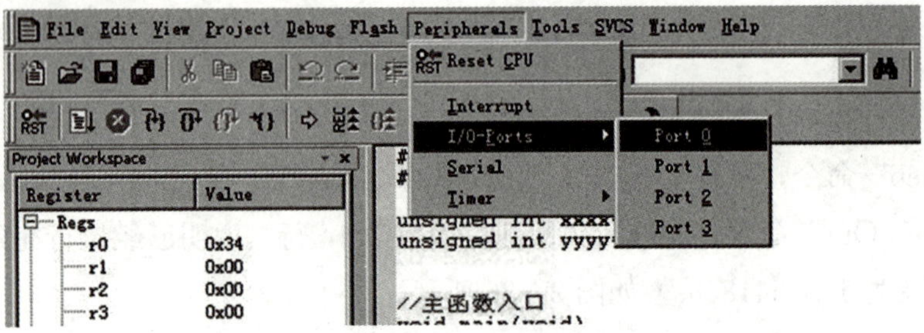

图 2-27　I/O 端口监测

当程序运行到如图 2-28 所示的断点时，可以查看 P1 口的电平状态，P1.0 是低电平，其他引脚都是高电平。

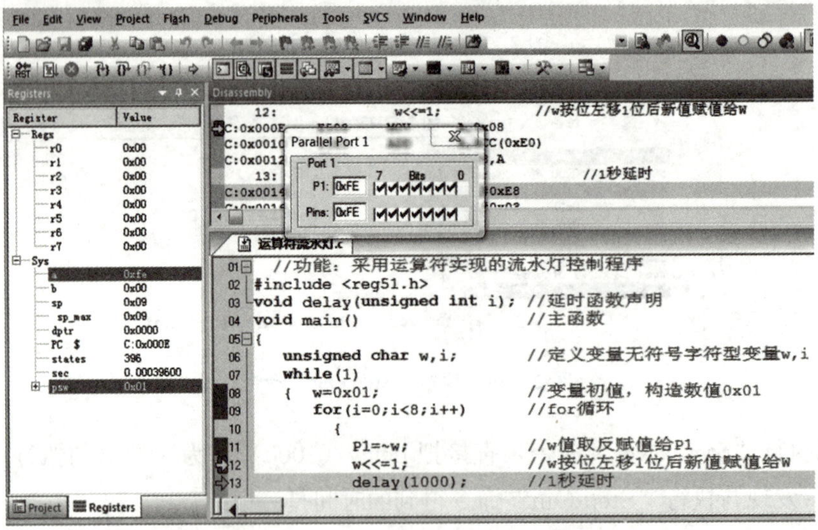

图 2-28　P1 口电平状态

进行输入设置。如图 2－29 所示，选择“Peripherals→Interrupt”，打开的输入预设窗口如图 2－30 所示。在“Int Source”中选择的项目不同，“Selected Interrupt”栏提供的选项也不同，酌情设置即可达到模拟输入的目的。相关调试在定时器和中断部分会用到。

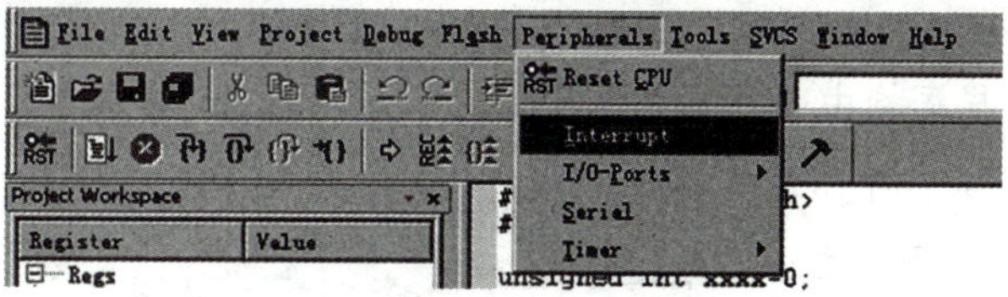

图 2－29　选择“Interrupt”

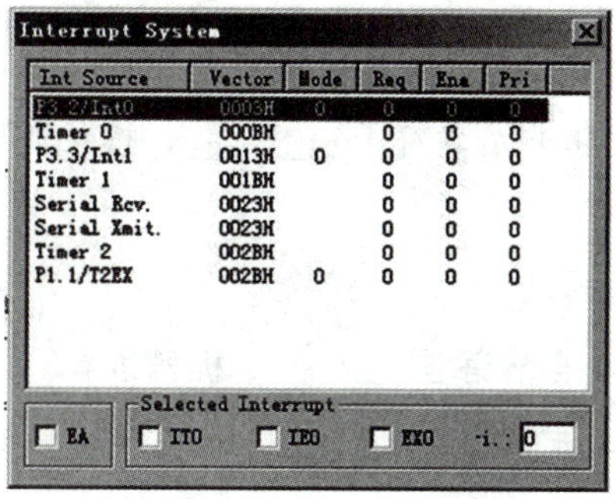

图 2－30　输入预设窗口

任务小结

通过流水灯控制程序设计，学会主要调试命令，包括 Step（F11）——单步跟踪调试，Step Over（F10）——单步运行调试，StepOut（Ctrl＋F11）——跳出当前函数。Run to Cursor Line（Ctrl＋F10）——全速运行至光标处。通过调试寄存器窗口的 sec，学会观察程序的执行时间。

任务扩展

调试任务 2－2 的任务扩展的程序，将流水灯的时间间隔调成 2s。

内容梳理与总结

通过对本工作模块的学习和动手实践，同学们应掌握以下知识点：

（1）单片机对 LED 灯的控制。

（2）Keil C51 对单片机程序的调试命令的应用。

（3）C 语言基本知识，包括 C51 基本程序结构、基本语句、C51 的数据类型、常量、变量、运算符、函数等。

思考与练习 2

一、填空题

1. C51 中的任何程序均由 3 种基本结构组成：________、________、________。

2. ________是 C51 程序的基本单位。

3. 在 C51 程序中，语句由________结尾。

4. 在 C51 程序中，十六进制数的表示方法是________，0x14 表示的十进制数是________。

5. 逻辑与运算符是________，按位与运算符是________，逻辑或运算符是________，按位或运算符是________，逻辑非运算符是________，按位取反运算符是________。

二、选择题

1. 计算机能直接识别的语言是（　　）。

A. 汇编语言　　B. 自然语言　　C. 机器语言　　D. C 语言

2. 十进制数 125 转换成二进制数是（　　）。

A. 01111110　　B. 01111101　　C. 01110111　　D. 10111101

3. 可以将 P1 口的低 4 位全部置高电平的表达式是（　　）。

A. P1&=0x0f　　B. P1|=0x0f　　C. P1^=0x0F　　D. P1=~P1

4. 以下软件中，属于单片机 C 语言开发工具的是（　　）。

A. Keil uVision4　　B. Word　　C. Internet Explore　　D. Visual C++6.0

5. 使用单片机开发系统调试程序时，对源程序进行汇编的目的是（　　）。

A. 将源程序转换成目标程序　　B. 将目标程序转换成源程序

C. 将低级语言转换成高级语言　　D. 连续执行

6. 下面叙述不正确的是（　　）。

A. 一个 C 源程序可以由一个或多个函数组成

B. 一个 C 源程序必须包含一个函数 main()

C. 在 C 程序中，注释说明只能位于一条语句的后面

D. C 程序的基本组成单位是函数

7. 对于 51 系列单片机，必须首先调用（　　）头文件。

A. stdio. h　　B. reg51. h　　C. math. h　　D. ctype. h

8. 字符型变量循环左移的函数是（　　）。

A. _irol_　　B. _iror_　　C. _crol_　　D. _cror_

三、简答题

1. 简述单片机 C 语言的特点。

2. 简述 for 语句的结构和具体执行过程。

3. 简述 while 语句的结构和具体执行过程。

四、操作题

8 个 LED 灯实现 5 个状态的变化：状态 1 为亮 2 个灯；状态 2 为亮 4 个灯；状态 3 为亮 6 个灯；状态 4 为亮 8 个灯；状态 5 为灭 8 个灯。相邻状态间隔时间 0.5s，循环 5 轮。

延伸阅读

工匠寄语： 发扬努力拼搏、无私奉献精神，以时不我待、只争朝夕的干劲融入祖国建设的洪流，无愧于伟大的时代。

工匠人物： 拼命三郎的“中国芯”——杨昌群是中石化销售华南分公司的一线科技工作者，公司高级专家。

工匠事迹：请扫二维码阅读。

2-6　工匠事迹

工作模块3

数码管的显示控制

工作情境导入

电梯轿厢内用于显示楼层的显示屏（图 3-1）、室内的电子时钟（图 3-2）等，其中的显示器件就是数码管。生产生活中，许多场合都会用到数码管来显示数字，所以说掌握单片机数码管的显示控制技术有着非常现实的意义。

图 3-1　电梯楼层显示屏

图 3-2　数字时钟

内容图谱

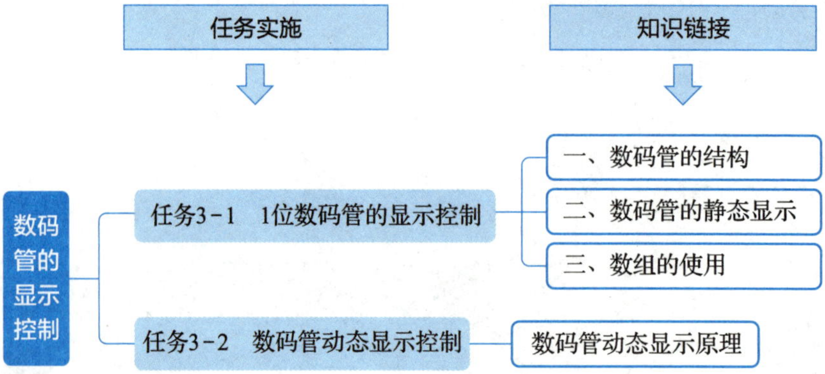

任务 3-1　1 位数码管的显示控制

任务目标

知识目标

- 了解 1 位数组的使用。
- 掌握数码管静态显示的工作原理。

技能目标

- 能够操作 Proteus ISIS 软件绘制单片机控制 1 位数码管的电路原理图。
- 能够操作 Keil 软件编写单片机控制 1 位数码管的程序。
- 能够进行软硬联调，实现数码管的显示功能。

素养目标

- 熟悉智能产品开发工程师岗位的工作任务，学习其职业精神。
- 讲述大国工匠事迹，践行工匠精神。

任务描述

某电子科技有限公司要生产一批计算器，显示模块采用数码管，请你完成显示模块的开发。初期任务是通过单片机控制 1 位数码管的显示，显示内容为数字 0～9，数字切换的时间间隔是 1s。请设计电路原理图，编写程序并仿真功能。

初级能力：实现单片机控制 1 位共阳极数码管的显示。

高级能力：能设计单片机控制共阳极数码管和共阴极数码管的硬件电路，并编写程序。

执行思路

首先要了解数码管的引脚功能及工作原理，为正确设计连接电路做准备；然后灵活运用 C 语言的基本语句编写数码管的显示程序。系统框图如图 3-3 所示。

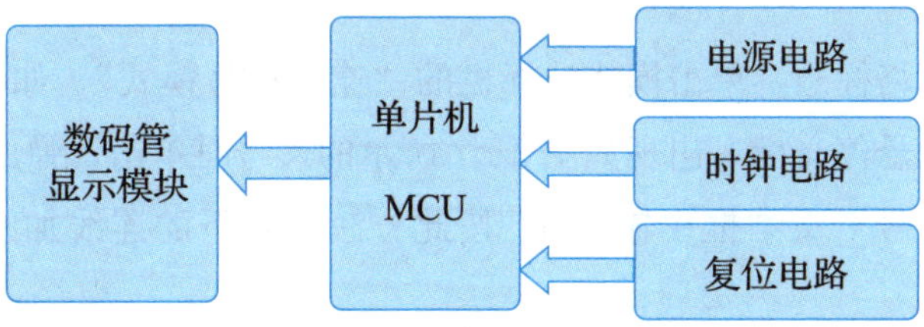

图 3-3　系统框图

任务实施

一、电路原理图设计

（1）在 Proteus ISIS 中绘制的数码管静态显示电路如图 3-4 所示。

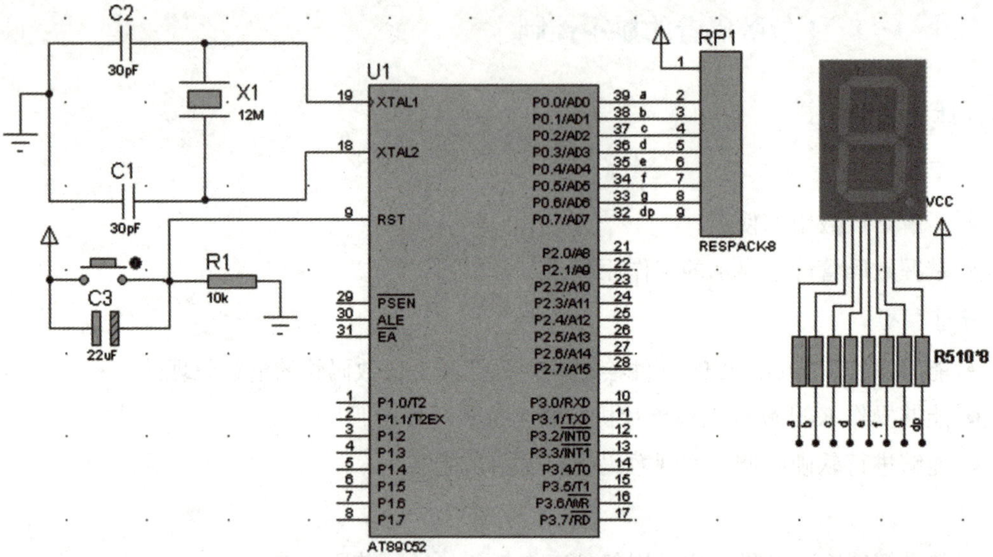

图 3－4　数码管静态显示电路

电路所用元器件在表 2－1 所列元器件的基础上有所增加，具体见表 3－1。

表 3－1　仿真电路元器件明细

序号	元器件名称	元器件型号	元器件参数
1	排阻	Respack-8	10kΩ
2	数码管	7SEG-MPX1-CA	共阳极数码管

【小提示】在单片机仿真环境下，不绘制最小系统电路不会影响电路仿真。

(2) 数码管电路的绘制。

数码管的引脚连接至 P0 口，采用添加网络标号的方式绘制。

第 1 步： 放置数码管和排阻，连接排阻的 2～9 号引脚至 P0.0～P0.7，1 号引脚接电源 VCC，如图 3－5 所示。

第 2 步： 添加网络标号，单击模式选择栏的“连线标号模式”，如图 3－6 所示，在 P0 口与排阻的连接线上悬停光标，出现如图 3－7 所示的叉号时单击，弹出如图 3－8 所示的线标编辑窗口，在“标号”文本框中输入 a，按此方法为剩下的连线加线标 b、c、d、e、f、g、dp。

第 3 步： 为数码管引脚添加网络标号。

为数码管的每一个引脚连接一个 510Ω 限流电阻，电阻的另外一端向外引线，至合适长度时双击鼠标结束划线。重复第 2 步，为数码管的每一个引脚添加网络标号，如图 3－9 所示。在同一张电路图中，网格标号一样的引脚表示连接在一起。最右边的为电源引脚，连接 VCC。

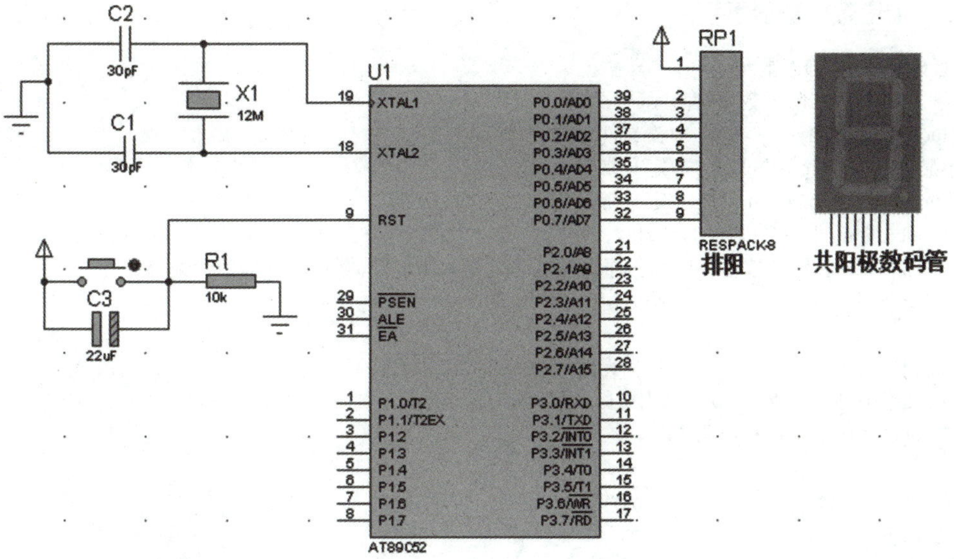

图 3-5　排阻和数码管

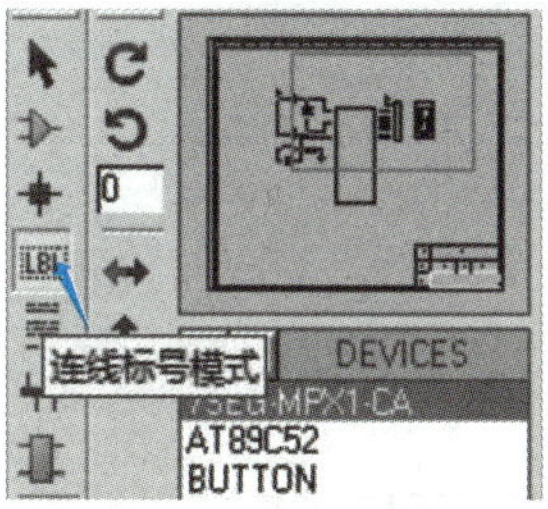

图 3-6　连线标号模式

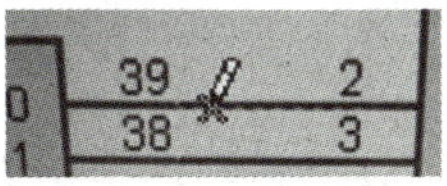

图 3-7　叉号

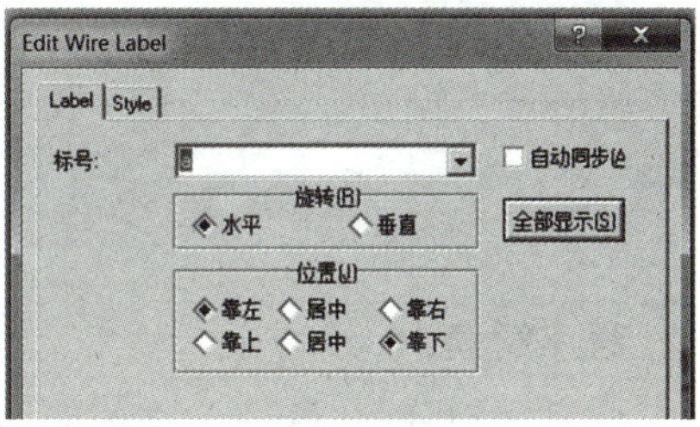

图 3-8　线标编辑窗口

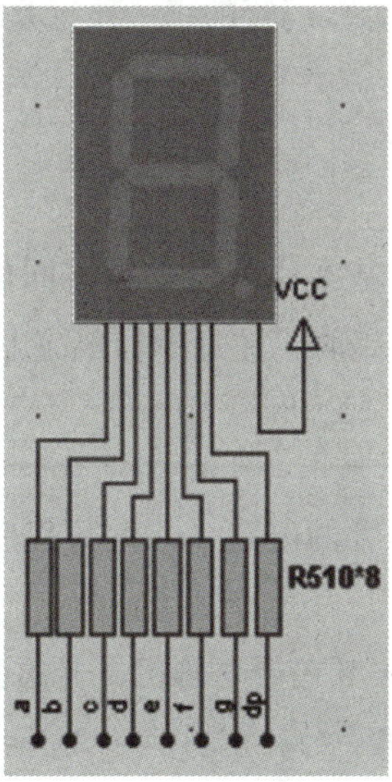

图 3-9 数码管引脚标号

二、1 位数码管显示程序

```
数码管显示程序(静态显示)
//任务 3-1 1 位共阳极数码管显示程序
#include<reg51.h>                  //头文件
#define uchar unsigned char        //定义常量 uchar
#define uint unsigned int          //定义常量 uint
uchar code disnum[10]={0xc0, 0xf9, 0xa4, 0xb0, 0x99, 0x92, 0x82, 0xf8, 0x80, 0x90};
        //code 表示把数组存储在程序存储区，这是共阳极数码管 0~9 的字形编码
void  delay(uint i)                //函数定义
{
    uint j, k;                     //定义无符号整型变量 j 和 k
    for(k=0; k<i; k++)             //双重 for 循环语句实现延时
      for(j=0; j<125; j++);
}
void main()                        //主函数
{
  uchar i;
  for(i=0; i<10; i++)              //变量 i，循环 10 次
  {
      P0=disnum[i];                //依次把数组的每一个元素赋值给 P0
      delay(1000);                 //延时 1s
  }
}
```

程序解读：

定义数组 disnum 时，在前面加上 code，表示把数组存储在程序存储区，节省数据存储区，但是定义在程序存储区之后，数组的元素不能更改。P0=disnum[i]；语句表示把数组 disnum 中的每一个元素赋值给 P0。数码管的每一段都是 LED 灯，将不同位置的 LED 灯点亮，就会构成要显示的数字。

任务小结

通过数码管显示数字或字母，基本原理是点亮不同位置的 LED 灯，由 LED 灯构成要显示的对象。设计数码管的硬件电路时，注意添加限流电阻。

任务扩展

设计单片机控制的共阴极数码管的电路，并编写程序。单片机控制的共阴极数码管电路图如图 3-10 所示。

【小提示】单片机控制的共阴极数码管电路图与共阳极电路图相比，区别如下：

(1) P0 口接上拉电阻后，数码管的控制引脚不用再接限流电阻。

(2) 共阴极数码管的型号是 7SEG-MPX1-CC，8 个引脚不用接限流电阻。

(3) 共阴极数码管的公共端接地。

P0 口接上拉电阻的作用有两个：一是作为输出口使用时需要接上拉电阻；二是驱动共阴极数码管。当 P0 口输出为高时，数码管亮，此时 VCC 经过上拉电阻为数码管供电，数码管的亮度取决于上拉电阻的数值。当 P0 口输出为低时，数码管灭，此时 VCC 经过上拉电阻为 P0 引脚供电，P0 的引脚导电，且电流很强，超过数码管发光时的电流强度。

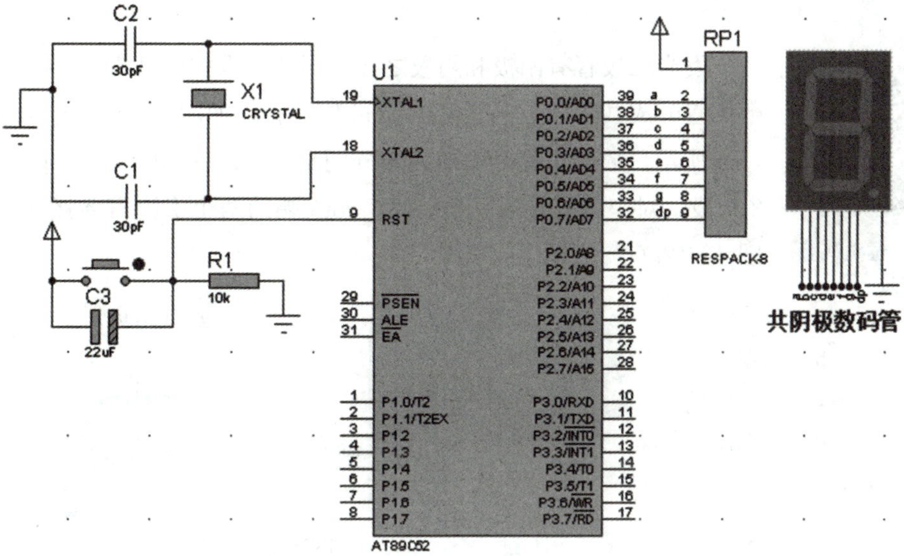

图 3-10 单片机控制的共阴极数码管电路

知识链接

一、数码管的结构

数码管呈 8 字结构，8 字的每一笔都是一个发光二极管，每一笔称为一段，一共有 7 段。为使用方便会加上小数点段，形成常用的 8 段数码管，其外形如图 3-11 所示。

3-1 数码管简介

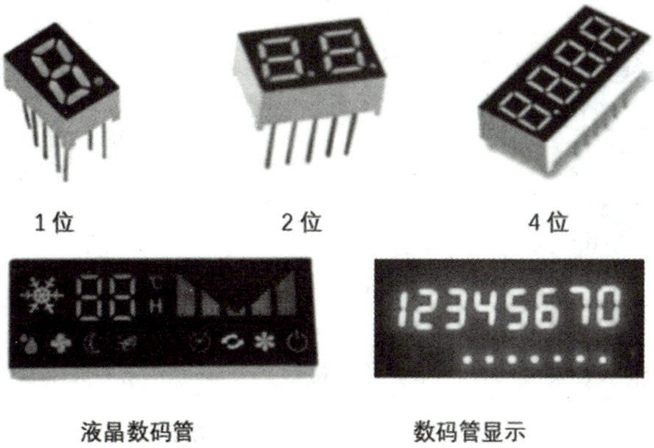

图 3-11 数码管外形

在电路板上布置数码管时，需要关注数码管的尺寸。尺寸是指“8”字从底部到顶部的大小，通常以英寸为单位，常用的尺寸有 0.2、0.28、0.36、0.4、0.56 等。从数码管的结构可以看出，每个数码管的段都有相应的引脚，称为段选端，可以用单片机对这些引脚进行控制，进而显示需要的字符。公共端称为数码管的位选端。

二、数码管的静态显示

3-2　一位数码管静态显示

发光二极管有阳极和阴极之分，因此，根据公共端的不同，可以将数码管分成共阳极数码管和共阴极数码管，如图 3-12（a）、图 3-12（b）所示。数码管每个段的编号分别是 a、b、c、d、e、f、g 和 dp，共 8 个段，对应数码管的 8 个引脚，com 端的两个引脚需要接在一起，如图 3-12（c）所示。

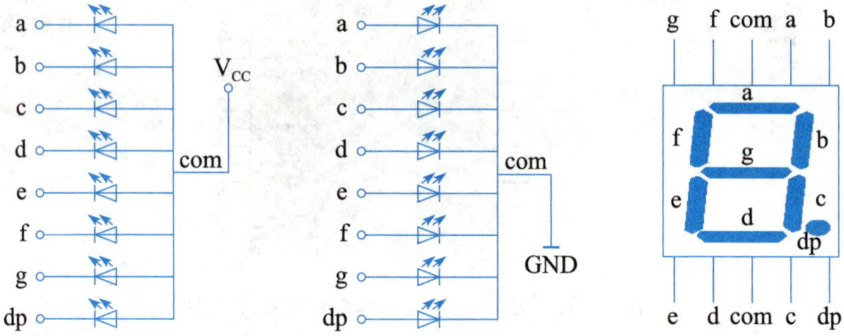

（a）共阳极数码管　（b）共阴极数码管　（c）数码管引脚

图 3-12　数码管分类及引脚

以共阳极数码管显示如图 3-13（a）所示的字形“2”为例，共阳极数码管的公共端为高电平，需要哪个段发光就给哪个段送 0，因此共阳极数码管各段的电平如图 3-13（b）所示。

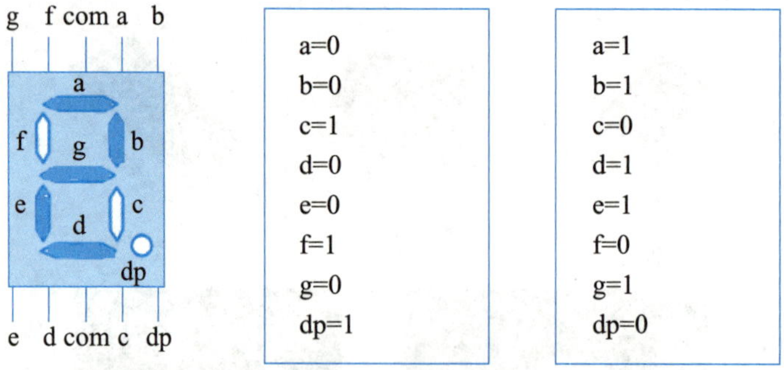

（a）显示效果　（b）共阳极数码管　（c）共阴极数码管

图 3-13　数码管的字形编码

通过上面的分析，可知共阳极数码管对于“2”的字形码为 10100100，表示为 BCD 码即 0xa4。同理，若采用共阴极数码管，按位取反即可，如图 3-13（b）所示，即为 0x5B（0xff－0xa4＝0x5B）。

根据共阳极数码管和共阴极数码管的显示原理，可以得到数码管的显示字形码，它们由共阳极数码管的字形码和共阴极数码管的字形码组成，具体见表 3-2。

表 3-2 LED 数码管显示字形码

显示字形	h	g	f	e	d	C	b	a	共阴极字形码	共阳极字形码
0	0	0	1	1	1	1	1	1	0x3F	0xC0
1	0	0	0	0	0	1	1	0	0x06	0xF9
2	0	1	0	1	1	0	1	1	0x5B	0xA4
3	0	1	0	0	1	1	1	1	0x4F	0xB0
4	0	1	1	0	0	1	1	0	0x66	0x99
5	0	1	1	0	1	1	0	1	0x6D	0x92
6	0	1	1	1	1	1	0	1	0x7D	0x82
7	0	0	0	0	0	1	1	1	0x07	0xF8
8	0	1	1	1	1	1	1	1	0x7F	0x80
9	0	1	1	0	1	1	1	1	0x6F	0x90
A	0	1	1	1	0	1	1	1	0x77	0x88
b	0	1	1	1	1	1	0	0	0x7C	0x83
C	0	0	1	1	1	0	0	1	0x39	0xC6
d	0	1	0	1	1	1	1	0	0x5E	0xA1
E	0	1	1	1	1	0	0	1	0x79	0x86
F	0	1	1	1	0	0	0	1	0x71	0x8E

静态显示是指在数码管的公共端满足工作要求（共阳极公共端接＋5V 电源，共阴极公共端接地）的前提下，将每个数码管的 8 个控制段引脚分别与单片机的一个 8 位 I/O 口连接。数码管需要显示哪个字形，只需要从单片机的 I/O 口输出给定的字形码即可。本任务所用的电路图就是单个数码管的静态显示接口电路。

三、数组的使用

相同类型的数据的集合叫作数组（Array），数组由连续的存储单元组成，数组可以是一维的，也可以是多维的。

（一）一维数组

1. 一维数组的定义

定义形式：

类型符　数组名 [常量表达式]；

例如：

int arr[15]；//类型符为整型数据类型；数组名为 arr，元素个数为 15

char arr[20]；//类型符为字符型数据类型；数组名为 arr，元素个数为 20

2. 一维数组的初始化

数组初始化时，可以先定义数组再给数组赋值，也可以在定义数组的同时赋值，例如：

int a[4] = {20，45，400，22}；

对数组进行初始化时需要注意以下几点：

（1）可以只给部分元素赋值。当 { } 中值的个数少于元素个数时，只给前面部分元素赋值。例如：

int a[10]={12，19，22，993，344}；

还可以通过下面的形式将数组的所有元素初始化为 0：

int nums [10] = {0}；char str [10] = {0}；

float scores[10] = {0.0}；

（2）如给全部元素赋值，那么在定义数组时可以不给出数组长度。例如：

int a[] = {1，2，3，4，5}；

3. 数组的使用

先定义数组，才可以引用数组中的每个元素。数组元素的引用方式如下：

数组名 [数组元素下标]；

disnum[0]=0xc0；disnum[1]=0xf9；disnum[2]=0xa4；

也可以是整型表达式，例如，b[i]；和 c[6 * i]；中的 i 为整型变量。

数组元素的下标从 0 开始，长度为 n 的数组的合法下标的取值范围为 0 至 $n-1$。在程序中，不能直接引用整个数组中的全部元素，只能逐个引用数组元素。可以采用循环结构程序来高效处理数组，程序示例如下：

```
void main()                    //主函数
{  unsigned char i;
   int sum, ave, MCU_scores[6]={84, 83, 89, 93, 91, 60};
   sum=0;
   for (i=0; i<6; i++)   //变量 i，循环 6 次
   { sum=sum+MCU_scores [i];}
    Ave=sum/15;}
```

循环第 1 次：i=0；sum=sum+MCU_scores[0]；

循环第 2 次：i=1；sum=sum+MCU_scores[1]；

……

循环第 6 次：i=5；sum=sum+MCU_scores [5]；

（二）二维数组

1. 二维数组的定义

二维数组定义的一般格式如下：

类型说明符 数组名［常量表达式］［常量表达式］；

例如：

int a[3][4]；

表示定义了 3 行 4 列共有 12 个元素的数组 a。这 12 个元素的名字依次是 a[0][0]、a[0][1]、a[0][2]、a[0][3]；a[1][0]、a[1][1]、a[1][2]、a[1][3]；a[2][0]、a[2][1]、a[2][2]、a[2][3]。

与一维数组一样，行序号和列序号的下标都是从 0 开始的。元素 a[i][j] 表示第 i+1 行、第 j+1 列的元素。数组 int a[m][n] 最大范围处的元素是 a[m - 1][n - 1]。

2. 二维数组初始化

（1）分行给二维数组赋初值。

int a[3][4] = {{1，2，3，4}，{5，6，7，8}，{9，10，11，12}}；

（2）可以将所有数据写在一个大括号内，按数组排列的顺序对各元素赋初值。例如：

int a[3][4] = {1，2，3，4，5，6，7，8，9，10，11，12}；

（3）可以只对部分元素赋初值。例如：

int a[3][4] = {{1，2}，{5}，{9}}；

它的作用是对第一行的前两个元素赋值、第二行和第三行的第一个元素赋值。其余元素自动为 0。初始化后数组各元素如下：

$$\begin{bmatrix} 1 & 2 & 0 & 0 \\ 5 & 0 & 0 & 0 \\ 9 & 0 & 0 & 0 \end{bmatrix}$$

3. 二维数组的使用

二维数组按行和列排列，数组中的元素逐个输出。在一维数组中是用一个 for 循环进行输出，在二维数组中则要用两个 for 循环嵌套输出。

（三）字符数组

1. 字符数组的概念

用来存放字符的数组称为字符数组，例如：

```
char a[10];          //一维字符数组
char b[5][10];       //二维字符数组
char c[20]={'c', ' ', 'p', 'r', 'o', 'g', 'r', 'a', 'm'};     //对部分数组元素赋值
char d[]={'c', ' ', 'p', 'r', 'o', 'g', 'r', 'a', 'm' };      //对全体元素赋值时可以省去长度
```

char str[10] = {"abcdefg"}；或者 char str[10] = "abcdefg"；

字符数组实际上是一系列字符的集合，也就是字符串（String）。在 C 语言中，没有专门的字符串变量，通常用一个字符数组来存放一个字符串。

C 语言规定，可以将字符串直接赋值给字符数组，例如：

char str[10] = {"abcdefg"}；或者 char str[10] = "abcdefg"；

数组第 0 个元素为'a'，第 1 个元素为'b'，第 2 个元素为'c'，后面的元素以此类推。为了方便，也可以不指定数组长度。

2. 字符串数组

字符串是一系列连续的字符的组合，字符串总是以'\0'空字符作为结尾，所以'\0'也被称为字符串结束标志，或者字符串结束符。该字符既不能显示，也没有控制功能。

例如，" abc123" 从表面看只包含了 6 个字符，其实不然，C 语言会在最后隐式地添加一个'\0'，这个过程是在后台进行的。

任务 3－2　数码管动态显示控制

任务目标

知识目标

- 掌握数码管的动态显示原理。
- 了解 74HC573 芯片的工作原理。

技能目标

- 能够绘制单片机控制的 8 位共阴极数码管的电路图。
- 能够编写 8 位数码管稳定显示不同数字的程序。

素养目标

- 通过软硬联调，培养严谨、认真、耐心的学习态度。
- 讲述大国工匠事迹，践行工匠精神。

任务描述

通过单片机控制 8 位数码管的显示，使 8 位数码管稳定显示数字 0～7，设计电路原理图，编写程序并仿真功能。

初级能力：实现本任务要求的显示功能。

高级能力：能够设计不同形式的硬件电路，并编写显示不同内容的程序。

执行思路

设计单片机连接 8 位数码管的电路。由于数码管的静态显示模式无论从电路还是程序方面都无法实现 8 位数码管的控制，因此需采用数码管的动态显示模式，并灵活运用 C 语言的基本语句编写数码管显示程序。

任务实施

一、电路原理图的设计

在 Proteus ISIS 中绘制的 8 位数码管动态显示连接电路如图 3－14 所示，所需元器件在表 3－1 的基础上增加了 2 个，具体型号为 7SEG-MAX8-CC-Blue、74HC573。硬件电路的设计采用了 74HC573 芯片，因为若使用单片机开发板将通过此锁存器来复用单片机端口，提高端口的利用率。

3－3 动态显示电路

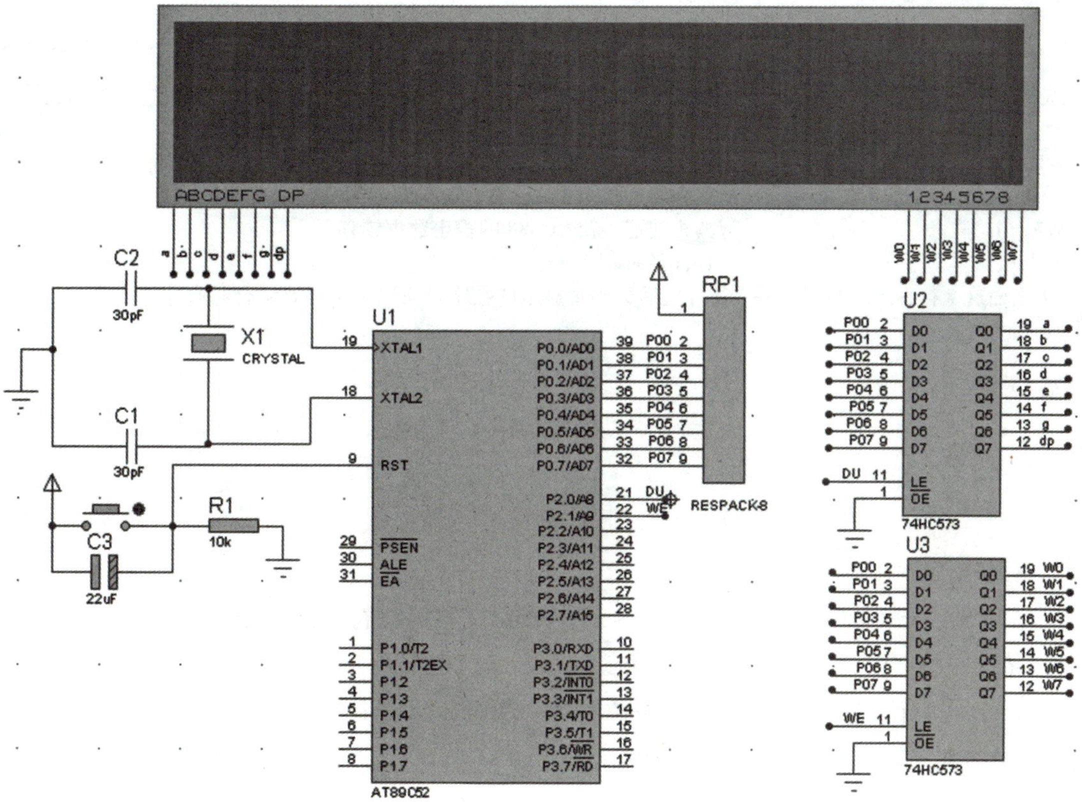

图 3－14　8 位数码管动态显示连接电路

二、数码管动态显示程序

```
//任务 3-2 8 位共阴极数码管显示程序
#include<reg51.h>              //头文件
#define uchar unsigned char    //定义常量 uchar
#define uint unsigned int      //定义常量 uint
sbit DU= P2^0;                 //段码
sbit WE = P2^1;                //位选
```

```
uchar code disnum[8]={0x3f, 0x06, 0x5b, 0x4f, 0x66, 0x6d, 0x7d, 0x07};
//code是把数组存储在程序存储区，这是共阴极数码管从0—7的字形编码
void  delay(uint i)                //函数定义
{
    uint j, k;                     //定义无符号整型变量j和k
    for(k=0; k<i; k++)             //双重for循环语句实现延时
      for(j=0; j<125; j++);
}

void main()
{   uchar i;                       //定义无符号字符型变量i
   while(1)
{
for(i=1; i<=8; i++)                //循环8次
{DU=1;                             //使能有效，74HC573芯片输出数据即为输入
P0=disnum[i-1];                    //依次把0~7的字形编码赋值给数码管的段
DU=0;                              //禁止使能，74HC573的输出数据锁存

WE=1;                              //使能有效，74HC573芯片输出数据即为输入
P0=~(0x01<<(i-1));                 //数码管的位端依次有效，低电平有效
WE=0;                              //禁止使能，74HC573的输出数据锁存
delay(1);                          //1ms延时
/*上面这7行程序编写了每一次循环之后数码管显示的数字，段码+位码要结合起来才能点亮一位数
码管。
    WE=1;
P0=0xff;
WE=0;                              //这3行的功能是关显示，可解决部分数码管乱码的问题
delay(1);}}
}
```

程序解读：

（1）P0=~(0x01<<(i−1));：<<是按位左移运算符，这条语句的功能是把0x01字节依次左移0位、1位、2位……7位。

i=1时，第一次执行：把0x01按位取反，或0xff−0x01=0xfe；P0=0xfe；

i=2时，第二次执行：0x01左移1位是0x02，0xff−0x02=0xfd；P0=0xfd；

i=3时，第三次执行：0x01左移2位是0x04，0xff−0x04=0xfb；P0=0xfb；

……

i=8时，第八次执行：0x01左移7位是0x10，0xff−0x10=0xef；P0=0xef；

这一行程序用于控制数码管的位选信号。

（2）数码管动态显示模式下，点亮时，段选信号和位选信号要配合，或者同时，或者时间间隔非常短（毫秒级）。每完成一位显示要关一次数码管，可采用对公共端送关显示的信号的方法，即共阳极数码管送0，共阴极数码管送1，否则显示下一个字符时上一个字符还留有残影，导致显示效果不好。

试一试：在数码管的显示程序中，将 delay 延时函数从 1ms 延长到 1s，即变成 delay (1000)，观察数码管显示有什么变化？

答：8 个数码管会依次显示“01234567”，不能同时稳定显示。由于人的眼睛会产生“视觉暂留效应”，因此必须保证每位数码管相邻两次显示的时间间隔小于眼睛的驻留时间，一般要小于 20ms，才可以给人一种稳定显示的视觉效果。如果延时时间太长，每位数码管闪动频率太慢，就不能呈现稳定显示效果。

任务小结

通过对本任务的学习，掌握使用单片机控制 8 位数码管显示的方法。需要注意的是 8 位数码管的显示要采用动态显示方式。

任务扩展

设计一款控制 4 位共阳极数码管动态显示的电路（不考虑单片机的引脚复用），并编写同时稳定显示中秋日期“0815”数字的程序。

一、共阳极数码管动态显示电路

共阳极数码管动态显示电路如图 3－15 所示。元器件选用方面，在任务 3－2 的基础上将数码管换成 7SEG-MPX4-CA；添加 74LS245，以便进行数据双向传输，该元器件多用于驱动 LED 灯或其他设备；添加 NPN 三极管 PN2222（可以选用 9013)。

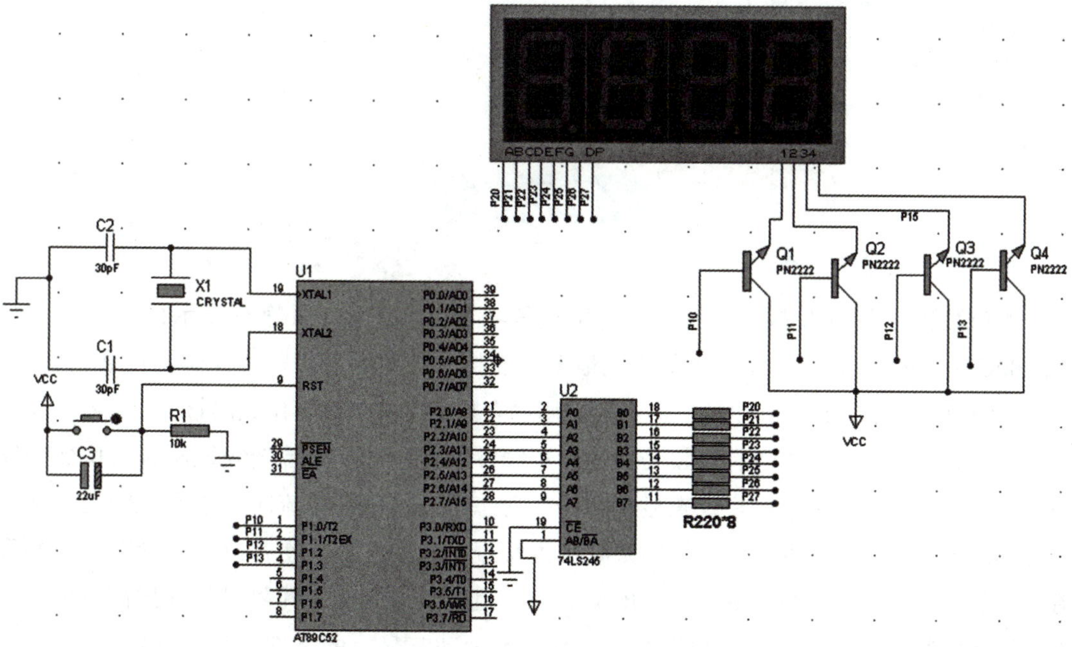

图 3－15　共阳极数码管动态显示电路

工作原理分析：数码管的段选线连接 220Ω 限流电阻，再通过 74LS245 连接 P2 口，74LS245 的控制端 CE 接低电平，AB/BA 接高电平时，数据从 A 传向 B。由于数码管是共阳极数码管，当 P2. x 引脚输出低电平时，满足了段选线有效的条件；PN2222 是 NPN 型三极管，当 P10 输出高电平时，即三极管的基极为高电平时，三极管处于临界饱和状态，发射极也是高电平，数码管的位选线有效。段选线和位选线同时有效时，数码管也就亮了。

二、共阳极数码管动态显示参考程序

//任务 3-2 任务扩展 4 位共阳极数码管动态显示程序

```
#include<reg51.h>                    //头文件
#include<intrins.h>                  //包含循环右移函数
#define uchar unsigned char          //定义常量 uchar
#define uint unsigned int            //定义常量 uint
uchar code disnum[]={0xc0，0x80，0xf9，0x92}；   //共阳极数码管 0815 的字形编码
void delay(uint i)                   //延时函数的具体语句，同任务 3-2
void main()
{
   uchar i，s；                      //定义无符号字符型变量 i 和 s；
   while(1)
{ s=0x08；                           //s 赋初值
   for(i=4；i>0；i--)
   { P2=disnum[i-1]；                //数码管的段选端送字形编码
      P1=s；                         //数码管的位选端送信号
      s=_cror_(s，1)；                //循环右移函数，在头文件 intrins.h 中
      delay(1)；
      P1=0x00；                      //关显示
      }}}
```

知识链接

数码管动态显示原理

每位数码管都有 8 根段选线，1 根位选线（公共端）。按照静态显示的原理，一片 STC89C51 或者 STC89C52RC 等单片机最多只能接 4 位数码管，需要控制多位数码管时，I/O 资源就不够了。在实际生产中，一般采用动态显示方式控制多位数码管。

动态显示的特点是将所有位数码管的段选线并联在一起，由位选线控制哪一位数码管有效，并采用动态扫描显示模式来显示字符。动态扫描显示即轮流向各位数码管送出字形码和相应的位选，利用发光二极管的余晖和人眼视觉暂留效应，使各位数码管看上去好像在同时显示。显示器的亮度既与导通电流有关，也与点亮时间和间隔时间的比例有关。调整电流和时间参数可改变亮度和显示稳定性。因为动态显示的亮度比静态显示要差一些，所以限流电阻应选择略小于静态显示电路中的。若数码管的数目不大于 8 位，则控制显示器公共极电位只需一个 8 位口（位选口），控制各位显示器所显示的字形也需要一个 8 位口

（段选口）。

任务 3－2 的仿真电路采用的是集成数码管，各位数码的段选线在内部已经集成在一起了。如图 3－16 所示为 6 位数码管的动态显示接线图。

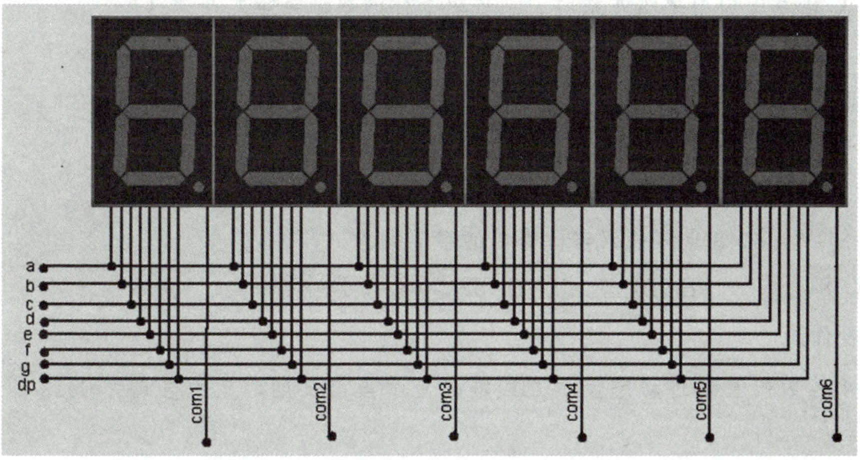

图 3－16　6 位数码管的动态显示接线图

内容梳理与总结

通过对本工作模块的学习和动手实践，同学们应能够完成数码管的控制程序的设计和仿真电路的绘制与仿真。并重点掌握数码管的静态显示和动态显示程序的编写方法。静态显示时，在数码管的段选线传送字形编码即可；动态显示时，既要考虑段选线，也要考虑位选线。段选线控制数码管显示的字形，位选线控制数码管的亮与灭。

思考与练习 3

一、填空题

1. 数码管分为________和________两种结构。若字形码最低位对应 a 段，最高位对应 dp 段，要显示数字“2”，这两种结构对应的字形码分别为________和________。

2. 数码管按显示过程分为________显示和________显示。

3. 在数码管的动态显示方式中，________端用于输出字形码，________端用于选择数码管。

4. 共阳极数码管公共端为________电平；段选端为________电平时点亮。

二、选择题

1. 在单片机应用系统中，LED 数码管显示电路具有（　　）显示方式。

A. 静态　　B. 动态　　C. 查询　　D. 静态和动态

2. 共阴极 LED 数码管显示字符“1”的字形编码是（　　）。

A. 0x06　　B. 0xff　　C. 0x00　　D. 0xF9

3. 在 C 语言中引用数组元素时，其数组下标的数据类型允许为（　　）。

A. 整型常量　　B. 整型表达式

C. 整型常量和整型表达式　　D. 任何类型的表达式

4. 74hc245 芯片是（　　）。

A. 驱动器　　B. 译码器　　C. 锁存器　　D. 编码器

5. 存储一个 8×8 点阵的汉字，需要的字节数为（　　）。

A. 8　　B. 16　　C. 32　　D. 64

三、制作题

选用 4 位数码管通过动态显示方式编程显示当前日期，显示格式为 0512 即表示 5 月 12 日。

延伸阅读

工匠寄语：“学艺先知理，做事先做人”。

工匠人物：刘源，长安汽车渝北工厂维修电工，高级技师。

工匠事迹：请扫二维码阅读。

3-4　工匠事迹

工作模块 4

LED 点阵屏显示控制

工作情境导入

商场、银行、酒店通常悬挂有电子大屏幕，用于显示文字或图片，清晰且显眼，这就是 LED 点阵屏，简称 LED 屏，如图 4－1 和图 4－2 所示。目前，LED 屏已成为信息传播、新闻发布、广告的常用媒介。

图 4－1　LED 屏文字显示

图 4－2　环形 LED 屏图案显示

内容图谱

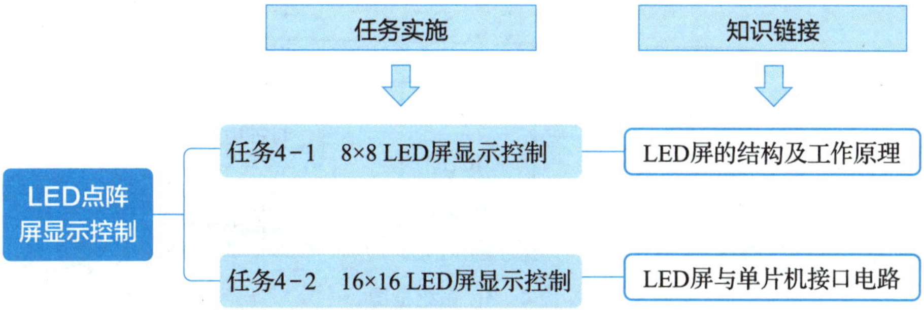

任务 4-1　8×8 LED 屏显示控制

任务目标

知识目标

- 掌握 8×8 LED 屏的显示原理。

技能目标

- 能够操作 Proteus ISIS 软件绘制单片机控制的 8×8 LED 屏的电路原理图。
- 能够操作 Keil 软件编写单片机控制的 8×8 LED 屏的显示程序。

素养目标

- 了解单片机工程师岗位的工作任务，学习其职业精神。
- 讲述大国工匠案例，践行工匠精神。

任务描述

某电子科技有限公司接到一批订单，要求使用 LED 屏显示数字、字母和几个简单的汉字。经过开发团队分析，且考虑到安装尺寸和物料成本，决定使用 8×8 LED 屏，通过单片机控制其显示，调试阶段先显示汉字“正”。请设计电路原理图，编写程序并仿真功能。

初级能力：实现单片机控制 8×8 LED 屏显示一个字符的功能。

高级能力：实现 8×8 LED 屏滚动显示字符的功能。

执行思路

LED 屏是一种将发光二极管按顺序排列制成的新型成像电子设备，8×8 LED 屏包含 64 个 LED 灯。电路设计时要考虑单片机的驱动能力，程序编写时要考虑怎样高效地把某一位置的 LED 灯通过巧妙的高低电平设置来点亮或熄灭。

系统框图如图 4-3 所示。

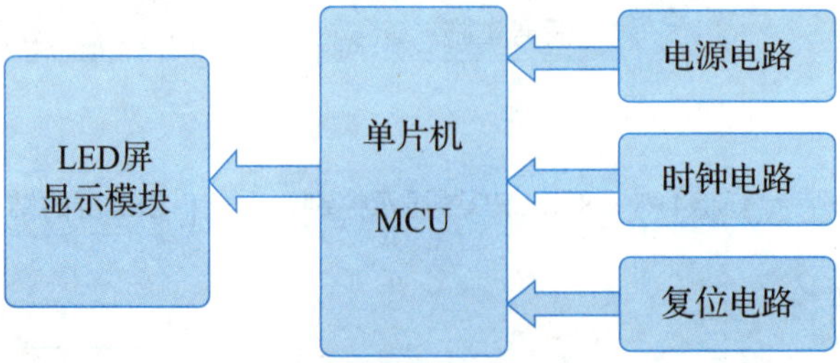

图 4-3　系统框图

任务实施

一、8×8 LED 屏显示电路

8×8 LED 屏每一个点就是一个 LED 灯，共有 64 个，为了使驱动电流足够大，增加了一个缓冲驱动器 74HC245，以提高单片机端口的驱动负载能力，保证 LED 灯的显示亮度。

（一）仿真电路的绘制

在 Proteus ISIS 中绘制的 8×8 LED 屏显示电路如图 4－4 所示。

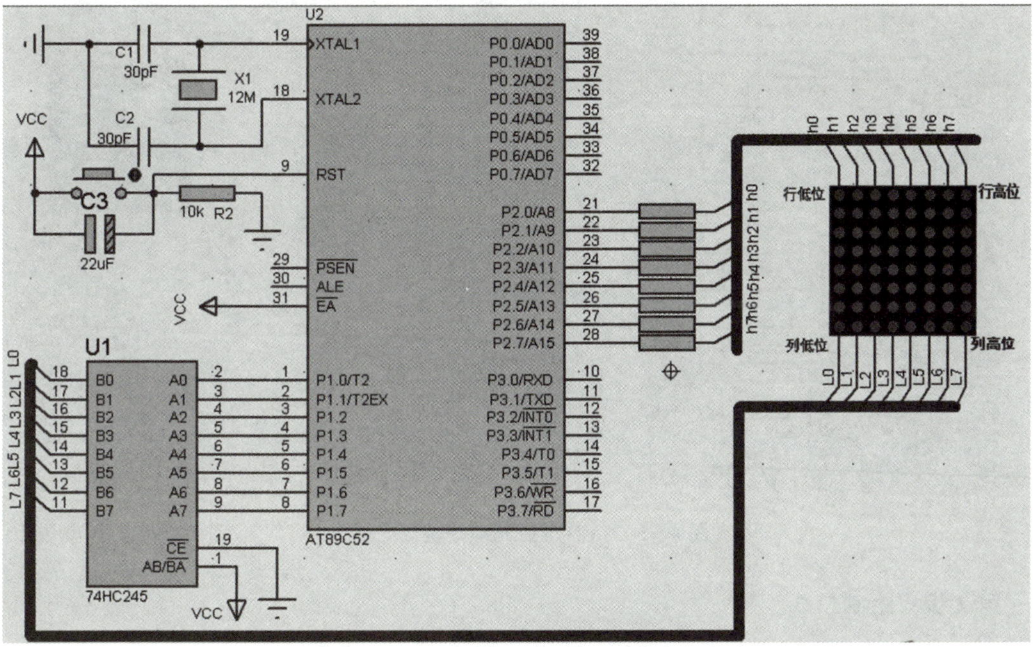

图 4－4　8×8 LED 屏显示电路

在表 2－1 的基础上增加的仿真电路元器件见表 4－1。

表 4－1　仿真电路元器件

序号	元器件名称	元器件型号
1	LED 屏	MATRIX-8×8-RED
2	双向总线驱动器	74LS245

（二）总线连接模式电路的绘制

元器件连线可以采用直接连接、网络标号连接和总线连接方式，各连接方式的特点如下：

（1）直接连接的方式比较直观，适用于电路比较简单的情况，能够快速了解引脚之间的连接关系。

(2) 网络标号连接的方式容易布图，适用于电路比较复杂的情况，可以使整张图纸模块化，比较美观。

(3) 总线连接的方式可以使图纸更加紧凑、美观，适用于电路元器件个数不是很多但引脚数比较多的情况。

第 1 步： 放置好基础元器件，如图 4-5 所示。

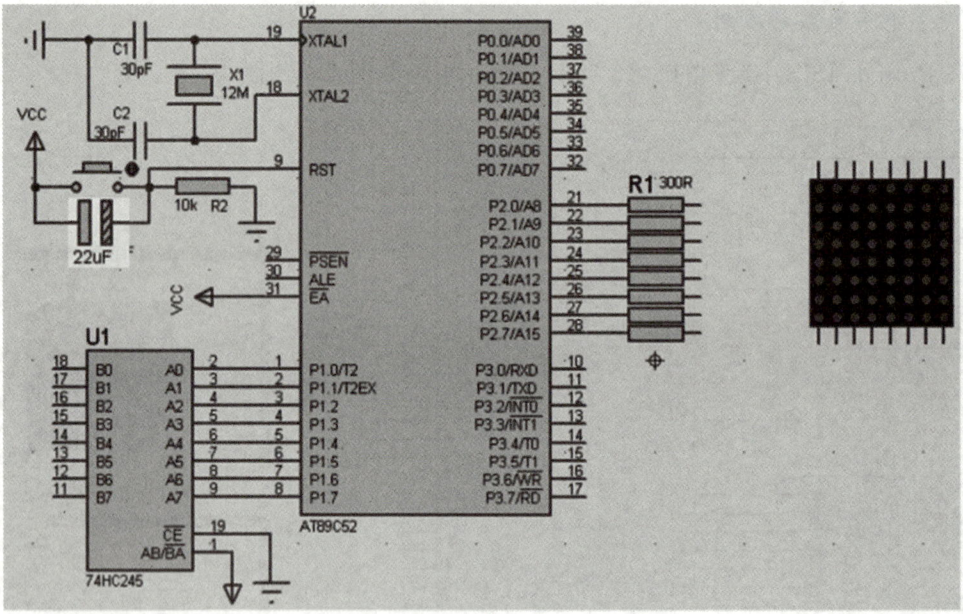

图 4-5　LED 屏控制电路基础元器件

第 2 步： 绘制总线。

选择电路图左侧工具栏中的“总线模式” ，在相应位置单击以确定总线起始点，在终点处双击即可结束此段总线的绘制，如图 4-6 所示。

第 3 步： 将引脚连接总线。

引脚连接总线时，将其画成和总线成 45°角的一组平行的斜线。绘制时，在连线的拐弯处单击鼠标，然后按住 Ctrl 键拖曳鼠标即可，绘制效果如图 4-7 所示。

第 4 步： 添加网络标号。

选择“工具→属性分配工具”，打开属性分配工具窗口，如图 4-8 所示。在“字符串”文本框中输入 net=h#，计数值=0，增量=1，表示编号由 h0 开始，每次+1。在“应用到”栏选择“点击”，单击“确定”按钮。

第 5 步： 在接线处设置标号。

将光标移动到连线处，光标会变为“手形和一个绿色矩形”，单击每一根分支线，就会自动给各分支线设置标号 h0～h7，如图 4-9 所示。

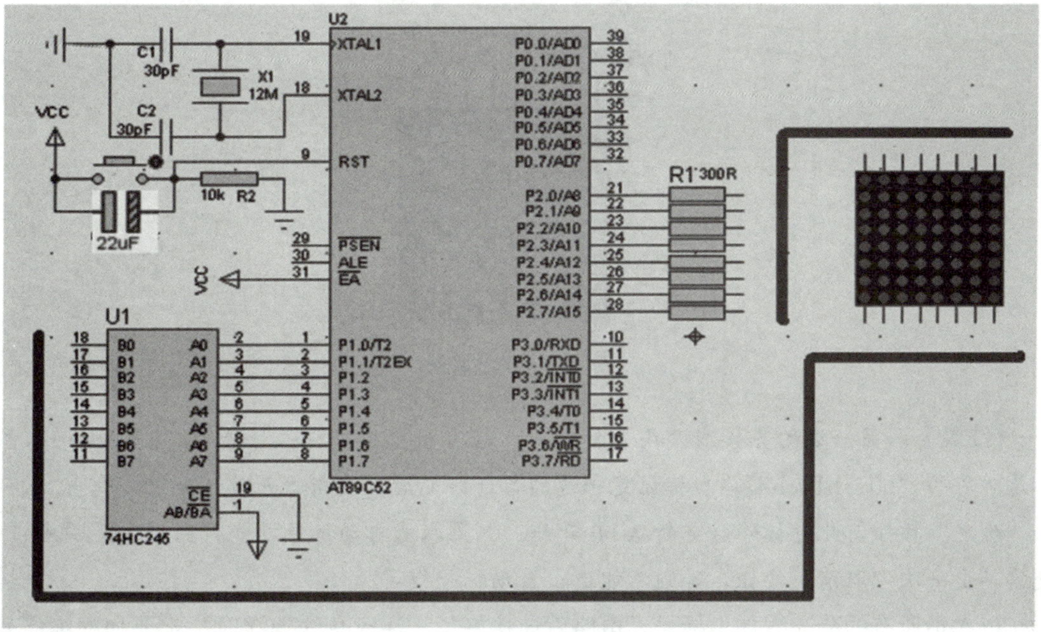

图 4-6　绘制总线

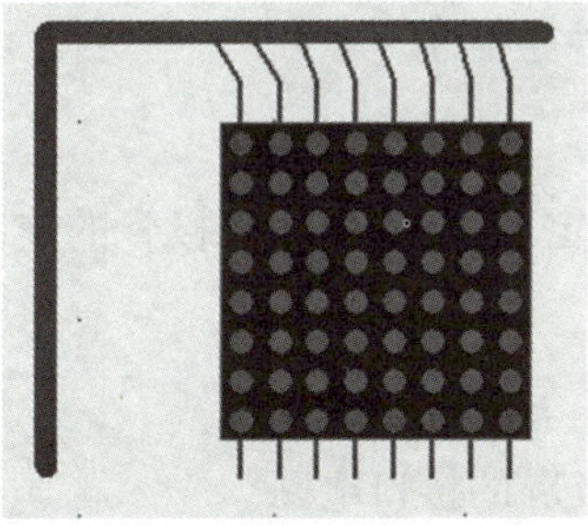

图 4-7　总线中的分支线

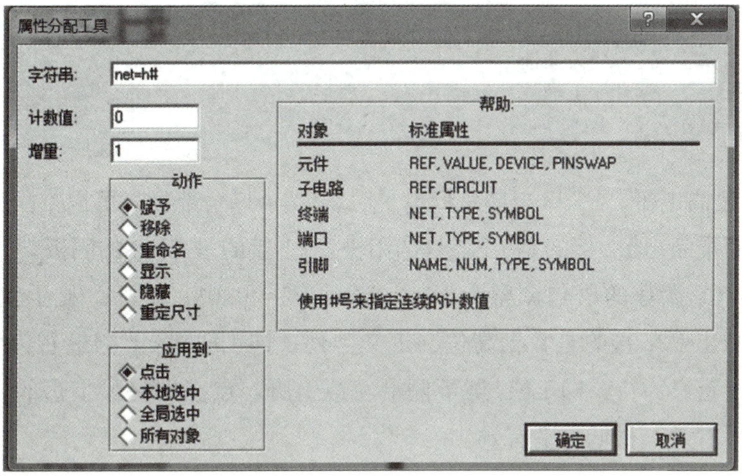

图 4-8　属性分配工具窗口

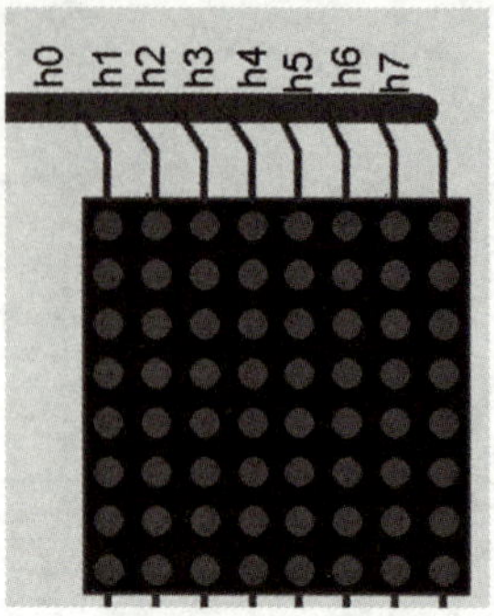

图 4-9 分支标号

【注意】给另一边的各接线处设置标号时，若直接单击鼠标，标号为“h8、h9…”，而不是对应的“h0、h1…h7”。当标记完一边的各连线处后，重新打开属性分配工具窗口，单击“确定”按钮，此时标号会重新从 h0 开始。若要取消自动标号功能，则重复第四步，但是需单击一次“取消”按钮，否则不能退出自动标号模式。

依次给所有的分支线加上标号，电路就连接好了。注意总线连接时一定要加网络标号，不能只连接分支线。

二、8×8 LED 屏显示控制参考程序

编写思路如下：

(1) 通过阅读产品说明书确定 LED 屏中的二极管的连接方式，若没有说明书，则可以通过简单程序进行测试。

(2) 编写汉字字模。

(3) 把字模的字节送入 LED 屏的接口电路。

测试 Proteus ISIS 软件中的 MATRIX-8×8-RED 的内部连接电路的程序如下：

```
//测试程序 8×8 LED屏显示控制参考程序
#include<reg51.h>            //头文件
void main()                  //主函数
{ P1=0x00; P2=0xff; }
```

P2 口全部是高电平、P1 口全部是低电平时，64 个灯全部亮，可以推断出 LED 屏接线没有问题，进而推断出 P2 接的是 LED 灯的阳极，P1 接的是 LED 的阴极，如图 4-10 (a) 所示。将 main () 函数的语句调整为 P1=0xfe; P2=0x03; 之后，显示效果如图 4-10 (b) 所示，推断出 P27 接的是数据高位（定义为列，即 LED 屏上侧最右边引脚）；P10 接的是数据低位（定义为行，即 LED 屏下侧最左边引脚，点亮的是最上边的一行），即上列下行，列高电平有效，行低电平有效。

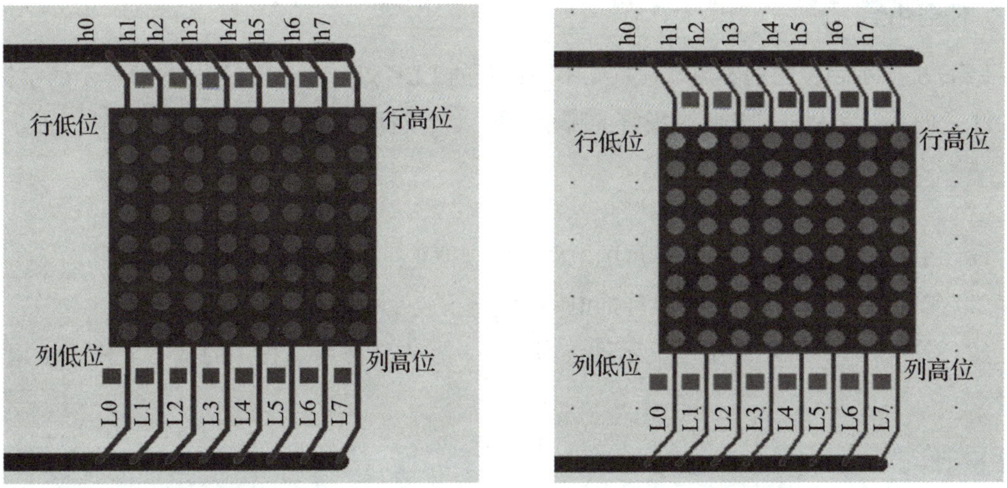

（a）接线及阴阳极效果　　（b）数据高低位效果

图 4－10　LED 屏显示效果

参考程序如下：

```
//任务 4－1　LED 屏 8×8 显示"正"字程序
#include<reg51.h>          //头文件，含 51 单片机的专用寄存器
#include<intrins.h>        //头文件，含循环位移函数
#define uchar unsigned char//定义常量 uchar
#define uint unsigned int  //定义常量 uint
uchar code disled[]={0x00，0x7e，0x08，0x08，0x7a，0x0a，0x0a，0x7e}；  //"正"字模
void  delay(uint i)        //具体语句见任务 2－2
void main()                //主函数
{  uchar i，w；
   while(1)
   {w=0xfe；
    for(i=0；i<8；i++)    //变量 i，循环 10 次
    { P2=disled[i]；        //P2 高电平有效，P27 在右边
      P1=w；               //P1 低电平有效，P17 在下边
      delay(2)；           //延时 2ms
      w=_crol_(w，1)；      //循环左移函数
       P1=0xff；           //关显示
       delay(2)；}}}
```

程序解读：

P1=0xff；

delay(2)；

表示关显示，可以保证 LED 灯该亮的位置亮起来，否则可能出现某个点位不亮的情况。

任务小结

LED 屏显示字符的基本原理是点亮不同位置的 LED 灯，由 LED 灯构成要显示的字符。需要注意的是行和列分别连接二极管的哪个电极以及数据高低位。

任务扩展

设计单片机控制的 8×8 LED 屏的电路，实现“正”字的滚动显示。

（1）单片机控制的 8×8 LED 屏的电路参考本任务。

（2）关于 8×8 LED 屏滚动显示的参考程序，在本任务所列程序的基础上修改主函数即可。

```
//扩展任务 4-1  8×8 LED 屏滚动显示
void main()
{   unsigned char i, j, k, m, w;
while(1)
    { for(j=0; j<8; j++)                //循环 8 次，一个字消失
      {w=0xfe;                          //控制位显示
for(m=0; m<50; m++)                     //扫描 50 次，控制一个字不同状态显示的时间
   {for(i=0; i<8; i++)                  //一个字模由 8 字节组成
     {P1=w;
     k=i+j;
       if(k>7) P2=disled[k-8];          //控制字形显示
       else P2=disled[k];
       delay(1);
       w=_crol_(w, 1);                  //循环左移
   P1=0xff;                             //关显示
          delay(1);   }}}}}
```

知识链接

LED 屏的结构及工作原理

大型 LED 显示屏已在各行各业得到广泛应用，随着 LED 显示技术不断更新迭代，对成百上千片 LED 点阵片的控制将更加有序、快速。

8×8 LED 屏是比较常见的，其内部的每一个点就是一个发光二极管。LED 屏分为两种类型：一类为共阴极，在共阴极端输入有效电平 0 时某个点位的 LED 灯就具备了点亮的条件，如图 4-11（a）所示；另一类为共阳极，在共阳极端输入有效电平 1 时某个点位的 LED 灯就具备了点亮的条件，如图 4-11（b）所示。

LED 屏的基本工作原理是动态扫描，按显示编码的顺序一行一行地显示。每一行的显示时间大约为 4ms，由于人眼的视觉暂留效应，会感觉 8 行 LED 灯在同时显示。若显示的时间太短，则亮度不够；若显示的时间太长，会过于闪烁。本任务采用低电平逐行（P1）

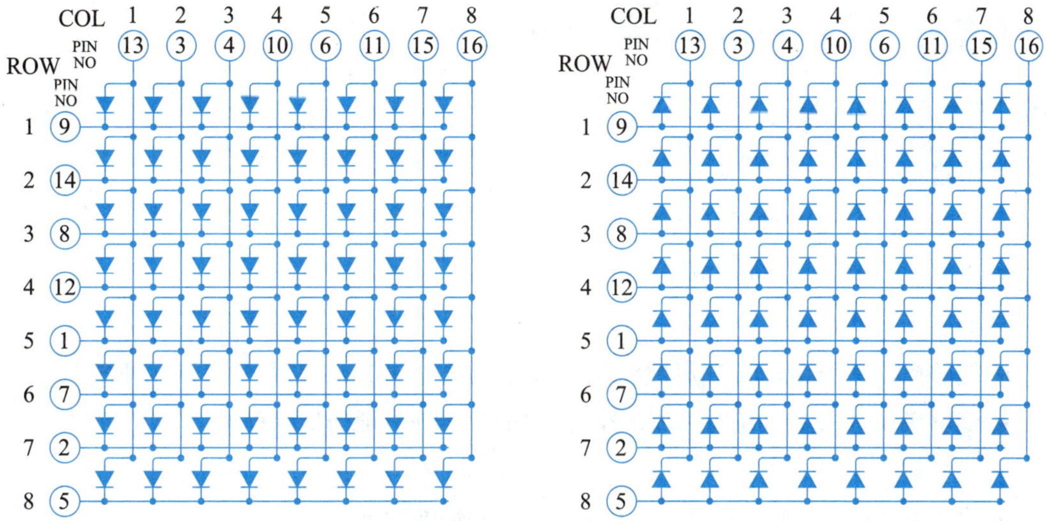

（a）共阴极　　（b）共阳极

图 4-11　8×8 LED 屏内部结构

扫描，采用高电平（P2）输出显示信号，即轮流给行信号输出低电平，这样，在任意时刻只有一行发光二极管处于可被点亮的状态，其他行都处于熄灭状态。

下面以显示汉字“正”为例，说明稳定显示字符的原理，如图 4-12 所示。

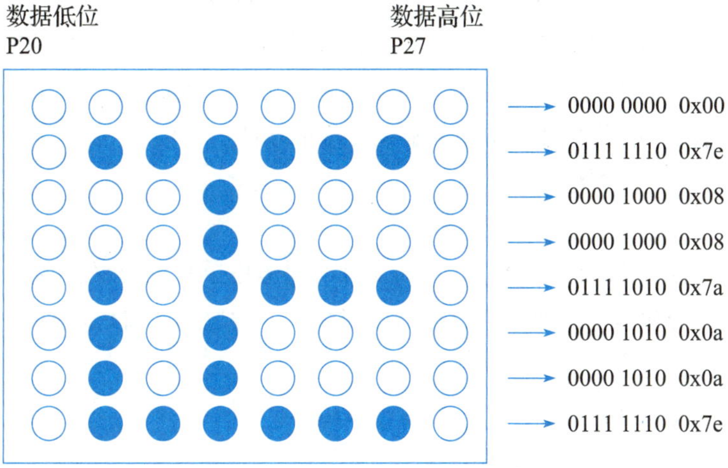

图 4-12　“正”字的显示原理

先给第 1 行送字形编码，P2＝0x00，字形编码高电平有效；再给第 1 行的公共端送低电平 0，P1＝0xfe，低电平有效；然后给第 2 行送 0x7e，给公共端送 0xfd；最后给第 8 行送 0x7e，给公共端送 0x7f。每行点亮不超过 4ms，第 8 行结束后再从第 1 行开始循环显示。人们在视觉暂留效应下就可以看到一个稳定的“正”字了。8×8 LED 屏只能显示简单的字符，笔画多的字符的显示效果不是很理想，推荐用 16×16 LED 屏。

任务 4-2　16×16 LED 屏显示控制

任务目标

知识目标

- 掌握 16×16 LED 屏的显示原理。
- 了解 16×16 LED 屏的电路设计。

技能目标

- 能够操作 Proteus ISIS 软件绘制单片机控制的 16×16 LED 屏的电路原理图。
- 能够操作 Keil 软件编写单片机控制的 16×16 LED 屏的显示程序。

素养目标

- 了解单片机工程师岗位的工作任务，学习其职业精神。
- 讲述大国工匠案例，践行工匠精神。

任务描述

某届电子设计大赛有这样一个题目，设计并制作一个 LED 线阵显示装置，借助视觉暂留效应在某个区域内显示不少于 3 个 16×16 LED 屏的图形或文字。看似复杂，实际上，考核的还是 16×16 LED 屏的显示控制。本任务将讲解如何通过单片机控制 16×16 LED 屏的显示，调试阶段先显示汉字“单”，请设计电路原理图，编写程序并仿真功能。

初级能力：实现单片机控制 16×16 LED 屏显示汉字的功能。

高级能力：实现 16×16 LED 屏交替显示汉字的功能。

执行思路

16×16 LED 屏有 256 个 LED 灯，电路设计时要考虑单片机的驱动能力和单片机 IO 口资源的占用情况；程序编写时要考虑怎样高效地把某一位置的 LED 灯通过巧妙的高低电平设置来点亮或熄灭。

系统框图如图 4-13 所示。

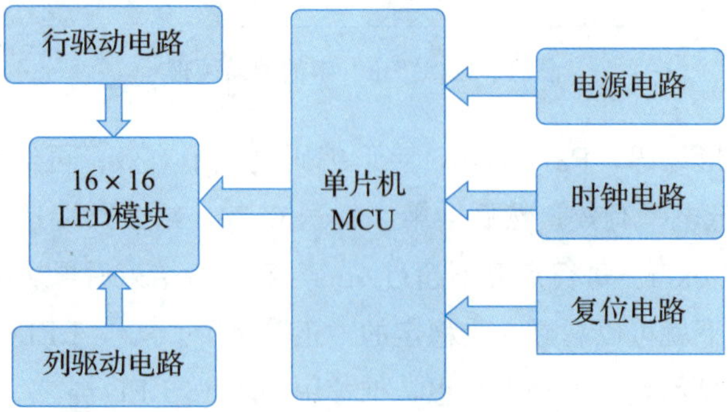

图 4-13　系统框图

任务实施

一、单片机与 16×16 LED 屏接口电路

由于 16×16 LED 屏共有 256 个 LED 灯，因此需要足够大的电流来驱动；LED 屏的引脚数多，需要合理安排单片机的引脚数目，可以采用译码器和移位寄存器来解决。

在 Proteus ISIS 中绘制 16×16 LED 屏的显示控制电路，如图 4 - 14 所示，由于涉及元素较多，这里先重点关注布局。

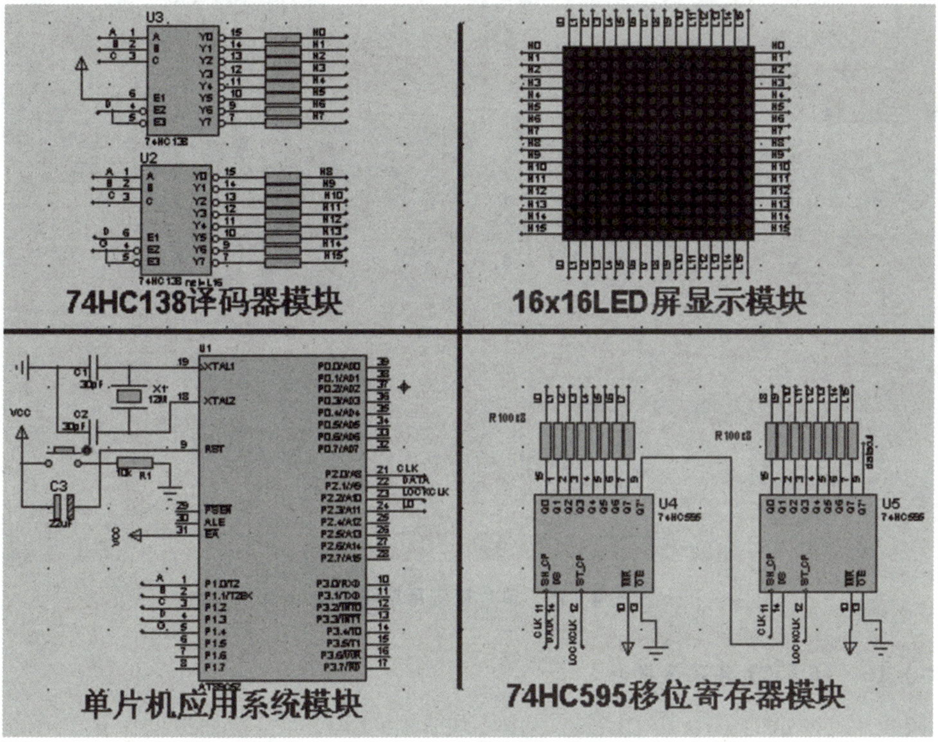

图 4 - 14　16×16 LED 屏显示控制电路

在表 2 - 1 的基础上增加的仿真电路所用元器件见表 4 - 2。

表 4 - 2　仿真电路元器件

序号	元器件名称	元器件型号
序号	元器件名称	元器件型号
1	LED 屏	MATRIX-8×8-RED
2	双向总线驱动器	74HC595

整个电路的布局分成单片机应用系统模块、16×16 LED 屏显示模块、74HC595 移位寄存器模块、74HC138 译码器模块。

(一) 单片机应用系统模块

如图 4－15 所示，P1 口连接 74HC138 译码器，这里将两片 74HC138 译码器串联成 4 线-16 线译码器；P2 口连接 74HC595 芯片的数据和控制引脚。

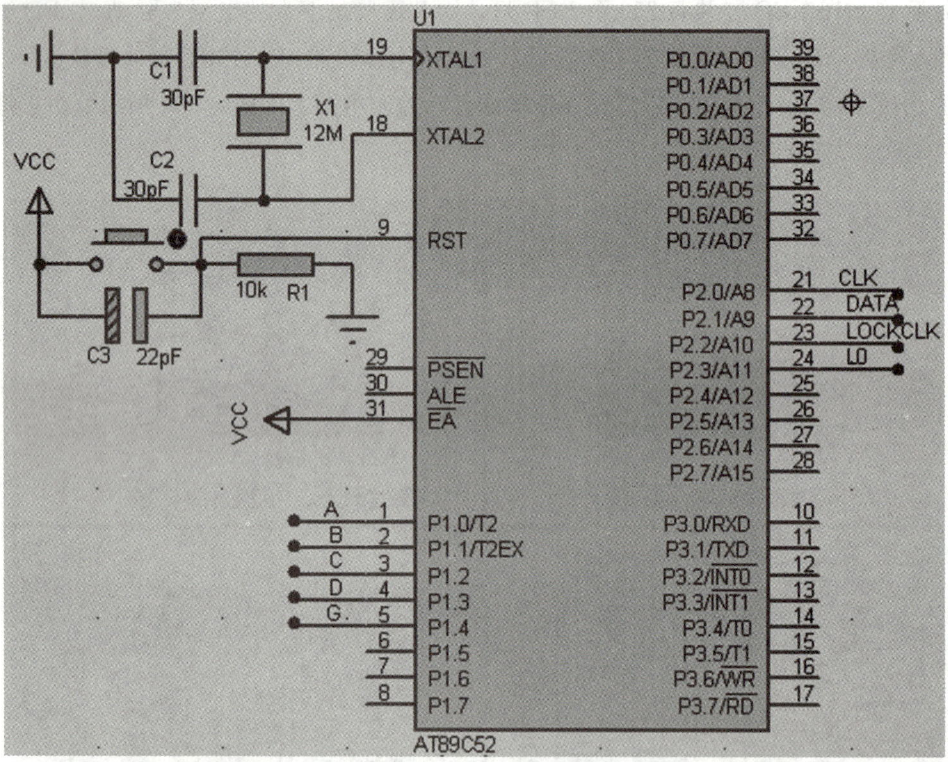

图 4－15　单片机应用系统模块

(二) 16×16 LED 屏显示模块

如图 4－16 所示的 16×16 LED 屏是由 4 块 8×8 LED 屏拼接而成的。在 Proteus ISIS 元器件库中只有 MATRIX-8×8-RED，引脚是上下排列的，拼接后还需要接线，显示效果不佳。这里对 MATRIX-8×8-RED 进行编辑，编写的程序也只针对红色屏，其他颜色的点阵屏的工作原理同此，只是内部接线不一样。

第 1 步： 将 MATRIX-8×8-RED 元器件分解。

将 MATRIX-8×8-RED 添加到绘图区，右击并选择“分解”快捷选项，如图 4－17（a）所示，分解后的效果如图 4－17（b）所示。

第 2 步： 移动引脚。

按住鼠标左键框选下面的 8 个引脚，如图 4－18（a）所示。拖动引脚顺时针旋转 90°，使下边的引脚呈竖直排列，如图 4－18（b）所示。将最左边的引脚移动到最上边，剩下的依次排列即可。注意，引脚移动后，带“x”的一端要在外侧。

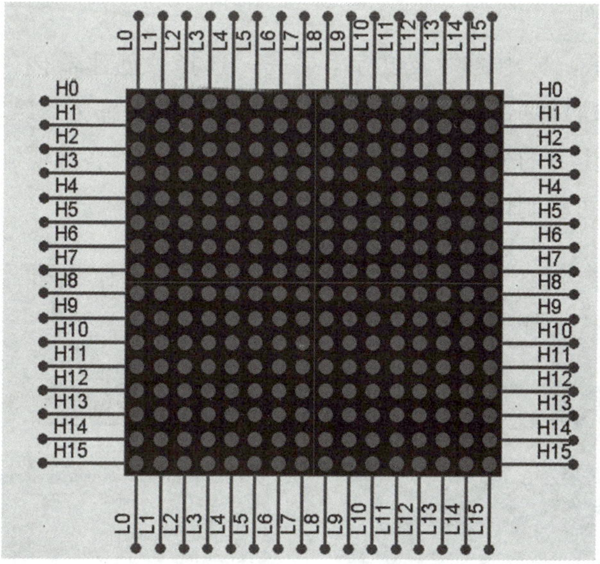

图 4－16　16×16 LED 屏显示模块

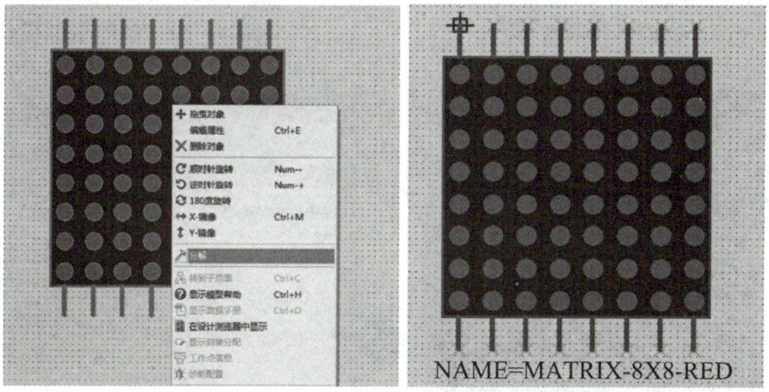

（a）元器件分解　　（b）分解后的效果

图 4－17　MATRIX-8×8-RED 元器件分解

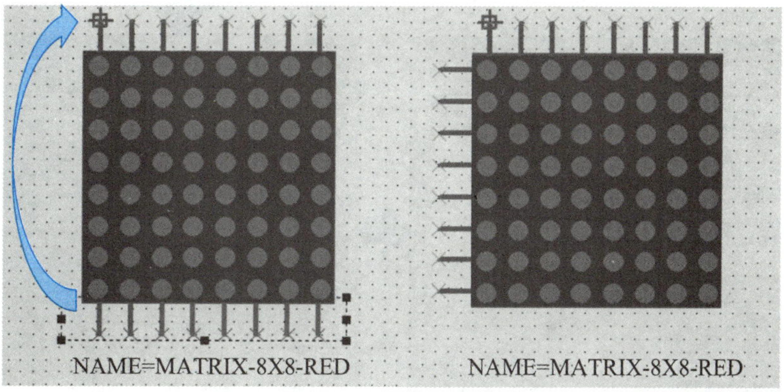

（a）选择引脚　　（b）移动后的引脚

图 4－18　移动左上方屏幕的引脚

第 3 步：创建器件。

如图 4－19 所示，选中图形及文字，右击，选择“创建器件”快捷选项，弹出如图 4－20 所示的制作器件窗口，在“器件名称”文本框中输入 MATRIX-8×8-REDZS，表示这是 4 块屏中左上方的屏幕，然后单击“下一步”按钮，各选项保持默认，按图 4－21 所示的流程操作，即可将制作的仿真元器件添加到库中。

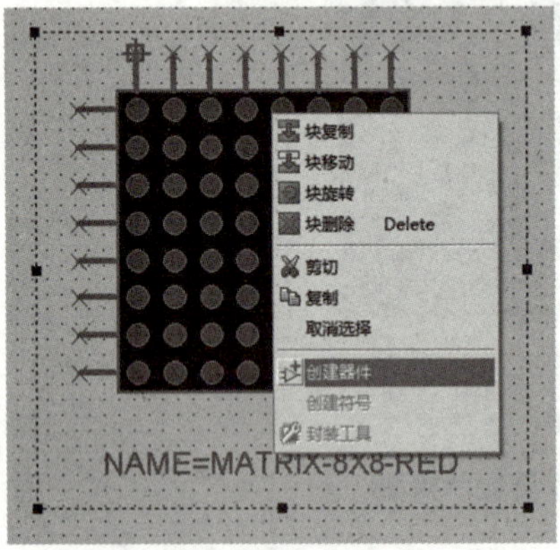

图 4－19　选中图形及文字

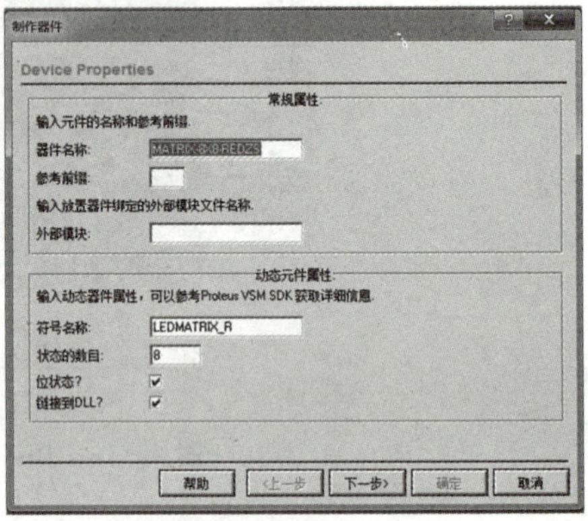

图 4－20　制作器件窗口

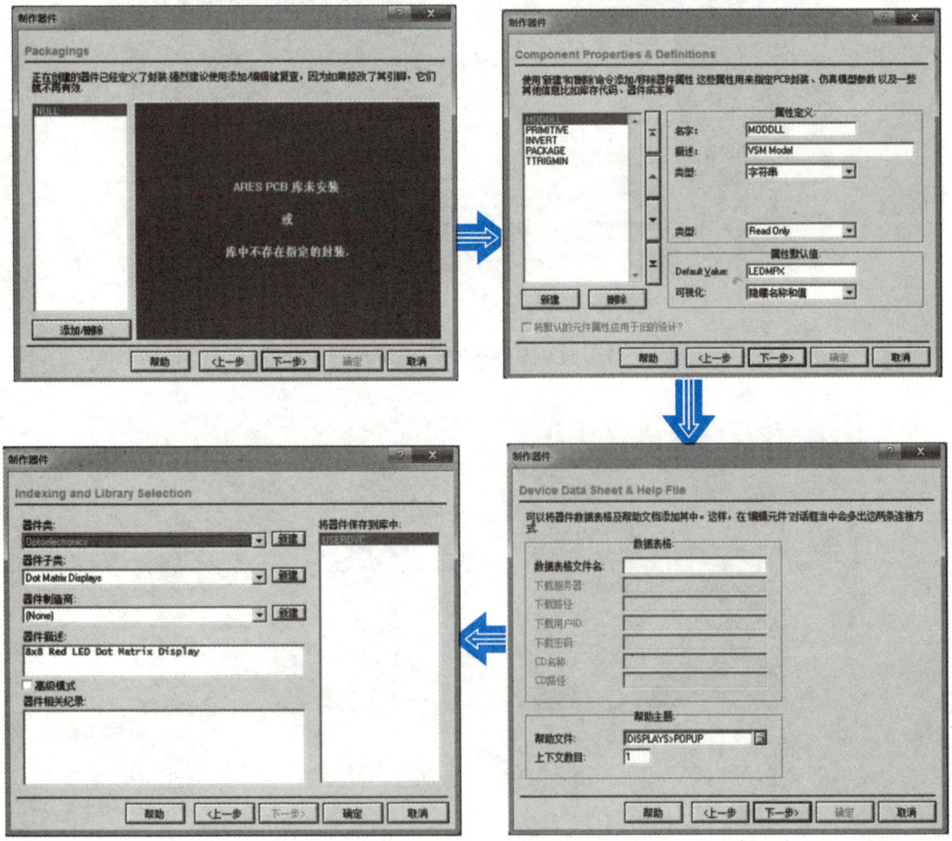

图 4－21　制作器件的流程

第 4 步： 使用仿真元器件。

在元器件添加模式下按 P 键，输入 MATRIX-8×8-REDZS，找到元器件并双击，将其添加到元器件预览窗口，即可正常使用。

第 5 步： 制作右上方的屏幕。

重复第 1 步，选中下侧的引脚，如图 4－22（a）所示，通过旋转和镜像操作把下侧最右边的引脚移动到右侧最下边，其他引脚向上依次排列，移动后的引脚如图 4－22（b）所示。重复第 3 步，将其命名为 MATRIX-8×8-REDYS，添加到元器件库，等待使用。

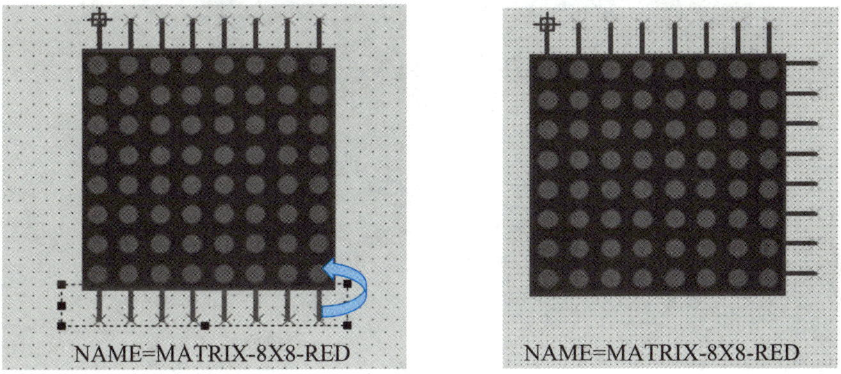

（a）选择引脚　　（b）移动后的引脚

图 4－22　移动右上方屏幕的引脚

第 6 步： 制作左下方的屏幕。

重复第 1 步，选中上侧的引脚，如图 4－23（a）所示，注意不要选上原点，通过旋转和镜像操作把上侧最左边的引脚移到左侧最上边（图中箭头处），其他的引脚向下依次排列，移动后的引脚如图 4－23（b）所示。重复第 3 步，将其命名为 MATRIX-8×8-REDZX 并添加到元器件库，等待使用。

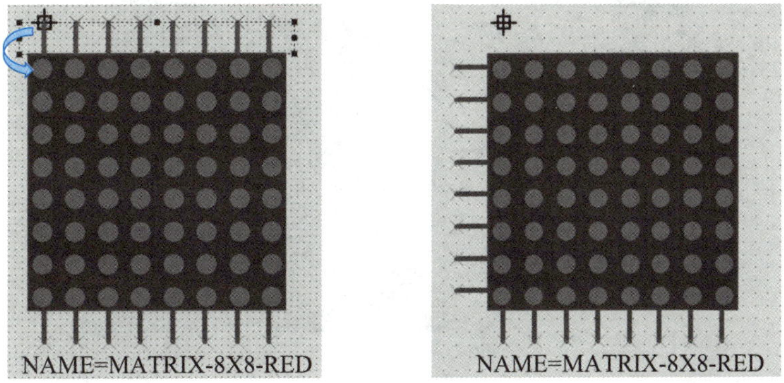

（a）选择引脚　　（b）移动后的引脚

图 4－23　移动左下方屏幕的引脚

第 7 步： 制作右下方的屏幕。

重复第 1 步，选中上侧的引脚，如图 4－24（a）所示，注意不要选上原点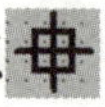，通过旋转和镜像操作，把上侧最右边的引脚移到右侧最下边（图中箭头处），其他的引脚向上依次排列，移动后的引脚如图 4－24（b）所示。重复第 3 步，将其命名为 MATRIX-8×8-REDYX 并添加到元器件库，等待使用。

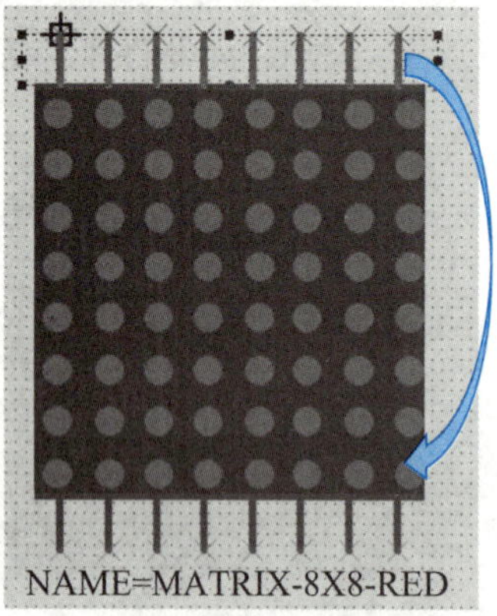

（a）选择引脚

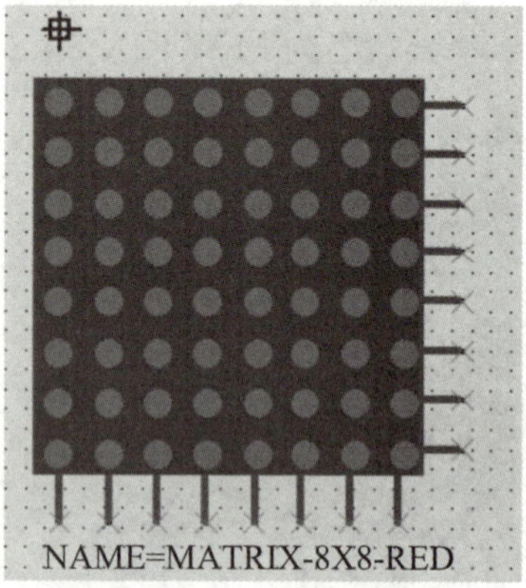

（b）移动后的引脚

图 4－24　移动右下方屏幕的引脚

第 8 步： 组成 16×16 LED 屏。

添加好元器件 MATRIX-8×8-REDZS、MATRIX-8×8-REDYS、MATRIX-8×8-REDZX、

MATRIX-8×8-REDYX 之后，在绘图区组成的 16×16 LED 屏（4 块 8×8 LED 屏）如图 4－25 所示。

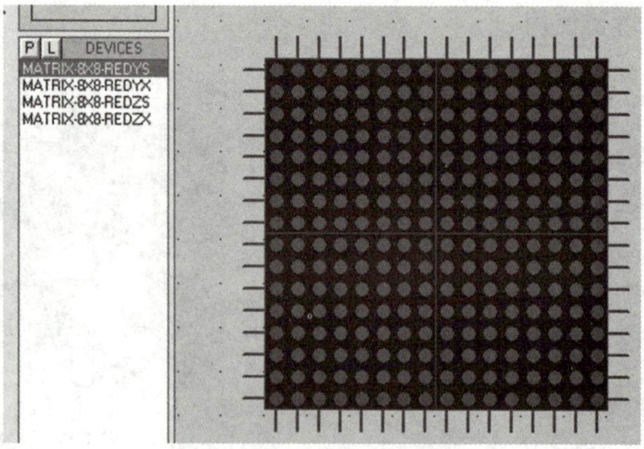

图 4－25　16×16 LED 屏

（三）74HC595 移位寄存器模块

如图 4－26 所示，74HC595 移位寄存器模块的 SH_CP 引脚接 P2.0，DS 引脚接 P2.1，

ST_CP 引脚接 P2.2，U4 的 Q7' 引脚接 U5 的 DS 引脚，构成串行输入、16 位并行输出的移位寄存器。$\overline{MR}$ 恒定接高电平，$\overline{OE}$ 恒定接低电平。U4 的 Q0～Q7 和 U5 的 Q0～Q7 依次接 16×16 LED 屏的上下引脚，上下引脚同列是连接在一起的，U5 的 Q7' 悬空。

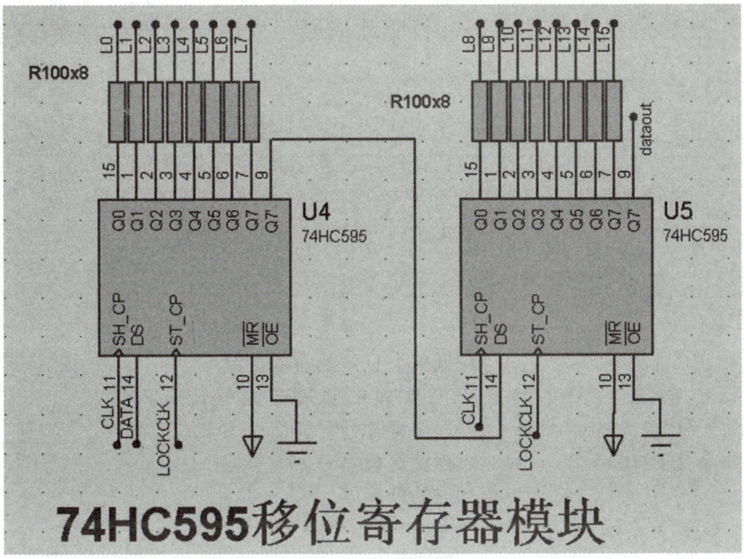

图 4-26　74HC595 移位寄存器模块

（四）74HC138 译码器模块

如图 4-27 所示为由 2 片 74HC138 芯片级联构成的 4 线-16 线译码器。U3 的 A、B、C 引脚分别接 U2 的 A、B、C 引脚，连接 P1 口的 P1.0、P1.1、P1.2。U3 的 E2、E3 并联起来接 U2 的 E1 引脚并作为 D 引脚接 P1.3，U2 的 E2、E3 并联起来作为 G 引脚接 P1.4。U3 的输出 Y0～Y7 和 U2 的输出 Y0～Y7 依次接 16×16 LED 屏的左右引脚，左右引脚的同行是连接在一起的。

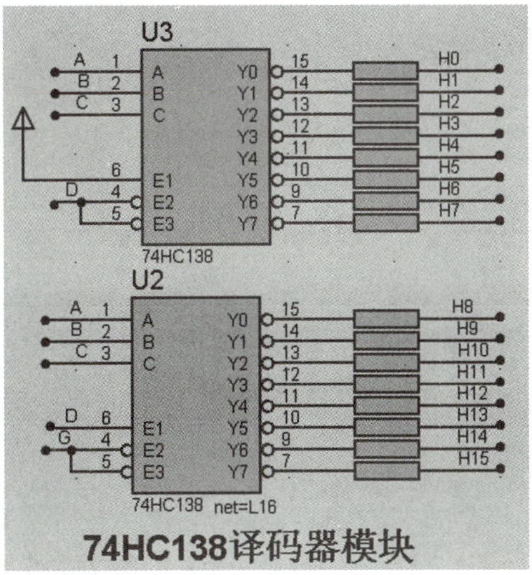

图 4-27　74HC138 译码器模块

二、16×16 LED屏显示控制参考程序

（1）根据LED屏的接线，借助字模软件自动生成字模，字模软件的使用详见“工作模块5 液晶的显示控制”中的相关内容。

（2）依次往LED屏送入字形编码和行驱动信号，采用动态显示的方式点亮LED屏。

```
//16×16 LED屏显示控制参考程序
#include "reg51.h"                    //头文件，定义51的专用寄存器
#include <intrins.h>                  //头文件，包含_nop_空操作指令
/************定义可寻址位********************/
sbit LED138_D = P1^3;                 //定义可寻址位，串行数据高位
sbit LED138_C = P1^2;
sbit LED138_B = P1^1;
sbit LED138_A = P1^0;                 //定义可寻址位，串行数据低位
sbit LED138_G = P1^4;                 //低电平有效的使能控制端
sbit LED595_DAT= P2^1;                //595芯片的DS段，传输数据
sbit LED595_CLK= P2^0;                //移位寄存器时钟信号SH_CP
sbit LED595_LCK= P2^2;                //存储寄存器时钟信号ST_CP
sbit wei=P2^3;                        //位处理信号
/************函数声明********************/
void send( unsigned char dat);        //发送数据函数
void scan_Line( unsigned char m);     //行扫描函数
void delay(unsigned int n);           //延时函数
void scan_Key();                      //键扫描函数
void display(unsigned char dat[][32]); //字模数组
unsigned char display_buffer[2];      //缓冲数组
unsigned char code Word1[1][32]=
{0x10，0x10，0x08，0x20，0x04，0x40，0x3F，0xF8，0x21，0x08，0x21，0x08，0x3F，0xF8，
0x21，0x08，
0x21，0x08，0x3F，0xF8，0x01，0x00，0x01，0x00，0xFF，0xFE，0x01，0x00，0x01，0x00，
0x01，0x00};
//*"单"
void main()
{while(1)
{ display(Word1);                     //显示汉字
}
}
void delay(unsigned int n)            //延时函数，时基是1ms
{   unsigned int j，k;
   for(j=0; j<n; j++)
     for(k=0; k<125; k++);}
void display(unsigned char dat[][32]) //16x16汉字显示函数
{
unsigned char i=0;
for(i=0; i<16; i++)                   //循环16次
{scan_Line(i);                        //扫描16行
     display_buffer[0] = dat[0][i*2]; //送第1个字模字节到缓冲数组
```

```
    display_buffer[1] = dat[0][i*2+1];        //送第 2 个字模字节到缓冲数组
send(display_buffer[1]);                      //发送字模数据
send(display_buffer[0]) ;                     //发送字模数据，完成第 1 行显示
    if((display_buffer[0]&0x80)==0x80){wei=1;}
else {wei=0;}                                 //提高显示效果
LED595_LCK = 0;                               //产生上升沿时序
_nop_( );
LED595_LCK = 1;                               //发送存储数据到 LED 屏
_nop_( );
LED138_G=1;                                   //更新数据时关闭显示
_nop_( );
LED138_G = 0;                                 //开启数据传输
delay(2);
}}
void Scan_Line( unsigned char m)              //行扫描函数，m 为行号
{switch(m)
{case 0:                                      //选中 0 行
LED138_D = 0; LED138_C = 0; LED138_B = 0; LED138_A = 0; break;
case 1:                                       //选中 1 行
LED138_D = 0; LED138_C = 0; LED138_B = 0; LED138_A = 1;
break;
case 2:
LED138_D = 0; LED138_C = 0; LED138_B = 1; LED138_A = 0;
break;
case 3:
LED138_D = 0; LED138_C = 0; LED138_B = 1; LED138_A = 1;
break;
case 4:
LED138_D = 0; LED138_C = 1; LED138_B = 0; LED138_A = 0;
break;
case 5:
LED138_D = 0; LED138_C = 1; LED138_B = 0; LED138_A = 1;
break;
case 6:
LED138_D = 0; LED138_C = 1; LED138_B = 1; LED138_A = 0;
break;
case 7:
LED138_D = 0; LED138_C = 1; LED138_B = 1; LED138_A = 1;
break;
case 8:
LED138_D = 1; LED138_C = 0; LED138_B = 0; LED138_A = 0;
break;
case 9:
LED138_D = 1; LED138_C = 0; LED138_B = 0; LED138_A = 1;
break;
case 10:
LED138_D = 1; LED138_C = 0; LED138_B = 1; LED138_A = 0;
break;
```

```
case 11:
LED138_D = 1; LED138_C = 0; LED138_B = 1; LED138_A = 1;
break;
case 12:
LED138_D = 1; LED138_C = 1; LED138_B = 0; LED138_A = 0;
break;
case 13:
LED138_D = 1; LED138_C = 1; LED138_B = 0; LED138_A = 1;
break;
case 14:
LED138_D = 1; LED138_C = 1; LED138_B = 1; LED138_A = 0;
break;
case 15:
LED138_D = 1; LED138_C = 1; LED138_B = 1; LED138_A = 1;
break;
default : break;
}}
void send( unsigned char dat)           //发送数据
{
unsigned char i;
for(i=0; i<8; i++)
{if(dat&0x01)                           //移位最低一位数据
{ LED595_DAT = 1;}                      //接收到1
else
{ LED595_DAT = 0;}                      //接收到0
LED595_CLK = 1;                         //上升沿数据移位
_nop_( );
LED595_CLK = 0;                         //下降沿数据不变
_nop_( );
dat >>= 1;                              //数据循环右移1位
   }}
```

程序解读：

LED595_CLK = 1; //上升沿数据移位

nop_( );

LED595_CLK = 0; //下降沿数据不变

nop( );

这4句程序模拟的是74HC595的数据移位的时序，在脉冲信号的上升沿，数据向后移动一位，下降沿数据保持不变。

任务小结

16×16 LED屏显示数字或汉字的基本原理与8×8 LED屏一样。为了合理地使用单片机的I/O口资源，在硬件电路中设置了译码器和寄存器。

任务扩展

设计单片机控制的 16×16 LED 屏的电路，实现“你好”二字交替显示。编写程序时，可在本任务所讲程序的基础上做如下修改：

（1）修改字模数组。

```
unsigned char code Word1[2][32]=
    {{0x08, 0x80, 0x08, 0x80, 0x08, 0x80, 0x11, 0xFE, 0x11, 0x02, 0x32, 0x04, 0x34, 0x20,
0x50, 0x20, 0x91, 0x28, 0x11, 0x24, 0x12, 0x24, 0x12, 0x22, 0x14, 0x22, 0x10, 0x20, 0x10,
0xA0, 0x10, 0x40}, //你"
    {0x10, 0x00, 0x10, 0xFC, 0x10, 0x04, 0x10, 0x08, 0xFC, 0x10, 0x24, 0x20, 0x24, 0x20,
0x25, 0xFE, 0x24, 0x20, 0x48, 0x20, 0x28, 0x20, 0x10, 0x20, 0x28, 0x20, 0x44, 0x20, 0x84,
0xA0, 0x00, 0x40}}; //好
```

（2）修改显示函数。

```
void display(unsigned char dat[2][32])                    //16×16 汉字显示函数
{unsigned char i=0, j, k;
  for(k=0; k<2; k++)                                      //显示两个字
    {for(j=0; j<20; j++)                                  //控制一个字显示的时间长度
      {for(i=0; i<16; i++)                                //循环 16 次
        {scan_Line(i);                                    //扫描 16 行
          display_buffer[0] = dat[k][i*2];                //送第 1 个字模字节到缓冲数组
          display_buffer[1] = dat[k][i*2+1];              //送第 2 个字模字节到缓冲数组
          send(display_buffer[1]);                        //发送字模数据
          send(display_buffer[0]);                        //发送字模数据，完成第 1 行显示

          if((display_buffer[0]&0x80)==0x80){wei=1;}
          else {wei=0;}                                   //提升显示效果

          LED595_LCK = 0;                                 //产生上升沿时序
          _nop_( );
          LED595_LCK = 1;                                 //发送存储数据到 LED 屏
          _nop_( );
          LED138_G=1;                                     //更新数据时关闭显示
          _nop_( );
          LED138_G = 0;                                   //开启数据传输
          delay(2);
}}}}
```

知识链接

LED 屏与单片机接口电路

当 LED 屏点阵数多于 8 个时就需要考虑驱动电路的设计，16×16 LED 屏有 256 个 LED 灯，则需要考虑行列驱动电路的设计。

（一）74HC138 译码器

为了节省单片机 I/O 资源，采用两片 74HC138 芯片（也可以选用 74LS138 芯片，两者在数字逻辑控制方面可以相互替换）进行级联，构成 4 线—16 线译码器，还可以直接使用 74HC154 型号的 4 线—16 线译码器。Proteus ISIS 软件中的 74HC138 的引脚图如图 4－28 所示，74HC138 功能表见表 4－3。

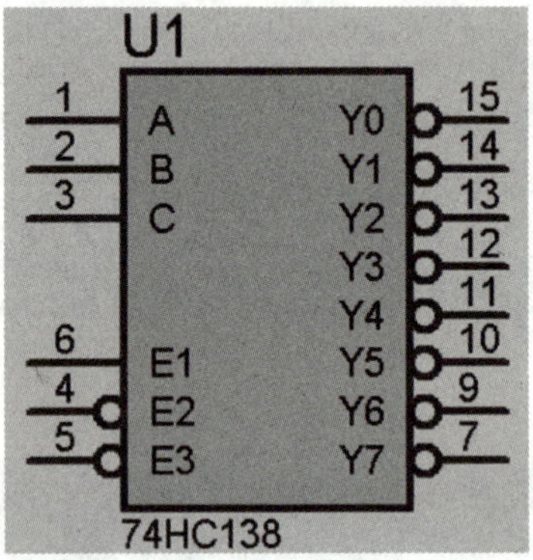

图 4－28　74HC138 引脚图

表 4－3　74HC138 功能表

输入						输出							
E1	$\overline{E2}$	$\overline{E3}$	C	B	A	$\overline{Y7}$	$\overline{Y6}$	$\overline{Y5}$	$\overline{Y4}$	$\overline{Y3}$	$\overline{Y2}$	$\overline{Y1}$	$\overline{Y0}$
0	x	x	x	x	x	1	1	1	1	1	1	1	1
x	1	x	x	x	x	1	1	1	1	1	1	1	1
x	x	1	x	x	x	1	1	1	1	1	1	1	1
1	0	0	0	0	0	1	1	1	1	1	1	1	0
1	0	0	0	0	1	1	1	1	1	1	1	0	1
1	0	0	0	1	0	1	1	1	1	1	0	1	1
1	0	0	0	1	1	1	1	1	1	0	1	1	1
1	0	0	1	0	0	1	1	1	0	1	1	1	1
1	0	0	1	0	1	1	1	0	1	1	1	1	1
1	0	0	1	1	0	1	0	1	1	1	1	1	1
1	0	0	1	1	1	0	1	1	1	1	1	1	1

A、B、C 为二进制代码输入端，其输入为原码，$\overline{Y0}$～$\overline{Y7}$ 为译码输出端（低电平有效）。当 E1＝1、$\overline{E2}$＝0、$\overline{E3}$＝0 时，译码器处于工作状态，3 个控制端用于级联芯片。

如图 4－29 所示为两片 74HC138 构成的 4 线-16 线译码器的电路图，当 U1 中的控制端 E1＝1、$\overline{E2}$＝$\overline{E3}$＝D＝0 时，U1 能够正常译码输出，U2 中由于 E1＝0，输出全部为 1，这种工作情况下，H0～H7 能够正常输出低电平。当 D=1 时，由 DCBA 构成的二进制数转换成的十进制数是大于等于 8 的，U1 输出全部是 1。在 U2 中，当 E1=D=1、G=0 时，能够正常译码输出，H8～H15 根据 CBA 的取值依次输出低电平。综合来看，一共有 16 路信号输出。

当 LED 屏的行是高电平驱动时，可以在 H0～H15 的输出端接一个 PNP 三极管，把低电平输出转换成高电平输出，如图 4-30 所示。在 Y7 引脚后面接 PNP 三极管的基极，发射极接+5V 电源，集电极作为接口标注 H15，其他引脚依次修改。

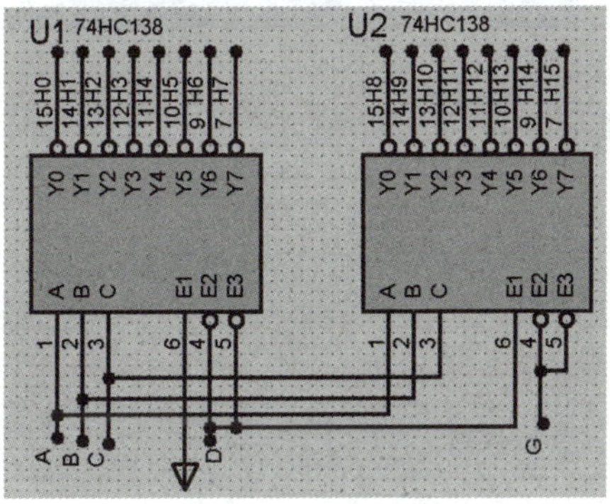

图 4-29　两片 74HC138 构成的 4 线-16 线译码器的电路图

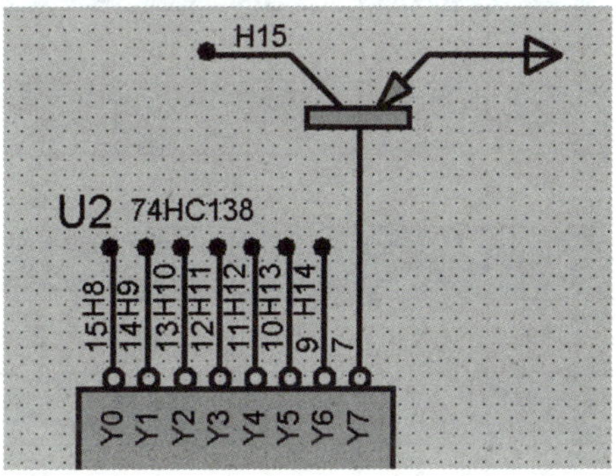

图 4-30　输出引脚连接 PNP 三极管

（二）74HC595 移位寄存器

74HC595 在电子显示屏制作领域应用广泛，其引脚如图 4-31 所示。74HC595 由一个移位寄存器和一个存储器组成。移位寄存器的功能是 8 位串行输入，串行或并行输出。该芯片输出有三态，分别是高阻态、1 态和 0 态。移位寄存器和存储器分别有各自的时钟。数据在 SH_CP 的上升沿输入，然后在 ST_CP 的上升沿进入存储器。移位寄存器由一个串行移位输入（Ds）、一个串行输出（Q7'）和一个异步低电平复位 $\overline{MR}$ 引脚组成；存储器有一个使能端 $\overline{OE}$，当 $\overline{OE}$ 低电平时，存储器的数据输出到总线。

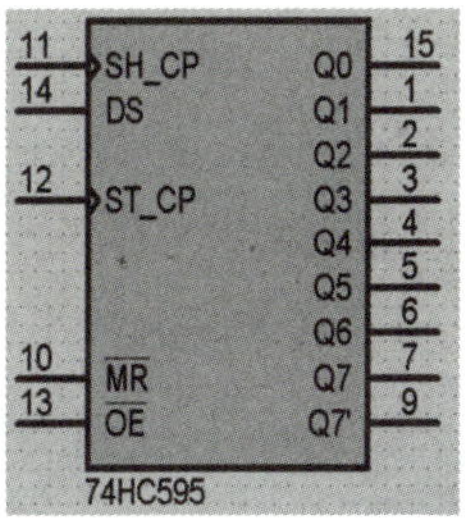

图 4-31　74HC595 的引脚

74HC595 的引脚说明见表 4-4，75HC595 的真值表见表 4-5。

表 4-4　74HC595 的引脚说明

符号	引脚	描述
Q0～Q7	15，17	并行数据输出
Q7'	9	串行数据输出
$\overline{MR}$	10	主复位（低电平）
SH_CP	11	移位寄存器时钟输入，上升沿有效
ST_CP	12	存储寄存器时钟输入，上升沿有效

续表

符号	引脚	描述
$\overline{OE}$	13	输出有效（低电平）
DS	14	串行数据输入

表 4－5　75HC595 的真值表

输入					功能
SH_CP	ST_CP	OE	MR	DS	
×	×	L	×	×	Q0～Q7 输出有效值
×	×	H	×	×	Q0～Q7 输出高阻态
×	×	×	L	×	清空移位寄存器，并行输出为高阻状态
↑	×	L	H	H	移位寄存器存储 H
↑	×	L	H	L	移位寄存器存储 L
↓	×	L	H	×	移位寄存器状态保持
×	↑	L	H	×	输出存储器锁存移位寄存器中的状态值
×	↑	L	H	×	输出存储器状态保持

注：×表示任意。

SH_CP（11 脚）：上升沿时数据寄存器的数据移位，Q0→Q1→Q2→Q3→Q4→Q5→Q6→Q7，下降沿时移位寄存器数据不变。

ST_CP（12 脚）：上升沿时移位寄存器的数据进入存储寄存器，下降沿时存储寄存器数据不变。

74HC595 芯片串行输入并行输出的程序段如下：

```
void send( unsigned char dat)      //发送数据
{
unsigned char i;
for(i=0; i<8; i++)
{if(dat&0x01)                      //移位最低一位数据
{ LED595_DAT = 1;}                 //接收到 1
else
{ LED595_DAT = 0;}                 //接收到 0
LED595_CLK = 1;                    //上升沿数据移位
_nop_( );
LED595_CLK = 0;                    //下降沿数据不变
_nop_( );
  dat >>= 1;                       //数据循环右移 1 位
  }}
```

这里使用了两片 74HC595，级联构成了 8 位串行输入、16 位并行输出，将第 1 个芯片的串行输出接第 2 个芯片的串行输入。

内容梳理与总结

通过对本工作模块的学习和动手实践，同学们应掌握的重点内容是 8×8 LED 屏的工作原理，掌握通过 Proteus ISIS 软件对 8×8 LED 屏和 16×16 LED 屏的仿真方法。

思考与练习 4

一、填空题

1. 8×8 LED 屏的扫描方式有________扫描和________扫描。

2. 8×8 LED 屏由 64 个发光二极管组成，每个发光二极管放置在________和________的交叉点上。

3. 16×16 LED 屏的驱动中，能够实现数据串入并出的数字芯片是________，能够实现 3 线-8 线译码器的芯片是________。

二、简答题

8×8 LED 屏显示通常采用行扫描和列扫描，简述其原理。

三、操作题

采用 4 块 8×8 LED 屏显示模块设计一个 16×16 LED 屏显示模块，并编程实现显示字符“再见”。

延伸阅读

工匠寄语：吃苦耐劳是种本事，做人做事的韧劲要浸入骨髓，坚持下去，就会收获成果。

工匠人物：刘湘宾，1963 年 6 月出生，中共党员，7107 厂首席技师，陕西省国防科技工业劳模。

工匠事迹：请扫二维码阅读。

4-1 工匠事迹

工作模块 5

液晶的显示控制

工作情境导入

各种类型的液晶显示器广泛应用于家用电器、便携式仪器仪表、消费类电子产品等领域，如图 5-1 所示为空调的显示屏，如图 5-2 所示为形状检测仪的显示屏。实际工作中，为了确保应用的便捷性，通常直接选用液晶模块，需要注意的方面包括液晶面板大小、显示内容、显示颜色、工作电压、控制器类型等。本工作模块将结合应用较多的字符型和图形型液晶来讲解编程及使用方法。

图 5-1 空调的显示屏

图 5-2 形状检测仪的显示屏

内容图谱

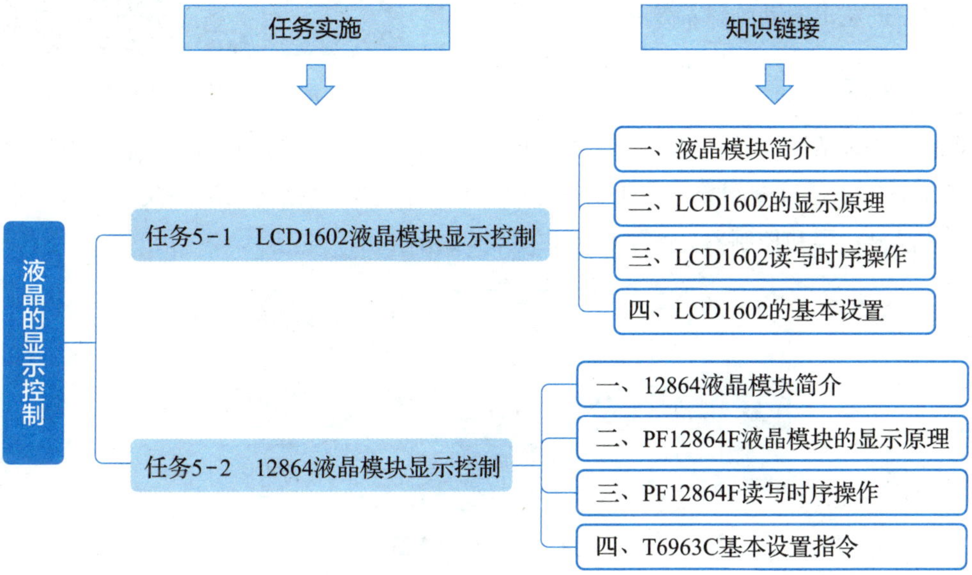

任务 5-1　LCD1602 液晶模块显示控制

任务目标

知识目标

- 掌握字符型液晶 LCD1602 的显示原理。
- 理解液晶读写操作时序。
- 掌握液晶的基本设置指令。

技能目标

- 能够绘制 LCD1602 与单片机的连接电路并仿真。
- 能够编写 LCD1602 的显示程序。
- 能够注意到仿真环境下的电路功能和实物演示电路功能的区别。

素养目标

- 了解单片机工程师岗位的工作任务，学习其职业精神。
- 讲述大国工匠案例，践行工匠精神。

任务描述

通过单片机控制 LCD1602 液晶模块，在液晶屏上显示如图 5-3 所示的内容，用 Proteus ISIS 软件设计电路原理图并仿真功能。

初级能力：能够在 LCD1602 液晶屏任意位置显示数字和字母信息。

高级能力：能够在 LCD1602 液晶屏上实现左进右出或右进左出的动画显示效果。

图 5-3　LCD1602 显示效果

执行思路

液晶模块包括液晶显示屏和控制器，通过查阅数据手册可知 LCD1602 液晶模块的控制器是 HD44780，通过查阅数据手册了解其引脚功能。通常直接选用液晶模块即可，不必分别购买液晶显示屏和控制器。系统框图如图 5-4 所示。

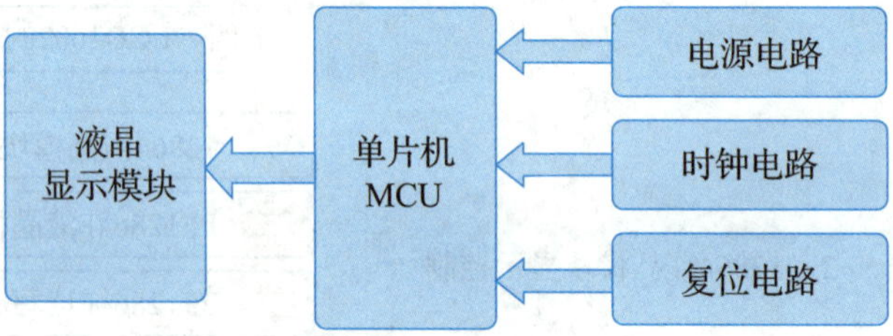

图 5-4　系统框图

任务实施

一、单片机与 LCD1602 接口电路

如图 5-5 所示，LCD1602 的数据传输引脚 D0～D7 接 P0 口，控制端 RS 接 P1.0，RW 接 P1.1，EN 接 P2.5，这些接线可以任意选择单片机的 I/O 口。VEE 接的是偏压信号，用于调节液晶的显示亮度，在仿真环境下不起作用；在实际电路板中可以用一个电位器来实现亮度调节。

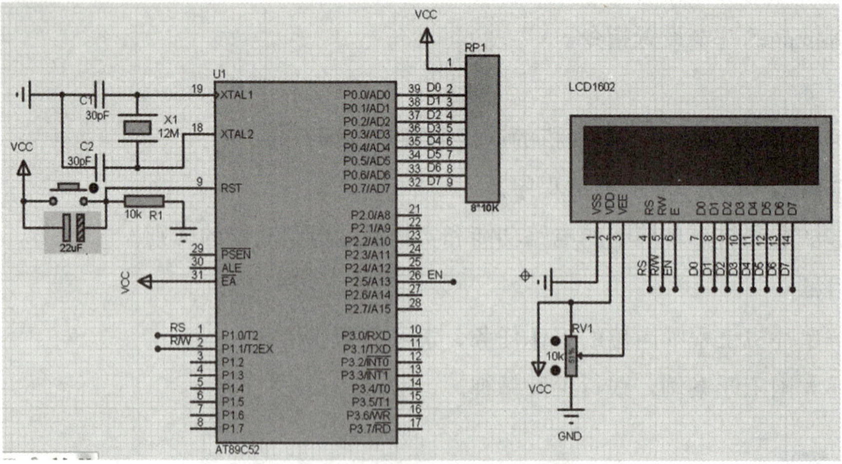

图 5-5　单片机与 LCD1602 接口电路

电路所用元器件在表 2－1 所列元器件的基础上有所增加，具体见表 5－1。

表 5－1 仿真电路元器件明细

序号	元器件名称	元器件型号	元器件参数
1	排阻	Respack-8	10kΩ
2	LCD1602 模块	LM016L	共阳极数码管
3	电位器	POT-HG	

二、LCD1602 显示控制参考程序

（1）LCD 的基本操作：写指令、写数据、读状态。

（2）初始化设置（工作方式、光标样式、输入方式、清屏模式）。

（3）先指定显示位置，再指定显示内容。

```
//任务 5－1 LCD1602 显示参考程序
#include<reg52.h>                    //包含头文件，定义 51 单片机的专业寄存器
sbit RS=P1^0;                        //定义数据指令选择信号控制端
sbit RW=P1^1;                        //定义读写控制端
sbit E=P2^5;                         //定义使能端
void lcd_w_cmd(unsigned char cmd);   //声明 LCD 写指令函数
void lcd_w_dat(unsigned char dat);   //声明 LCD 写数据函数
unsigned char lcdup[]="I Like MCU!";
unsigned char lcddown[]="12：34：50";
void delay(unsigned int i)           //延时函数，基准时间是 1ms，针对 12MHz
{
unsigned int j，k;
for(j=0；j<i；j++)
for(k=0；k<125；k++)；
}
void lcd_init()                      //LCD1602 初始化函数
{
   lcd_w_cmd(0x38);                  //设置工作方式
   lcd_w_cmd(0x0c);                  //设置光标
   lcd_w_cmd(0x01);                  //清屏
   lcd_w_cmd(0x06); }                //设置输入方式
void main()
{   unsigned char i;
P0=0xff;                             //写入全 1
lcd_init();                          //LCD1602 初始化函数
delay(100);                          //延时 0.1s
    lcd_w_cmd(0x83);                 //字符显示的初始位置
   for(i=0；lcdup[i]!='\0'；i++)     //逐个字符写入，字符串的结束符是\0
      { lcd_w_dat(lcdup[i]);         //要显示的字符
   delay(50);    }
while(1);
}
```

```
unsigned char lcd_r_start()                //LCD读状态函数，有返回值
{    unsigned char start;
RS=0; RW=1;                                //读LCD状态
E=0;                                       //使能端时序
delay(5);
E=1;
delay(5);
start=P0;                                  //从LCD数据口读状态
delay(5);
E=0;
delay(5);
return(start);                             //返回从LCD读取的状态字
}
void lcd_w_cmd(unsigned char cmd)          //LCD写指令函数，有形参
{    bit highb;
     do{ highb=(bit)(lcd_r_start()&0x80);}
     while(highb==1);                      //判忙
RS=0;     RW=0;                            //LCD写指令
E=0;                                       //使能端时序
delay(5);
E=1;
delay(5);
P0=cmd;                                    //把指令写入LCD控制器
delay(5);
E=0;
delay(5);
}
void lcd_w_dat(unsigned char dat)          // LCD写数据函数，有形参
{ bit highb;
     do{ highb=(bit)(lcd_r_start()&0x80);}
     while(highb==1);                      //判忙
RS=1;    RW=0;                             //LCD写数据
E=0;                                       //使能端时序
delay(5);
E=1;
delay(5);
P0=dat;                                    //把数据写入LCD
delay(5);
E=0;
delay(5);}
```

程序解读：

highb=(bit)(lcd_r_start()&0x80);

进行忙标志位判断，读回的状态字与0x80进行“按位与”操作后保留最高位，屏蔽低7位。若highb=1，液晶禁止操作；若highb=0，液晶允许操作。

(bit) 函数说明如下：

格式：i=(bit)(A)；

功能：A 与 0xff 进行相加，i=溢出位。

举例：(1) i=(bit)(0x00)；的结果是 i=0;。

(2) i=(bit)(0x80)；的结果是 i=1;。

总结：只要“A”数不是 0x00，i 就等于 1。

任务小结

实际应用过程中，只要驱动函数是正确的（即液晶的读写操作），实现新的显示方式或者显示新的内容时，修改初始化函数和主函数中要显示的内容即可。

任务扩展

在任务 5-1 的基础上实现内容的右进左出循环显示。

(1) 硬件电路图参考任务 5-1。

(2) 编写 LCD1602 右进左出循环显示程序时，在任务 5-1 的程序的基础上修改主函数即可。

```
//扩展任务 5-1 程序 LCD1602 右进左出循环显示程序
    void main()
    { unsigned char i;
    P0=0xff;                              //写入全 1
    lcd_init();                           //LCD1602 初始化函数
    delay(100);                           //延时 0.1s
        lcd_w_cmd(0x90);                  //字符显示的初始位置
      for(i=0; lcdup[i]! ='\0'; i++)     //逐个字符写入，字符串的结束符是\0
          { lcd_w_dat(lcdup[i]);          //要显示的字符
      delay(50); }
    while(1)
        {
          lcd_w_cmd(0x1c);                //整屏内容左移
            delay(200);                   //移动的时间间隔
        }
    }
```

【注意】 0x1c；在数据手册中是整屏内容右移，使用实物液晶模块时也是右移，但是在仿真环境中是左移。0x18；在数据手册中是整屏内容左移，使用实物液晶模块时也是左移，但是在仿真环境中是右移。

知识链接

一、液晶模块简介

液晶模块主要由液晶显示器和控制器组成。如图 5-6 (a) 所示为液晶模块的正面，液晶显示器可控制显示清晰度和亮度；如图 5－6（b）所示为液晶模块的背面，由主控芯片及外围电路构成，称为控制器，用于控制显示的内容及方式，使用电压为 5V。

（a）正面　　（b）背面

图 5－6　LCD1602 液晶模块

（一）液晶显示器简介

液晶显示器是一种显示器件，通常分为以下三类：

5－1　液晶简介

第一类是笔段型液晶，主要用于数字、字母或某些字符的显示，可以替代 LED 数码管。液晶屏上显示的内容是刻在玻璃上的，需要显示时点亮，不需要显示时熄灭，如图 5－7 所示。

第二类是字符型液晶，是专门用来显示字母、数字、符号等的点阵型液晶，如图 5－8 所示。通常每个点阵中“点”的数目是固定的，用于显示一个字符。

第三类是图形型液晶，它是通过控制在一平板上排列成矩阵形式的晶格点来显示图形或汉字，可以实现动画功能，如图 5－9 所示。

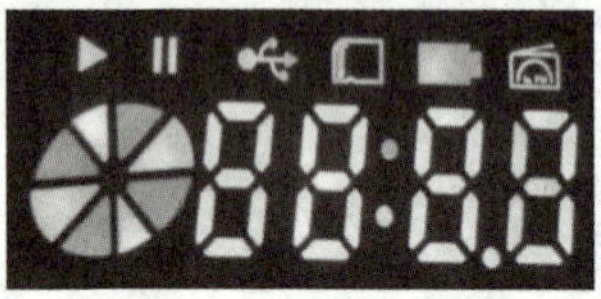

图 5－7　笔段型液晶

图 5－8　字符型液晶

图 5－9　图形型液晶

LCD1602 液晶是字符型液晶，由若干 5×8 或 5×10 的点阵字符位组成，每个点阵字符位都可以显示一个字符，每位之间间隔一个点距，每行之间也有间隔，起到控制字间距和行间距的作用，因此不能很好地显示图形。

5－2　液晶控制器简介

（二）液晶控制器简介

LCD602 模块的控制器以 Hitach（日立）公司生产的 HD44780 芯片最为常见，另外还有 SAMSUNG（三星）公司生产的 KS0066 和 Sitronix（硅创）公司生产的 ST7066。不论是哪个公司生产的控制器，其基本工作原理和引脚功能都是一样的，因此控制方式也是一样的。掌握 HD44780

控制器的控制方式，就会通晓绝大多数字符液晶显示模块。

（三）LCD1602 模块的引脚功能

LCD1602 模块的引脚如图 5－10 所示，其引脚功能见表 5－2。

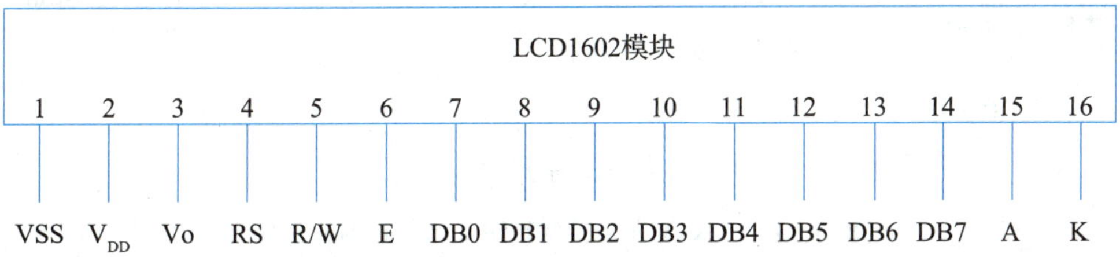

图 5－10　LCD1602 模块的引脚

表 5－2　LCD1602 模块的引脚功能

引脚号	符号	引脚说明
1	VSS	电源地
2	VDD	电源正极
3	VO	偏压信号，可接 10kΩ 的 3296 精密电位器或同样阻值的 RM065/RM063 蓝白可调电阻
4	RS	指令/数据选择引脚，当 RS 为低电平时选择指令；当 RS 为高电平时选择数据
5	RW	读/写选择引脚，当 RW 为低电平时向 LCD1602 写入命令或数据；当 RW 为高电平时从 LCD1602 读取状态或数据
6	E	使能引脚
7	D0-D7	并行数据输入/输出引脚
8	A	背光正极
9	K	背光负极

（四）LCD1602 的状态字

LCD1602 的状态字有 8 位，通过 D0～D7 的接线完成传输，具体见表 5－3。

表 5－3　LCD1602 的状态字

D7	D6	D5	D4	D3	D2	D1	D0
BF（判忙位）	当前地址指针数据						

功能：（1）BF＝1 表示禁止操作（忙），BF＝0 表示允许对液晶操作（不忙）。

（2）D6～D0 表示读取当前地址指针的数据。

一般只读取 BF 位，进行判忙操作。在写指令和写数据时都要先读取 BF 位。

5-3　液晶显示原理

二、LCD1602 的显示原理

在学习 LCD1602 模块之前，要理解以下专业词语：CGROM（Character Generate ROM）是内置字模存储器，CGRAM（Character Generate RAM）是用户自定义字模存储器，DDRAM（Display Data RAM）是显示数据存储器。

（一）DDRAM

DDRAM 的显示地址和 LCD 屏的对应关系见表 5-4。

表 5-4　DDRAM 的显示地址和 LCD 屏的对应关系

列 行	1	2	3	4	5	6	7	8	9	10	11	12	13	14	15	16	隐藏列
1	00	01	02	03	04	05	06	07	08	09	0A	0B	0C	0D	0E	0F	10～27
2	40	41	42	43	44	45	46	47	48	49	4A	4B	4C	4D	4E	4F	50～67

通过设置 DDRAM 指令确定内容在屏幕上的显示位置，DDRAM 指令的使用方法是 0X80＋DDRAM 地址。如果要在第 1 行第 4 列写入一个字符，DDRAM 就设置为 0x80＋0x03＝0x83。如表 5-4 所列，DDRAM 寄存了 80 字节，共 80 个地址。00～0F 和 40～4F 共 32 个，直接显示在屏幕上；10～27 和 50～67 共 48 个是隐藏列，设置动画效果时使用。

（二）CGROM

CGROM 已固化在 LCD1602 模块中，只能读取。如果只需要在屏幕上显示已存在于 CGROM 中的字符，在 DDRAM 中写入其字符代码即可。

下面以显示字母“A”为例介绍 LCD1602 模块的显示原理。“A”的显示效果如图 5-11 所示，“○”代表 0，“■”代表 1，左图为“A”的字模数据，把 A 的字模数据存储在 CGROM 中，通过表 5-5 可知“A”的显示代码：高 4 位是 0100，低 4 位是 0001，即 0x41，与 ASCII 码一致。可以直接写 P0＝‘A’;，等价于 P0＝0x41;。

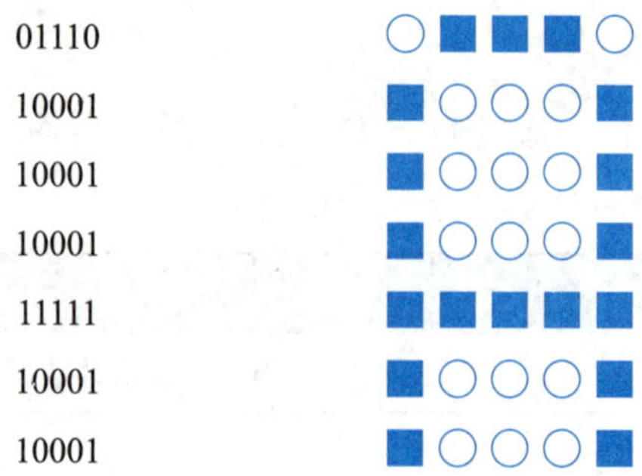

图 5-11　“A”的显示效果

LCD1602 的 CGROM 中的标准字模见表 5-5。

表 5-5　LCD1602 的 CGROM 中的标准字模

Uppcr 4 Eits / Lower 4 ptts	0000	0001	0010	0011	0100	0101	0110	0111	1000	1001	1010	1011	1100	1101	1110	1111
xxxx0000	CG RAM (1)			0	@	P	`	p				ー	タ	ミ	α	p
xxxx0001	(2)		!	1	A	Q	a	q			。	ア	チ	ム	ä	q
xxxx0010	(3)		"	2	B	R	b	r			「	イ	ツ	メ	β	θ
xxxx0011	(4)		#	3	C	S	c	s			」	ウ	テ	モ	ε	∞
xxxx0100	(5)		$	4	D	T	d	t			、	エ	ト	ヤ	μ	Ω
xxxx0101	(6)		%	5	E	U	e	u			・	オ	ナ	ユ	σ	ü
xxxx0110	(7)		&	6	F	V	f	v			ヲ	カ	ニ	ヨ	ρ	Σ
xxxx0111	(8)		'	7	G	W	g	w			ァ	キ	ヌ	ラ	g	π
xxxx1000	(1)		(	8	H	X	h	x			ィ	ク	ネ	リ	√	x̄
xxxx1001	(2)		)	9	I	Y	i	y			ゥ	ケ	ノ	ル	⁻¹	y
xxxx1010	(3)		*	:	J	Z	j	z			ェ	コ	ハ	レ	j	千
xxxx1011	(4)		+	;	K	[	k	{			ォ	サ	ヒ	ロ	ˣ	万
xxxx1100	(5)		,	<	L	¥	l	|			ャ	シ	フ	ワ	¢	円
xxxx1101	(6)		-	=	M	]	m	}			ュ	ス	ヘ	ン	£	÷
xxxx1110	(7)		.	>	N	^	n	→			ョ	セ	ホ	゛	ñ	
xxxx1111	(8)		/	?	O	_	o	←			ッ	ソ	マ	゜	ö	█

（三）CGRAM

要显示 CGROM 中没有的字符，比如汉字，则只能在 CGRAM 中定义。由于 CGRAM 本身没有字符，因此要在 DDRAM 中写入某个 CGROM 不存在的字符，即必须在 CGRAM

中先定义才能使用。程序退出后，CGRAM 中定义的字符也不复存在，下次使用时，必须重新定义。

5-4 液晶的读写时序

三、LCD1602 读写时序操作

LCD1602 模块的软件操作环节具体包括 4 项时序操作和 8 项基本设置，4 项时序操作包括读状态、读数据、写指令、写数据。8 项基本设置包括初始化设置 4 项、光标归位设置、光标和显示移动设置、CGRAM 地址设置、DDRAM 地址设置。

4 项时序操作见表 5-6，4 项时序操作的程序代码通常作为液晶的驱动程序。

表 5-6 4 项时序操作

RS 状态/数据	R/W(读写)	E	操作说明
0	1	高脉冲	读状态：D0～D7 为状态字
1	1	高脉冲	读数据：D0～D7 为数据
0	0	高脉冲	写指令：写入指令码 D0～D7
1	0	高脉冲	写数据：写入数据 D0～D7

（一）读操作

读操作时序图如图 5-12 所示。

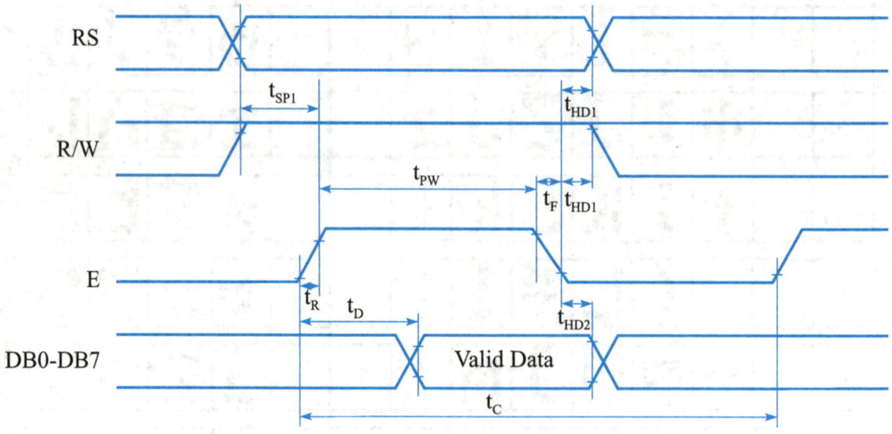

图 5-12 读操作时序图

当 RS=0 或 RS=1，RW=1 时，E 由低电平延时至少 30ns（tsp1）变化到高电平后，数据线上的数据建立时间不超过 100ns（tD），E 的高电平保持时间不能低于 150ns（tpw），在高电平持续期间，开始读 DB0～DB7 的液晶数据，然后将 E 信号置为低电平，一个周期的数据即读取完毕。

【小提示】LCD1602 对时序的要求不是很严格，采用的延时单位都是纳秒级，单片机操作机器周期为微秒级（1 微秒=1000 纳秒），因此在写程序时可不做延时，不过为了使液晶运行稳定，尤其是进行动画显示时，最好加上至少 5～10 个机器周期的延时。

读操作时序图中的时间参数见表 5－7，该表也适用于写操作时序图。

表 5－7　读操作时序图中的时间参数

时序参数	符号	极限值			单位	测试条件
		最小值	典型值	最大值		
E 信号周期	t_0	400	—	—	ns	引脚 E
E 脉冲宽度	t_{PW}	150	—	—	ns	
E 上升沿/下降沿时间	t_R，t_F	—	—	25	ns	
地址建立时间	t_{SP1}	30	—	—	ns	引脚 E、RS、R/W
地址保持时间	t_{HD1}	10	—	—	ns	
数据建立时间（读操作）	t_D	—	—	100	ns	引脚 DB0～DB7
数据保持时间（读操作）	t_{HD2}	20	—	—	ns	
数据建立时间（写操作）	t_{SP2}	40	—	—	ns	
数据保持时间（写操作）	t_{HD2}	10	—	—	ns	

读操作程序总结如下：

（1）设置 RS、RW 和 E。

（2）模拟 E 的时序。

（3）读取状态数据。

（4）复位使能信号。

4 步之间穿插延时。具体见任务 5－1 中的 LCD 读状态函数。

（二）写操作

写操作时序图如图 5－13 所示，先设置 RS、RW 和 E，至少延时 tsp1，然后设置 E=1，至少延时 tpw，再设置数据位，至少延时 40ns，将数据写入液晶，复位 E 信号=0。

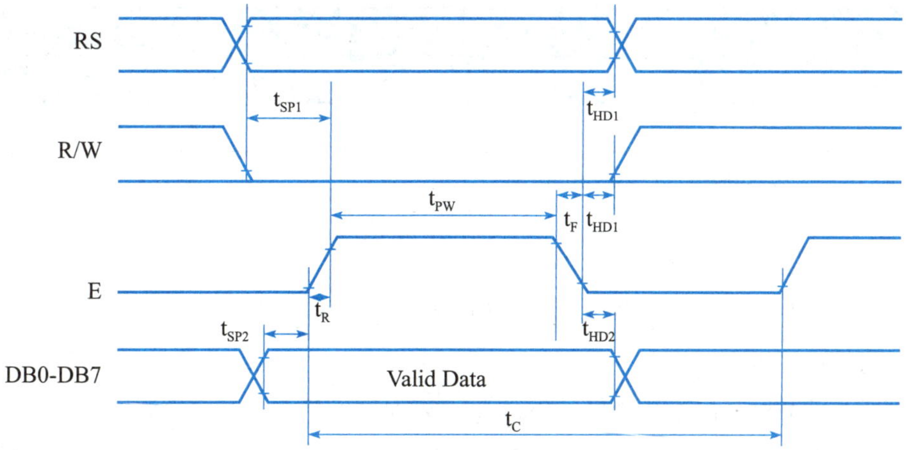

图 5－13　写操作时序图

写操作程序总结如下：

（1）设置 RS、RW 和 E。

（2）模拟 E 的时序。

（3）写数据到液晶。

（4）复位使能信号。

4 步之间穿插延时。具体见任务 5－1 中的 LCD 写指令和写数据函数。

四、LCD1602 的基本设置

5－5　液晶基本设置

LCD1602 的基本设置包括初始化设置 4 项、光标归位设置、光标和显示移动设置、CGRAM 地址设置、DDRAM 地址设置。

初始化设置包括功能设置、显示开关设置、清零、输入方式设置。

（1）功能设置指令见表 5－8，可以设置数据总线位数、显示的行数及字形。

表 5－8　功能设置指令

指令功能	控制信号		指令编码								举例说明
	RS	RW	D7	D6	D5	D4	D3	D2	D1	D0	
功能设定	0	1	0	0	1	DL	N	F	x	x	0x38

注：①DL：0＝数据总线为 4 位；1＝数据总线为 8 位。

②N：0＝显示 1 行；1＝显示 2 行。

③F：0＝5×8 点阵/字符；1＝5×10 点阵/字符。

④0x38：设置数据位数为 8 位、2 行、5×7 点阵/字符。

（2）显示开关设置指令见表 5－9，可以控制显示器的开关、光标的显示与关闭，以及字符位是否闪烁。

表 5－9　显示开关设置指令

指令功能	控制信号		指令编码								举例说明
	RS	RW	D7	D6	D5	D4	D3	D2	D1	D0	
功能设定	0	0	0	0	0	0	1	D	C	B	0x0f

注：①D：0＝显示功能关；1＝显示功能开。

②C：0＝无光标；1＝有光标。

③B：0＝字符位不闪烁；1＝字符位闪烁。

④0x0f：LCD 显示开，有光标，光标位字符闪烁。

（3）清零设置指令 0x01。

清零时，液晶所有位置都会写上 0x20，0x20 是“空格”在字模存储器里的地址。

（4）输入方式设置见表 5－10，可以控制光标的移位方向并确定屏幕整体显示是否移动。

表 5-10 输入方式设置

指令功能	控制信号		指令编码								举例说明
	RS	RW	D7	D6	D5	D4	D3	D2	D1	D0	
输入模式	0	0	0	0	0	0	0	1	N	S	0x06

注：①N：0=光标左移；1=光标右移。

②S：0=整屏显示不移动；1=整屏显示移动。

③0x06：设置光标右移，屏幕不移动。

(5) 光标归位设置指令 0x02 的功能是回车。进行这项操作后，光标会回到显示器的第 1 行第 1 列，但是屏幕上的显示内容不变。

(6) 光标和显示移动设置指令见表 5-11，可控制光标的移位以及整个显示屏幕的移位，实现屏幕的滚动显示效果。初始化时不使用该指令。

表 5-11 光标和显示移动设置指令

指令功能	控制信号		指令编码							
	RS	RW	D7	D6	D5	D4	D3	D2	D1	D0
输入模式	0	0	0	0	0	0	S/C	R/L	X	X

S/C=0，R/L=0：光标左移一格，AC（地址指针）值减 1。

S/C=0，R/L=1：光标右移一格，AC 值加 1。

S/C=1，R/L=0：显示器上字符全左移一格，光标随动。

S/C=1，R/L=1：显示器上字符全右移一格，光标随动。

(7) CGRAM 地址设置。可设定下一个要存入数据的自定义字模的地址，用于显示汉字，实际中应用较少。

(8) DDRAM 地址设置。可设定下一个要存入数据的 DDRAM 的地址，用于指定显示内容在屏幕上的位置。

任务 5-2 12864 液晶模块显示控制

任务目标

知识目标

- 了解 12864 液晶模块显示的原理。
- 了解 12864 液晶的基本设置指令。

技能目标

- 能够设计 12864 液晶模块与单片机的连接电路。
- 能够在 Proteus ISIS 中完成电路的设计并仿真。

- 能够编写 12864 液晶模块的显示程序。

素养目标

- 了解单片机工程师岗位的工作任务，学习其职业精神。
- 讲述大国工匠案例，践行工匠精神。

任务描述

通过单片机控制 12864 图形液晶模块，在液晶屏上显示如图 5-14 所示的内容。这里选择 PG12864F 液晶模块，使用的控制器是 T6963C。

初级能力：能够在 12864 液晶屏任意位置显示汉字。

高级能力：能够在 12864 液晶屏上显示汉字、数字、字母和简单图形。

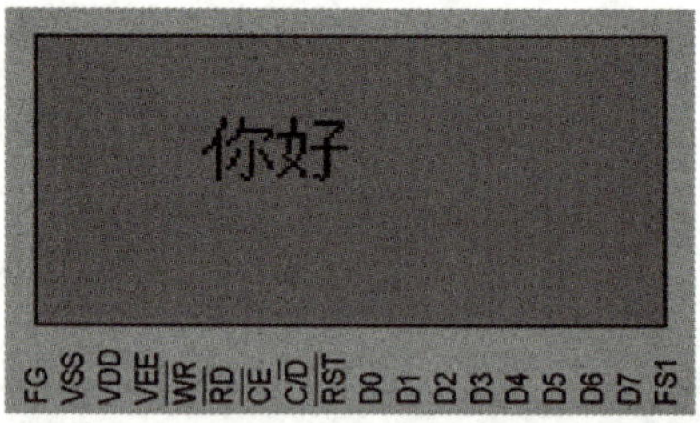

图 5-14　显示效果

执行思路

查阅 PG12864F 液晶模块（T6963C 控制器）的数据手册，了解 PG12864F 液晶模块的引脚功能及显示原理，借助字模软件获得显示汉字的字模。系统框图与任务 5-1 一致。

任务实施

一、单片机与 PG12864F 模块的接口电路

PG12864F 液晶模块采用并行数据传输模式，如图 5-15 所示，数据传输引脚 D0～D7 接 P0 口，5 个主要控制端 WR 接 P2.0、RD 接 P2.1、CE 接 P2.2、CD 接 P2.3、RST 接 P2.5，这些接线可以任意选择单片机的 I/O 口。例如，数据传输引脚也可以接 P1～P3 口，5 个控制端也可以接其他未使用的 I/O 口。VEE 是液晶驱动电压，在仿真环境下不起作用，不用接线，FG、FS1、VSS 引脚接地，VDD 接电源正极。

在表 2-1 的基础上增加的仿真电路元器件见表 5-12。

表 5-12　仿真电路元器件

序号	元器件名称	元器件型号	元器件参数
1	排阻	Respack-8	10kΩ
2	图形液晶	PG12864F	12864 点阵

二、PG12864F 显示控制参考程序

（1）获取显示汉字的字模。所用字模软件为 PCtoLCD 2002。

（2）PG12864F 的读写操作。

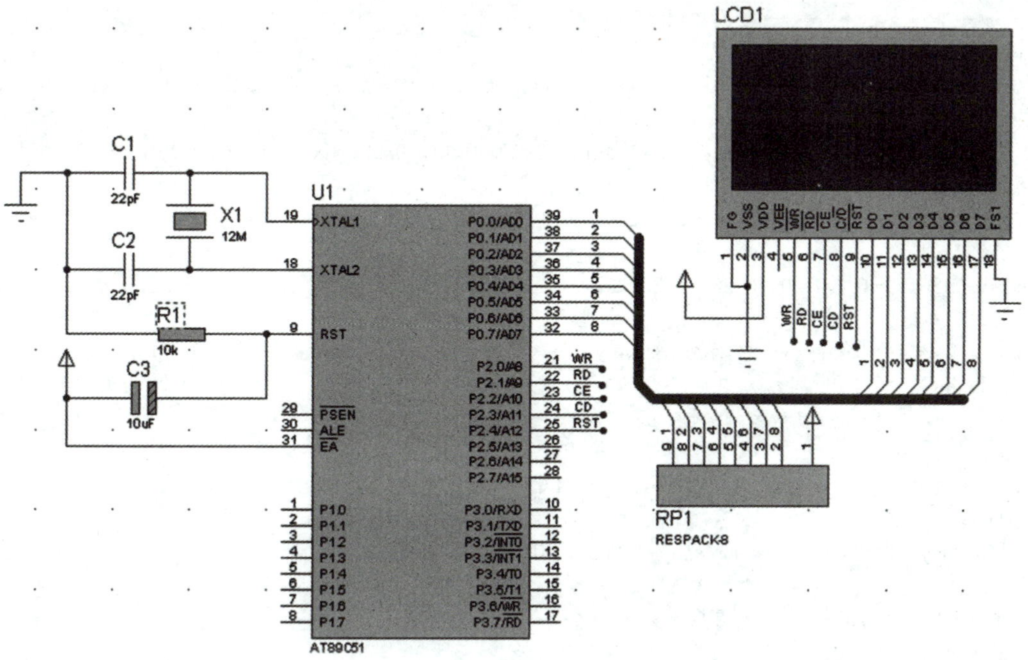

图 5-15 单片机与 PG12864F 的接口电路

（3）初始化设置。

（4）将汉字字模写入图形显示缓存，实现显示功能。

```
//任务 5-2 参考程序   PG12864F 液晶模块，使用 T6963C 控制器
#include <reg51.h>                                  //包含头文件
#define uchar unsigned char                         //定义无符号字符类型的符号
#define uint unsigned int
//****************端口定义****************//
sbit wr=P2^0;                                       //LCD 片选线
sbit rd=P2^1;                                       //LCD 复位线
sbit ce = P2^2;                                     //lLCD 命令数据选择线
sbit cd = P2^3;                                     //LCD 写选通
sbit rst = P2^4;                                    //LCD 读选通数据函数
//****************函数声明****************//
void delay100us(uchar t);                           //软件延时
void w_data(uchar dat);                             //写数据函数
void w_cmd1(uchar cmd);                             //无参数的写指令函数
void w_cmd2(uchar dat, uchar cmd);                  //1 个参数的写指令函数
void w_cmd3(uchar data1, uchar data2, uchar cmd);   //2 个参数的写指令函数
uchar r_start();                                    //读状态函数
voidtest_start();                                   //状态检测函数
void clear_screen();                                //清屏函数
void init_12864(); //LCD 初始化函数
void display_HZ16x16(uchar x, uchar y, uchar *hz);  //显示汉字函数
```

```
//****************字模数组****************//
uchar code Name[2][32]={
{0x08，0x80，0x08，0x80，0x08，0x80，0x11，0xFE，0x11，0x02，0x32，0x04，0x34，0x20，
0x50，0x20，
0x91，0x28，0x11，0x24，0x12，0x24，0x12，0x22，0x14，0x22，0x10，0x20，0x10，0xA0，0x10，
0x40}，//你
{0x10，0x00，0x10，0xFC，0x10，0x04，0x10，0x08，0xFC，0x10，0x24，0x20，0x24，0x20，
0x25，0xFE，
0x24，0x20，0x48，0x20，0x28，0x20，0x10，0x20，0x28，0x20，0x44，0x20，0x84，0xA0，0x00，
0x40}}；//好
//****************主函数****************//
void main()
{
uchar i，j=0；
init_12864()；                              //LCD 初始化函数
for(i=0；i<2；i++)                          //连续显示两个汉字
    display_HZ16x16(2+i，1，Name[i])；      //调用汉字显示函数
while(1)；}
//****************写数据函数****************//
void w_data(uchar dat)
{  rd=1；                                   //模拟液晶写数据时序
  cd=0；                                    //写数据有效
  ce=0；                                    //片选信号
  wr=0；                                    //写操作低电平有效
  P0=dat；                                  //写入数据
  delay100us(10)；
  wr=1；
  ce=1；
  cd=1；}
//****************无返回值无参数写指令函数****************//
void w_cmd1(uchar cmd)
{rd=1；                                     //模拟液晶写命令时序
cd=1；                                      //写命令有效
ce=0；                                      //片选信号
wr=0；                                      //写操作低电平有效
P0=cmd；                                    //写入命令
delay100us(10)；
wr=1；ce=1；cd=0；}
//****************无返回值 1 个参数的写指令函数****************//
void w_cmd2(uchar dat，uchar cmd)
{
test_start()；                              //等待 LCD 控制器准备好
w_data(dat)；                               //写入参数
test_start()；                              //等待 LCD 控制器准备好
w_cmd1(cmd)；}                              //写入命令

//****************无返回值 2 个参数的写指令函数****************//
void w_cmd3(uchar data1，uchar data2，uchar cmd)
```

```
{
test_start();                          //等待 LCD 控制器准备好
w_data(data1);                         //写入第一个参数
test_start();                          //等待 LCD 控制器准备好
w_data(data2);                         //写入第二个参数
test_start();                          //等待 LCD 控制器准备好
w_cmd1(cmd); }                         //写入命令

//****************** 读状态字函数 ******************//
ucharr_start()
{
uchar start;
rd=0;                                  //模拟液晶读状态字时序，读选通有效
wr=1;                                  //写选通无效
ce=0;
cd=1;
start=P0;                              //读入状态字
return start; }                        //返回状态字

//****************** 等待 LCD 控制状态准备好函数 ******************//
Void  test_start ()
{
uchar st;
while((st&0x03)! =0x03)                //D1、D0 指令读写状态准备好为 1
  st=r_start(); }                      //两个位没有准备好，循环等待，判忙

//****************** 清屏函数，在每个显示位置都写上空白，0x00 ******************//
void clear_screen()
{
uint i, j, hang;
w_cmd3(0x00, 0x00, 0x24);              //图形方式下，位地址指针设置命令 0x24，设为 0x0000
test_start();
for(j=0; j<4; j++)                     //液晶显示 16×16 的汉字可显示 4 行
{ hang=16*j;                           //每一行 16 字节
   for(i=hang; i<hang+16; i++)         //数据自动写入方式逐位存入 GDRAM 数据
     {
    w_cmd3((i*16)%256, (i*16)/256, 0x24);   //每一行的低 8 位、高 8 位地址
    test_start();
    w_cmd2(0x00, 0xc0);                //低 8 位写 0x00，"空白"
        w_cmd2(0x00, 0xc0);            //高 8 位写 0x00
    }
} }

//****************** LCD12864 初始化设置 ******************//
void init_12864()
{
rst=1; delay100us(10); rst=0;
wr=1; rd=1; ce=1; cd=1; rst=1;         //初始化时序
```

```
test_start();     w_cmd3(0x01, 0x00, 0x21); //光标指针设置，第0行第1列
test_start();     w_cmd3(0x00, 0x00, 0x42); //图形区首地址 0x0000
test_start();     w_cmd3(16, 0x00, 0x43);   //图形区宽度16字节/行
test_start();     w_cmd1(0x98);             //图形方式显示，位寻址描点
test_start();     w_cmd1(0xa0);             //光标形状设置 1 0 1 0 0 N2 N1 N0
clear_screen(); }                           //清屏

//****************汉字显示函数****************//
void display_HZ16x16(uchar x, uchar y, uchar * hz)    //x是每行的字数，y是行号
{
uint add_init, add;
uchar i, j=0;
add_init=y * 16;                            //每一行16字节
i=0;
for(j=add_init; j<add_init+16; j++)
{  add=j * 16+x * 2;
//1个x坐标含2字节，一行有16字节，每字节8位，共128位
   w_cmd3(add%256, add/256, 0x24);          //地址指针设置，低位地址，高位地址
   w_cmd2(hz[i++], 0xc0);                   //0xc0，写数据，自动加1，写"字"的前16个字模数据
   w_cmd2(hz[i++], 0xc0);   }}              //写"字"的后16个字模数据

//****************100us延时****************//
void delay100us(unsigned char t)
{
unsigned char j, i;
for(i=0; i<t; i++)
   for(j=0; j<10; j++); }
```

程序解读：

对于显示函数 display_HZ16x16 的理解要基于 12864 液晶在图形方式下的工作原理。12864 液晶的一行有 128 个点，1 列有 64 个点，显示汉字时，一般采用图形显示方式，比较灵活。一个汉字占用 16×16 点阵，字的每一行分成左右两部分，取 2 字节，显示一个汉字要占 16 行，共 32 字节。一行最多显示 8 个汉字，一共可以显示 4 行。根据 LCD 上显示的行列号及每行的列数可以确定内容在屏幕上的显示位置。

void display_HZ16x16(uchar x,uchar y,uchar * hz)；是 16×16 汉字显示函数。x 方向（水平方向）有 16 字节，从 0x00～0x0f，可显示 8 个汉字，一个汉字占 2 字节；y 方向（垂直方向）有 4 字节，分别是 0x00～0x03，1 字节对应一个坐标值。w_cmd3(add%256，add/256，0x24)；的含义：第一个参数是低字节地址（x 坐标的字节数），第二个参数是高字节地址，即 y 的地址。设 x=2，y=1，“你好”的显示位置是左边空 2 个字，垂直方向空 1 行，在第 2 行连续显示，显示效果如图 5－14 所示。

add_init=16；

j=16—31；add=20—500；

j=16　add=16 * 16+4=260；//低字节=0x04，高字节=0x01，写入数据：0x08，0x80；(你)
j=17 add=17 * 16+4=276；　//低字节=0x14，高字节=0x01，写入数据：0x08，0x80
……
j=31　add=31 * 16+4=500；//低字节=0xF4，高字节=0x01，写入数据：0x10，0x40

任务小结

通常，显示汉字和图形时采用图形显示方式，显示数字和字母时采用文本显示方式或图形和文本合成的显示方式。只要驱动函数是正确的（包括液晶的读写操作函数、显示函数），显示新的内容或者实现新的显示方式时，修改初始化函数和主函数中要显示的内容即可。主函数中的显示内容要取字模，可采用字模软件来实现。不同的液晶控制器的取模方式不一样，使用时需要调试，例如 T6963C 为顺向（高位在前，低位在后）逐行取阴码（亮为 1，灭为 0）。

知识链接

一、12864 液晶模块简介

（一）12864 液晶模块

常用的 12864 液晶模块有黄绿背光的、蓝色背光的，带/不带字库的，控制芯片主要有 KS0108、T6963、ST7920 等，但是不论用什么类型的 12864，其操作方式大同小异。

关于 12864 液晶模块的说明如下：

（1）可显示汉字和图形，带字库的一般内置 8192 个汉字（16×16 点阵）、128 个字符（8×16 点阵）以及 64×256 点阵显示 RAM（GDRAM）。任务 5 - 2 中的液晶模块是不带字库的。

（2）可以选择 8 位并行或 4 位串行的操作模式。

（3）可以显示 128 列×64 行的内容；可以混合显示文字与图形；可以设置光标、显示移位、反白显示、休眠等。

（二）PF12864F 液晶接口

PF12864F 液晶模块的引脚排列如图 5 - 16 所示，其引脚功能定义见表 5 - 13。

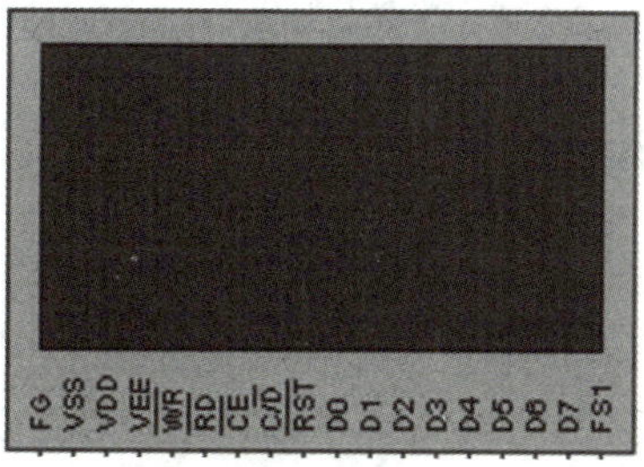

图 5 - 16　PF12864F 液晶模块的引脚排列

表 5-13　PF12864F 液晶模块的引脚功能定义

引脚	符号	引脚功能定义
1	FG	电源地
2	VSS	数字地
3	VDD	+5V 电源
4	VEE	液晶驱动电压
5	$\overline{WR}$	写选通信号，低电平有效
6	$\overline{RD}$	读选通信号，低电平有效
7	$\overline{CE}$	片选信号，低电平有效
8	C/$\overline{D}$	通道选择信号，1 为指令通道，0 为数据通道
9	$\overline{RST}$	低电平有效的复位信号
10～17	D0～D7	并行数据输入/输出引脚
18	FS1	字体选择。FS1=1 是 8×6 点阵，FS1=0 是 8×8 点阵

（三）PF12864F 液晶模块的状态字

PF12864F 液晶模块的控制器 T6963C 的状态字有 8 位，通过 D0～D7 的接线完成传输，具体见表 5-14。

表 5-14　T6963C 的状态字

D7	D6	D5	D4	D3	D2	D1	D0
D0	指令读写状态，1 为准备好，0 为忙						
D1	数据读写状态，1 为准备好，0 为忙						
D2	数据自动读状态，1 为准备好，0 为忙						
D3	数据自动写状态，1 为准备好，0 为忙						
D4	未用						
D5	控制器运行监测可能性，1 为可能，0 为不能						
D6	屏读/拷贝出错状态，1 为出错，0 为正确						
D7	闪烁状态检测，1 为正常显示　0 为关显示						

二、PF12864F 液晶模块的显示原理

PF12864F 液晶模块的控制器 T6963C 内部有 8KB 显示缓冲区，用于存储当前显示的数据，根据显示模式分为 3 个显示区：文本显示区为 DDRAM，图形显示区为 GDRAM，文本特性区为 TRAM。此外，还有 2KB 的 CGRAM 可以供用户自定义字模。T6963C 控制器内置出厂已固化好的字符点阵库，通过 CGROM 存储 128 字节的字符 ASCII 码，如图 5-17 所示。

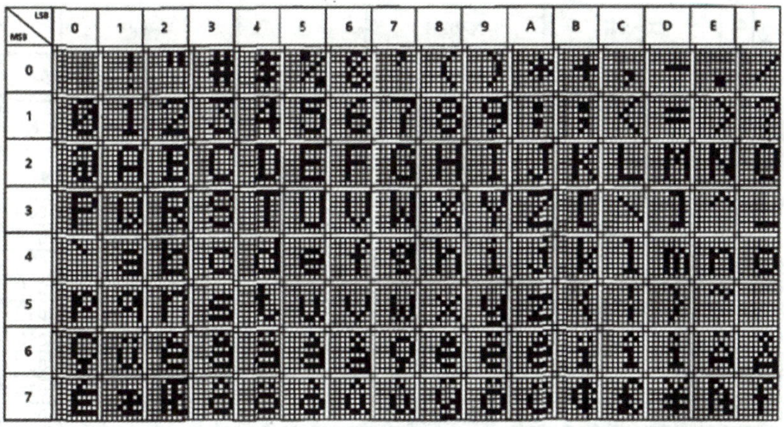

图 5-17　T6963C 控制器内置的 CGROM 字符编码

通过显示开关命令码可以设置显示 RAM 的文本显示方式或图形显示方式；通过显示方式设置命令码可以选择内部 CGROM 是否有效及文本特征显示方式。在文本特性区，每一字节包含对应文本的每个字符显示的特征，如字符显示与不显示、字符闪烁及字符的"负向"显示等。

T6963C 控制器显示汉字的方案有以下两种：

第一种：利用文本显示缓冲区 DDRAM 提供的空间自定义 16×16 点阵的汉字，可以 1 行显示 8 个汉字，共显示 4 行；现存 DDRAM 的地址指针与屏幕的坐标一一对应。可以通过将显示方式设置命令码设置为文本方式，根据液晶上的行、列坐标确定对应的 DDRAM 地址，再将汉字对应的代码写入该地址，就可以显示内部 CGROM 字符发生器的字符字库以及用户自定义的中文字符，与 LCD1602 模块的显示原理一样。

第二种：在图形方式下，把每个汉字看作图形，利用图像显示原理显示汉字，GDRAM 提供了 64×16 字节的存储空间与显示屏幕对应，如图 5-18 所示。可以看出，每行可以显示 16×16 点阵的汉字 8 个，即一个汉字在行坐标上需要占用 2 字节，完整的一行从 0x00～0x0F，共有 16 字节，该液晶屏幕共显示 4 行，共 16×4=64 字节。图形显示汉字方式比较灵活，也是任务 5-2 采用的方案。

采用图形显示方式时，每个汉字均要取模。在 PCtoLCD 2002 字模软件中，通过"字模选项"窗口进行设置，如图 5-19 所示。取"好"字的字模如图 5-20 所示。

三、PF12864F 读写时序操作

要想正常驱动液晶模块，设置好读写操作程序是关键。如图 5-21 所示为 T6963C 读写操作时序，编程思路与字符液晶显示是一致的，涉及的主要函数有读状态函数 uchar r_start()；，写数据函数 void w_data(uchar dat)；，无参数的写指令函数 void w_cmd1(uchar cmd)；，1 个参数的写指令函数 void w_cmd2(uchar dat，uchar cmd)；，2 个参数的写指令函数 void w_cmd3(uchar data1，uchar data2，uchar cmd)；。

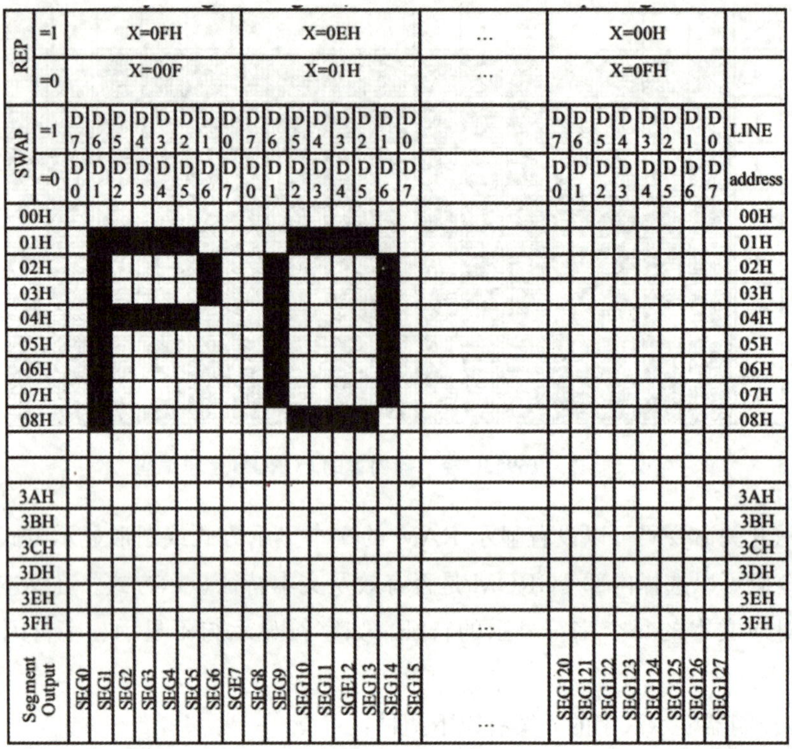

图 5-18　图形显示 RAM 与显示位置对应关系

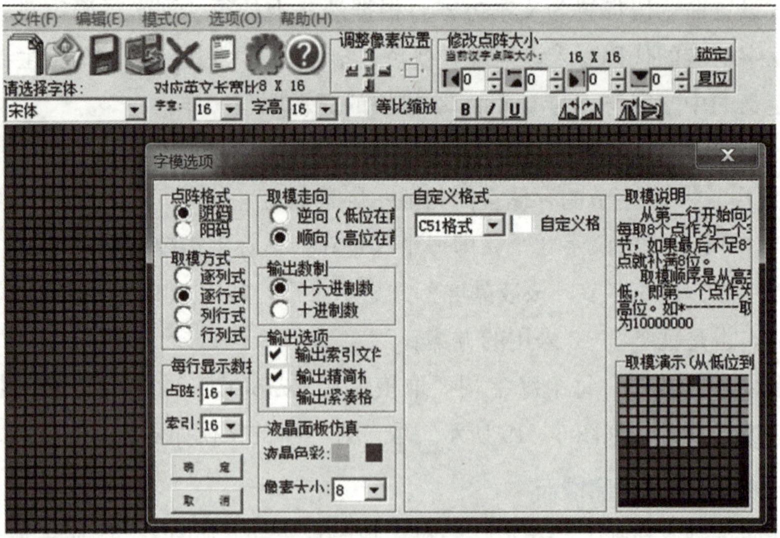

图 5-19　设置字模选项

【注意】 这里的“1 个参数的写指令函数”中的“1 个参数”不是指函数本身的形参，仅指形参中的“dat”形参。

如图 5-21 所示的 T6963C 读写操作时序中的时间见表 5-15。

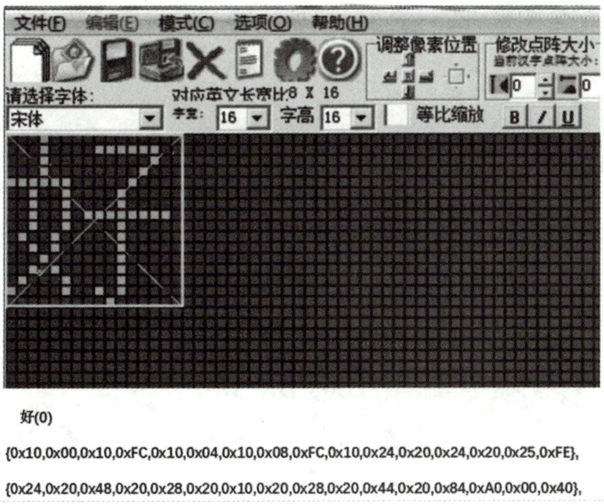

图 5-20 “好”字字模

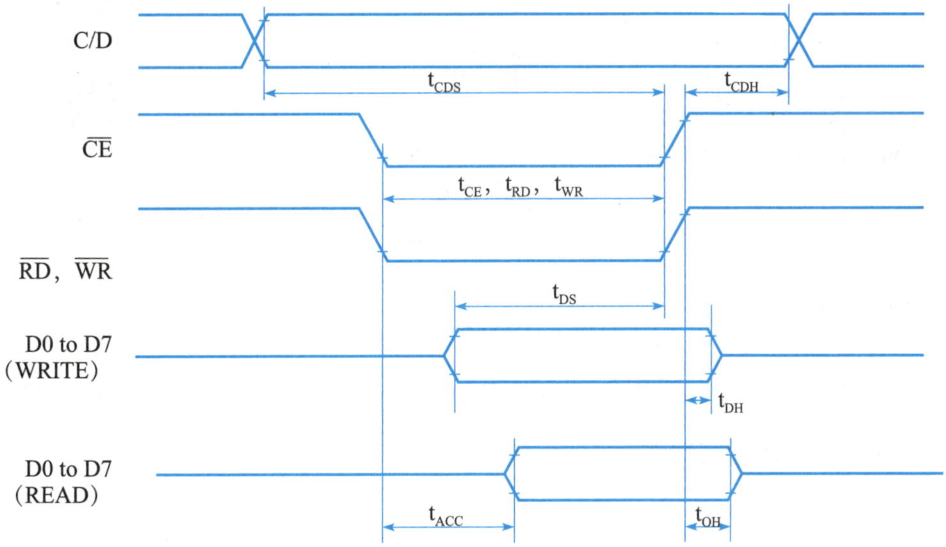

图 5-21 T6963C 读写操作时序

表 5-15 T6963C 读写操作时序中的时间 (单位：ns)

标题	符号	测试条件	最小值	最大值
C/D 建立时间（C/D set-up time）	t_{CDS}	ta	100	—
C/D 保持时间（C/D hold time）	t_{CDH}	—	10	—
CE＃，RD＃，WR＃脉冲宽度	t_{CE}，t_{RD}，t_{WR}	—	80	—
数据建立时间（Data set-up time）	t_{DS}	—	80	—
数据保持时间（Data hold time）	t_{DH}	—	40	—
访问时间（Access time）	t_{ACC}	—	—	150
输出保持时间（Output hold time）	t_{OH}	—	10	50

以时序图为依据，结合图 5 - 22～图 5 - 24 所示的时序操作函数流程图，可使编程更为简单。

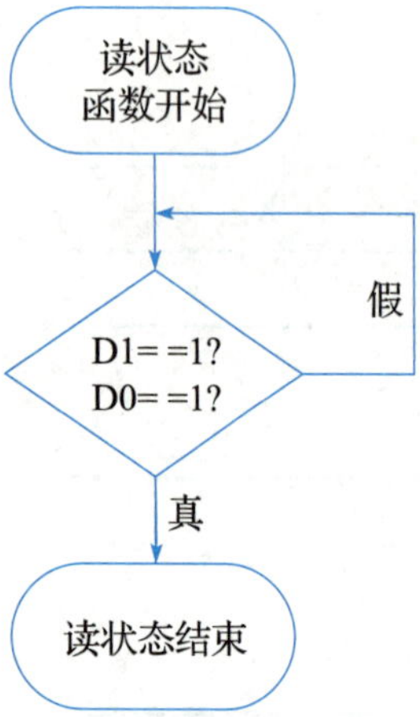

图 5 - 22　读状态流程图

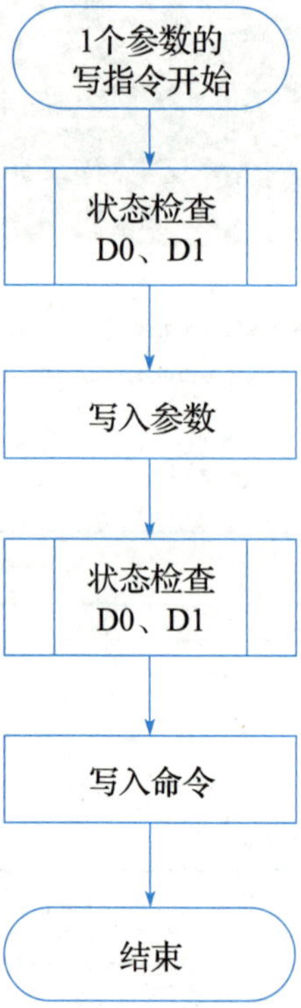

图 5 - 23　1 个参数的写指令流程图

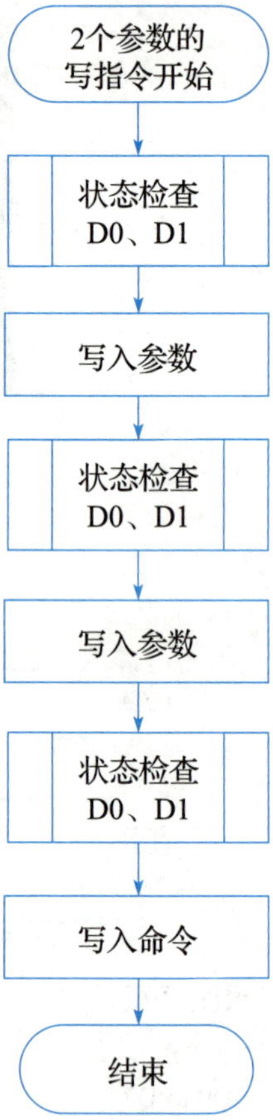

图 5 - 24　2 个参数的写指令流程图

四、T6963C 基本设置指令

（一）指针设置指令

指针设置指令的格式如下：

参数 1	参数 2	指令代码							
D1	D2	0	0	1	0	0	N2	N1	N0

该指令有 3 种功能，具体见表 5 - 16。

表 5 - 16　指针设置指令的功能

D1	D2	指令代码	功能
水平位置低 7 位有效	垂直位置低 5 位有效	21HN0=1	光标指针设置
地址低 5 位有效	00H	22HN2=1	CGRAM 偏置地址设置
低字节	高字节	24HN2=1	地址指针位置

光标指针设置：D1 表示光标在液晶屏上距左上角的横向字符数，D2 表示距左上角的纵向字符行。

CGRAM 偏置地址寄存器设置了 CGRAM 在显示 64K RAM 内的高 5 位地址，CGRAM 的偏置地址见表 5-17。

表 5-17 CGRAM 的偏置地址

	A15	A14	A13	A12	A11	A10	A9	A8	A7	A6	A5	A4	A3	A2	A1	A0
偏置地址	C4	C3	C2	C1	C0											
字符代码						D7	D6	D5	D4	D3	D2	D1	D0			
行地址														R2	R1	R0
实际地址	V15	V14	V13	V12	V11	V10	V9	V8	V7	V6	V5	V4	V3	V2	V1	V0

本任务采用的是第三种，即地址指针位置：设置将要进行操作的显示缓冲区（RAM）的一个单元地址，D1、D2 为该单元地址的低位地址和高位地址。

（二）显示区域位置

显示区域位置指令的格式如下：

参数 1	参数 2	指令代码							
D1	D2	0	1	0	0	0	0	N1	N0

根据 N1、N0 的取值不同，该指令有 4 种指令功能，具体见表 5-18。

表 5-18 显示区域位置指令的功能

N1	N0	D1	D2	指令代码	功能
0	0	低字节	高字节	40H	文本区首址
0	1	字节数	00H	41H	文本区宽度，字节数/行
1	0	低字节	高字节	42H	图形区首址
1	1	字节数	00H	43H	图形区宽度，字节数/行

（三）显示开关指令

显示开关指令的格式如下：

无参数	1	0	0	1	N3	N2	N1	N0

N3：1/0 图形显示启用/禁止。

N2：文本显示启用/禁止。

N1：1/0 光标显示启用/禁止。

N0：1/0 光标闪烁启用/禁止。

（四）光标形状设置指令

光标形状设置指令的格式如下：

无参数	1	0	1	0	0	N2	N1	N0

光标占 8 点列，占的行数由 N2、N1、N0 确定，可以占 0～7 行。

（五）数据自动读写方式设置

数据自动读写方式设置指令的格式如下：

无参数	1	0	1	1	0	0	N1	N0

该指令执行后，MPU 可以连续地读写显示缓冲区 RAM 的数据，每读写一次地址指针自动增 1，自动读写结束时必须写入自动结束命令。数据自动读写方式设置指令的功能见表 5-19。

表 5-19　数据自动读写方式设置指令的功能

N1　N0	指令代码	功能
0　0	B0H	自动写设置
0　1	B1H	自动读设置
1　*	B2/B3H	自动读写结束

（六）数据一次读写方式指令

数据一次读写方式指令的格式如下：

D1	1	1	0	0	0	N2	N1	N0

D1 为需要写的数据，读时无此数据。数据一次读写方式指令的功能见表 5-20。

表 5-20　数据一次读写方式指令的功能

N2 N1 N0	指令代码	功能
0　0　0	C0H	数据写，地址加 1
0　0　1	C1H	数据读，地址加 1
0　1　0	C2H	数据写，地址减 1
0　1　1	C3H	数据读，地址减 1
1　0　0	C4H	数据写，地址不变
1　0　1	C5H	数据读，地址不变

内容梳理与总结

通过对本工作模块的学习和动手实践，同学们应掌握字符液晶模块和图形液晶模块的结构和工作原理，掌握两种液晶模块的硬件电路设计和编程的方法，重点掌握 LCD1602 字符液晶的显示原理。

思考与练习 5

一、选择题

1. 要在 LCD1602 液晶模块上显示 1 个字符，合理的步骤是（　　）。

A. 初始化设置后，先写指令，设定显示的初始位置，再写数据，显示字符

B. 先写指令，设定显示的初始位置，再写数据，显示字符，最后初始化设置

C. 先写指令，设定显示的初始位置，再进行初始化设置，最后写数据，显示字符

D. 初始化设置后，先写数据，显示字符，再写指令，设定显示的初始位置

2. 单片机的 P0 口连接 LCD1602 液晶的数据口时，液晶写指令语句是（　　）。

A. P0＝mcu;　　B. mcu＝P0;　　C. mcu＝lcd1602;　　D. lcd1602＝mcu;

3. LCD1602 字符型液晶一般不用于显示（　　）。

A. 数字　　B. 字母　　C. 图形　　D. 符号

二、操作题

1. 用 LCD1602 模块实现以下显示功能：第 1 行居中显示你的姓氏的拼音；第 2 行居中显示你的名字的拼音。

2. 用 12864 液晶模块显示下面词语：

第 1 行居中显示：精益求精；

第 3 行居中显示：厚积薄发。

延伸阅读

工匠寄语：我们取得的成绩，和付出的辛勤劳动是成正比的，一分劳动就有一分收获。

工匠人物：赵巧娟，女，宏达高科控股股份有限公司织造部经编车间质检组长。2018 年 4 月获得嘉兴市劳动模范、海宁市劳动模范称号；2021 年 4 月获得全国五一劳动奖章；2021 年 4 月获得浙江省劳动模范称号；2021 年 6 月被评为嘉兴市优秀共产党员。

工匠事迹：请扫描二维码阅读。

5－6　工匠事迹

工作模块6

按键控制

工作情境导入

操作计算机、家电、工业仪器时，常用的元件是按键，按键操作作为人机对话的主要手段，在产品的开发和应用中具有重要意义。例如，人们可以通过如图6-1所示的键盘向计算机输入指令，通过按键设定电饭锅的加热时间，如图6-2所示。

图6-1 计算机键盘

图6-2 电饭锅按键

内容图谱

任务实施 | 知识链接

按键控制
- 任务6-1 独立按键控制花样灯显示
  - 一、按键简介及工作原理
  - 二、按键编程思路
- 任务6-2 矩阵键盘控制数字显示
  - 一、矩阵键盘的电路设计
  - 二、矩阵键盘的检测原理

任务 6-1 独立按键控制花样灯显示

任务目标

知识目标

- 掌握独立按键的工作原理。
- 了解按键消抖原理及消抖方法。

技能目标

- 能够操作 Proteus ISIS 软件绘制单片机控制独立按键的仿真电路原理图。
- 能够操作 Keil 软件编写单片机独立按键控制 LED 显示的程序。

素养目标

- 了解单片机工程师岗位的工作任务，学习其职业精神。
- 讲述大国工匠案例，践行工匠精神。

任务描述

某智能玩具公司开发一款儿童玩具，开发方案要求实现如下功能：用 51 系列单片机控制 3 个按键，第 1 个键按下时，8 个 LED 灯同时点亮；第 2 个键按下时，8 个 LED 灯按时间间隔 1s 进行流水显示；第 3 个键按下时，8 个 LED 灯闪烁，时间间隔是 0.5s。

初级能力：能够实现单片机控制独立按键的功能。

高级能力：能够实现单片机控制按键次数及组合按键的功能。

执行思路

首先编写 8 个 LED 灯常亮、流水和闪烁 3 段程序，再识别按键的工作状态，不同按键的工作状态对应相应功能的程序，最后进行软硬联调。

系统框图如图 6-3 所示。

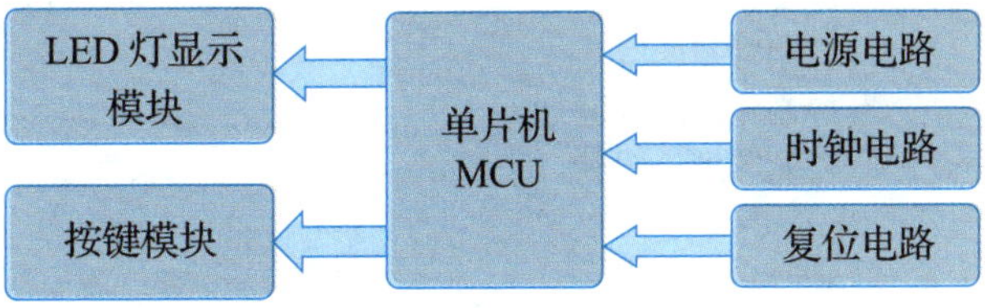

图 6-3 系统框图

任务实施

一、独立按键控制的花样灯电路

单片机 1 个端口控制 8 个 LED 灯，需要设计 3 个 I/O 口来控制 3 个按键。

在 Proteus ISIS 中绘制的仿真电路如图 6－4 所示。

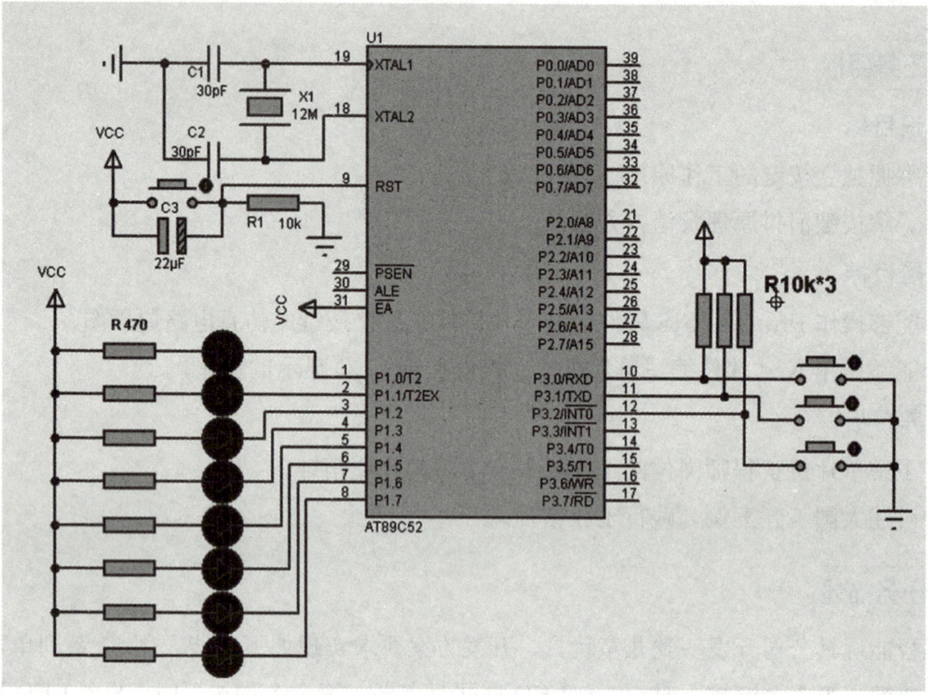

图 6－4　独立按键控制的花样灯仿真电路

仿真电路元器件明细见表 2－1。

二、独立按键控制的花样灯参考程序

（1）分别编写实现 LED 常亮、流水、闪烁功能的程序。

（2）识别按键，给出按键信号后，启动相应的程序。

```
// 任务 6－1 独立按键控制的花样灯
#include <reg51.h>           //头文件，含 51 单片机的专用寄存器
#include <intrins.h>         //头文件，含循环位移函数

sbit key1 = P3^0;            //控制常亮的按键
sbit key2 = P3^1;            //控制流水的按键
sbit key3 = P3^2;            //控制闪烁的按键
void liushui();
void delay(unsigned int i);  //延时函数声明

void main()                  //主函数
{   while(1)
   {if(key1 == 0)            //如果 key1 按下
    { delay(10);             //延时消抖
      if(key1 == 0)
        P1 = 0x00;}          //8 个 LED 常亮
if(key2 == 0)                //如果 key2 按下
```

```
    { delay(10);                    //延时消抖
      if(key2 == 0)
        liushui();}                 //流水显示
  if(key3 == 0)                     //如果 key3 按下
    { delay(10);                    //延时消抖
      if(key3 == 0)
    { P1 = ~P1;                     //闪烁显示
      delay(500);}
    }
}
}
void  delay(unsigned int i)         //函数定义
{ unsigned int j, k;                //定义无符号整型变量 j 和 k
for( k = 0; k<i; k++)               //双重 for 循环语句实现软件延时
  for(j = 0; j<125; j++);
}
void liushui( )
{   unsigned char w, i;             //定义变量无符号字符型变量 w 和 i
w= 0xfe;                            //变量初值，构造数值 0xfe
  for(i=0; i<8; i++)                //for 循环
   {  P1 = w;                       //LED 状态值送 P1 口输出
     delay(1000);                   //1s 延时
     w = _crol_(w, 1);}             //循环左移函数，在 intrins. h 文件中
}
```

程序解读：

P1=～P1；表示 P1 自身取反后再赋值给 P1，当 P1=0x00 时，8 个 LED 全亮，下一个循环 P1=0xff；时 8 个 LED 灯全灭。

思考：(1) 任务仿真时，如果按下按键后立即松手，灯会灭吗？

(2) 当 2 个键或 3 个键同时按下时，程序执行哪个键的状态？

答：(1) 如果按下按键后立即松手，灯不会灭，因为 P1 不会自动恢复到 0xff 状态。

(2) 多个按键同时按下后，程序会按照编写顺序依次执行每个键闭合的处理程序。应用组合键（多键同时闭合）会增加按键处理程序的难度，一般不建议采用。

【小提示】在仿真环境下，单击按键表示鼠标左键按下时按键接通，松开时断开。若单击按键右上方的●符号，按键会自锁，一直保持接通状态，再次单击该符号或按键才会断开。这一点请初学者务必注意！

任务小结

单片机控制独立按键的程序的编写步骤：判断按键是否按下；按键消抖；执行相应按键处理程序。

任务扩展

用1个按键控制3个LED灯，记录按键次数，按1次1个LED灯亮，按2次2个LED灯亮，按3次3个LED灯全亮，按4次3个LED灯全灭；再次按键则重复上述状态。

参考程序如下：

```
void main()                          //主函数
{   unsigned char num;
     while(1)
{if(key1 == 0)                       //如果 key1 按下
   {delay(10);                       //延时消抖
if(key1 == 0)
{ num = num+1;                       //num 记录按键次数
   if(num == 4)   num = 0;           //如果按键 4 次，清 0
   switch(num)
   { case 1: P1 = 0xfe; break;       //按 1 次，1 个灯亮
case 2: P1 = 0xfc; break;            //按 2 次，2 个灯亮
    case 3: P1 = 0xf8; break;        //按 3 次，3 个灯亮
default: P1 = 0xff; }
   while(! key1);                    //等待 key1 按键释放
}}}}
```

知识链接

6-1 按键简介

一、按键简介及工作原理

按键具有向单片机输入数据、命令等功能，是人与单片机对话的主要媒介。如图6-5所示的常开轻触开关为常用机械按键，有4个引脚。一般情况下，位于同一边的两个引脚是连接在一起的。那么，如何分辨哪两个引脚处于同一边呢？可以看引脚背面，有连线则表示两个引脚是连通的。如图6-5所示的1、2引脚连在一起，3、4引脚连在一起。

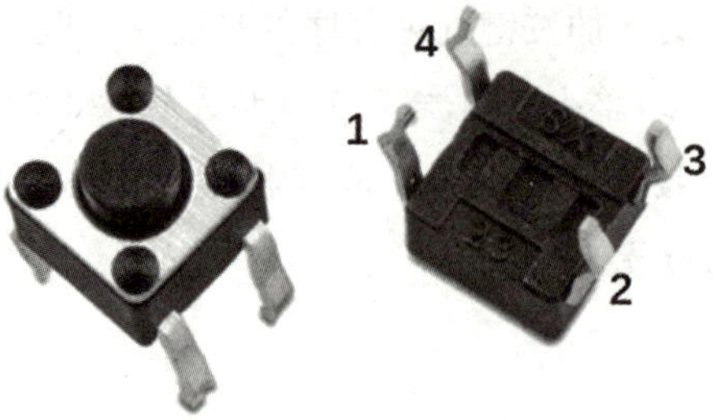

图6-5 常用机械按键

还可以使用数字万用表的蜂鸣挡进行检测。将万用表旋钮拨至蜂鸣挡，红、黑表笔依次接触独立按键的两个引脚，如果蜂鸣器响，则说明这两个引脚是导通的。

单片机键盘多采用机械触点式按键，实质上就是开关，按键接口电路如图 6－6 所示。

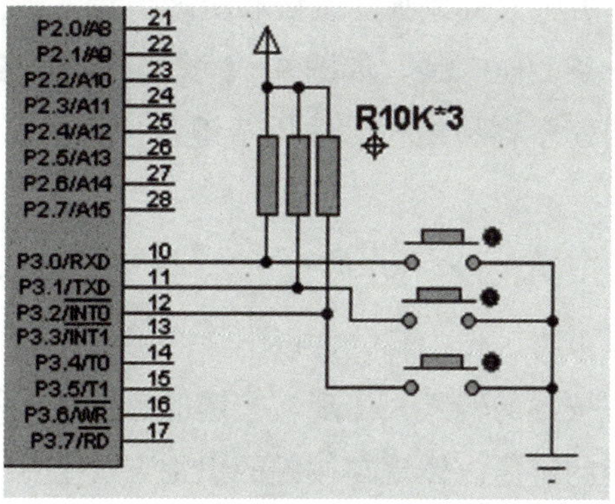

图 6－6　按键接口电路

按键断开时，P3.0～P3.2 在上拉电阻的作用下为高电平；按键闭合时，P3.0～P3.2 被地拉低，为低电平。通过检测 P3.0～P3.2 引脚的电平状态，就能知道按键是否按下。按键连接的单片机引脚（P3.x 口）输出的电压波形如图 6－7 所示。

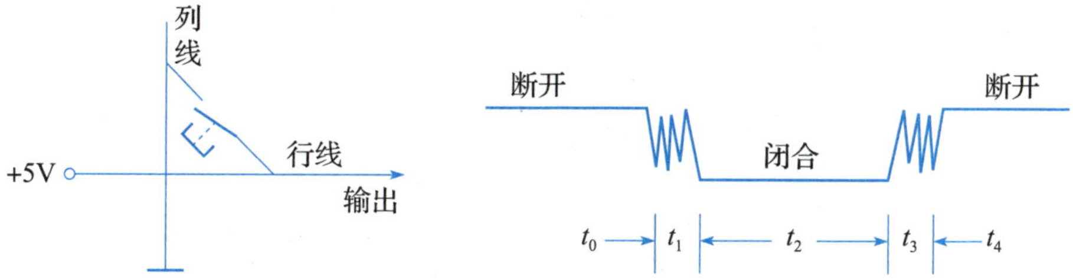

（a）按键开关　（b）键闭合时行线输出电压波形

图 6－7　按键连接的单片机引脚输出的电压波形

按键在按下和释放时，由于机械弹性作用，会发生短暂的机械抖动，然后触点才能稳定下来。如图 6－7 所示的 t_1 和 t_3 分别为按键在闭合和断开过程中的抖动期（呈现一串负脉冲），抖动时间长短与开关的机械特性有关，一般为 5～10ms；t_2 为稳定的闭合期，其时间由按键动作确定，一般为十分之几秒到几秒；t_0、t_4 为断开期。抖动期会导致按键误动作，要准确判断按键的状态就要解决这个问题，解决方法是按键消抖。

通过对端口线电平的高低状态的检测，可确认按键按下以及按键释放与否。另外，为了确保一次按键动作只确认一次按键有效，必须消除抖动期 t_1 和 t_3 的影响，即按键消抖。

消抖方式有两种：键数较少时，宜通过硬件消抖；键数较多时，宜通过软件消抖。这里重点学习软件消抖方式。

软件消抖的思路是在检测到有按键按下时，延时 10ms，再次检测是否有按键按下，两次电平状态一样，则确认按键按下。

当检测到按键松开时，延时 10ms，再次检测按键是否松开，两次电平状态一样，则确认按键松开。这样，即可消除两个抖动期 t_1 和 t_3 的影响。

按照按键的接线方式，可将其分成独立按键和矩阵键盘。独立按键的特点是一键一线，各键相互独立，每个键接一条 I/O 口线，如图 6－6 所示。独立按键的优点是电路简单，各条检测线独立，识别按键的程序容易编写。适用于键盘按键数目较少的场合。矩阵键盘的相关知识将在后文讲述。

二、按键编程思路

进行独立按键编程时，可将工作内容分为以下 3 个层次：

第 1 层次：单片机监视按键的输入。体现在按键的工作方式上。

第 2 层次：确定按下键的键值。体现在按键的识别方法上。

第 3 层次：根据按下键的键值实现按键的功能，即跳向对应的键处理程序。

按键数目比较少时，一般省略第 2 层次，当单片机检测到有键按下时，就直接跳向对应的键处理程序。

下面重点介绍第 1 层次的 3 种工作方式。

当单片机控制电路收到按键信号时，CPU 既要及时处理按键操作程序，又要兼顾处理其他功能电路的程序。下面以图 6－8 所示的电路为例来讲解。

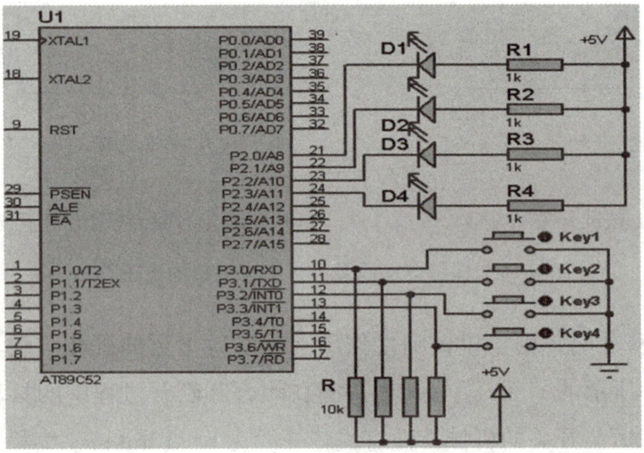

图 6－8　独立按键电路设计

电路功能：没有有效按键信号时，由 CPU 控制 4 个 LED 灯全亮；key1 按下时，4 个灯以 1Hz 频率闪烁；key2 按下时，4 个灯流水点亮。那么，CPU 通过什么工作方式兼顾对键盘的检测呢？这取决于按键的工作方式。工作方式选取原则是既要保证及时响应按键操作，又不会过多占用 CPU 的工作时间。通常按键的工作方式有 3 种，即定时扫描、查询扫描和中断扫描。

第 1 种：定时扫描方式（在工作模块 7 中详细介绍）。

每隔一定的时间对键盘扫描一次。通常利用单片机内的定时器产生的定时中断进入中断子程序来对键盘进行扫描，在有键按下时识别出该键，并执行相应键的处理程序。为了不漏判有效的按键，定时中断的周期一般应小于 100ms。

第 2 种：查询扫描方式。

在单片机空闲时间调用键盘扫描子程序反复扫描键盘。需要注意的是，如果查询频率过高，虽然能及时响应键盘的输入，但是会影响其他任务的进行；如果查询频率过低，可能会漏判。

第 3 种：中断扫描方式（在工作模块 7 中详细介绍）。

为了提高单片机扫描按键的效率，可采用中断扫描方式，如图 6－9 所示。74LS08 为与门，与门的逻辑功能是有 0 出 0，全 1 为 1。当按下任意一个按键时，就会在与门的输入引脚输入一个低电平，输出 INT0 就为低电平，外部中断低电平有效，在外部中断和总中断允许的情况下，就会发出中断请求。单片机响应中断，执行中断服务子程序。

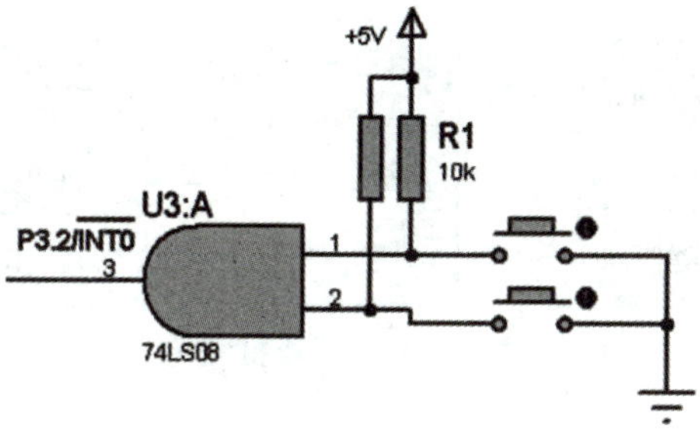

图 6－9 按键构成的中断扫描电路

中断扫描方式的优点是只有按键按下时才进行处理，所以较前两种方式而言，其实时性强，工作效率高。需要注意的是输出引脚只能接 INT0 或者 INT1。

任务 6－2 矩阵键盘控制数字显示

任务目标

知识目标

- 了解 4×4 矩阵键盘的工作原理。
- 掌握 4×4 矩阵键盘的编程方法。

技能目标

- 能够操作 Proteus ISIS 软件绘制单片机控制 4×4 矩阵键盘的电路原理图。
- 能够操作 Keil 软件编写矩阵键盘扫描程序。

素养目标

- 了解单片机工程师岗位的工作任务，学习其职业精神。
- 讲述大国工匠案例，践行工匠精神。

任务描述

某电子股份有限公司技术部要设计一款简易计算器，功能要求如下：按键布置成 4×4 的形式，每个按键对应一个字符，按下按键，数码管显示相应数字，一共设计 16 个按键，需要显示 0~9 和 A~F 共 16 个字符。

初级能力：能够实现单片机控制矩阵键盘、控制数码管的功能。

高级能力：能够通过单片机控制矩阵键盘实现不同键的组合功能。

执行思路

编写数码管的显示程序，在理解按键工作原理的基础上识别矩阵键盘的工作状态，将按键不同的工作状态对应不同的功能程序，最后进行软硬联调。

系统框图如图 6－10 所示。

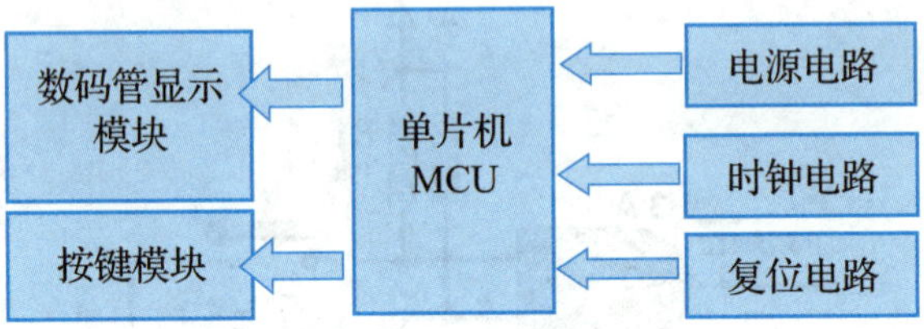

图 6－10　系统框图

任务实施

一、矩阵键盘实现数字显示的电路

单片机 P0 口控制 1 位 7 段数码管，P3 口控制矩阵键盘。

在 Proteus ISIS 中绘制的矩阵键盘控制数字显示电路如图 6－11 所示。

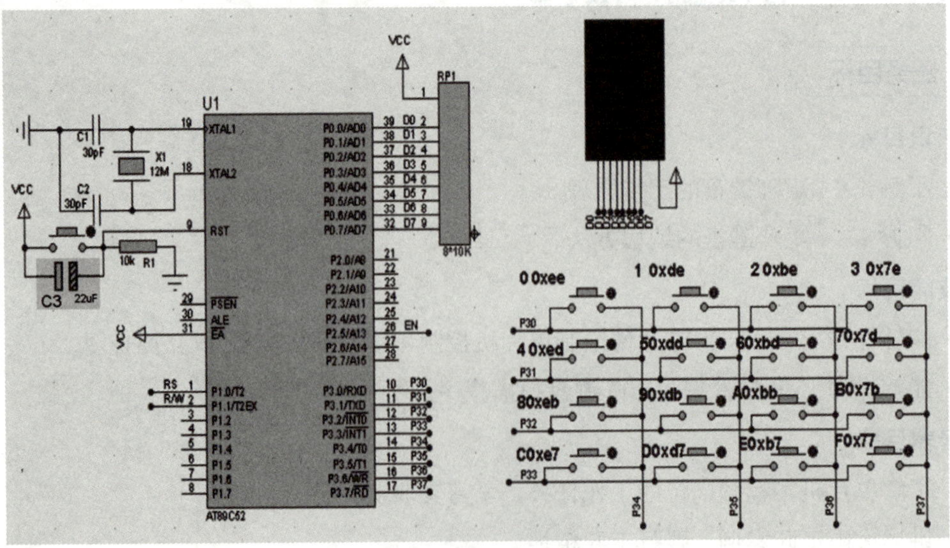

图 6－11　矩阵键盘控制数字显示电路

仿真电路元器件明细表见表 2－1 和表 3－1。

二、矩阵键盘实现数字显示的参考程序

（1）编写键盘检测函数，获取键值。

（2）将键值与数码管显示的数字对应。

```
//任务 6－2 矩阵键盘控制数字显示
#include <reg52.h>                              //包含头文件，定义 51 专用寄存器
#define uchar unsigned char                     //定义无符号字符型常量 uchar
#define uint  unsigned int                      //定义无符号整型常量 uint
uchar shuma[]={0xc0，0xf9，0xa4，0xb0，0x99，0x92，0x82，0xf8，0x80，0x90，0x88，0x83，
0xc6，0xa1，0x86，0x8e}；                        //共阳极数码管 0～9 和 A～F 的字形编码
uchar key_code[]={0xee，0xde，0xbe，0x7e，0xed，0xdd，0xbd，0x7d，0xeb，0xdb，0xbb，
0x7b，0xe7，0xd7，0xb7，0x77}；                  //16 个按键的键值
uchar keynum；                                  //全局变量，键值
void delay(uint i)                              //延时函数，时间基准是 1ms
{   uint j，k；
   for(j=0；j<i；j++)
   {for(k=0；k<125；k++)；}}
void keytest()                                  //线反转法的键盘检测函数
{   uchar row，column，i，keycode；
     Keynum=30；                                //设置无键按下时的一个键值
P3=0xf0；                                       //P3 高 4 位为 1，列信号；低 4 位为 0，行信号
if(P3！=0xf0)                                   //按键检测函数
{delay(10)；                                    //延时消抖
column=P3；                                     //设此时 P3=11010000
if(P3！=0xf0)                                   //再次确认有键按下
{   column=P3；                                 //P3 值 1101 0000 再次赋值给 column
P3=0x0f；                                       //反转，高 4 位为 0，低 4 位为 1
row=P3；                                        //设 row 的值为 0000 1101
keycode=column | row；                          //键值为 1101 1101
          for(i=0；i<16；i++)
            { if(keycode==key_code[i])
                {keynum=i；break；}}            //按键转换成数值
          while(P3！=0x0f)；}}}                 //判断按键释放否

void main()
{   uchar i；
P3=0xff；                                       //P3 必须写入全 1，有读引脚操作
while(1)
{  keytest()；                                  //键盘检测函数
  P0=shuma[ keynum ]；}}                        //数码管显示相应的数字
```

程序解读：

keycode=column | row；

将 row 的值与 column 的值按位取“或”后得到的新值赋值给 keycode。row 低 4 位存

储的是按键按下后 4 个行的电平状态，column 高 4 位存储的是按键按下后 4 个列的电平状态，两者的按位“或”即为键值。

任务小结

键盘检测函数的编写步骤：判断按键是否按下；按键消抖；获取键值；执行键闭合处理程序。

知识链接

6-2　矩阵键盘电路设计

一、矩阵键盘的电路设计

当需要用到的按键较多时（如 16 个按键），若采用独立按键，其一键一线的模式会占用太多的单片机 I/O 口资源。为此，可以改变接线方式，将 16 个按键排列成 4×4 的行列结构，如图 6-12 所示，这样，8 个 I/O 口可以接 16 个按键，对 I/O 口的利用率比独立按键模式提高了 1 倍。采用这种接线方式的按键称为矩阵按键或行列式按键。

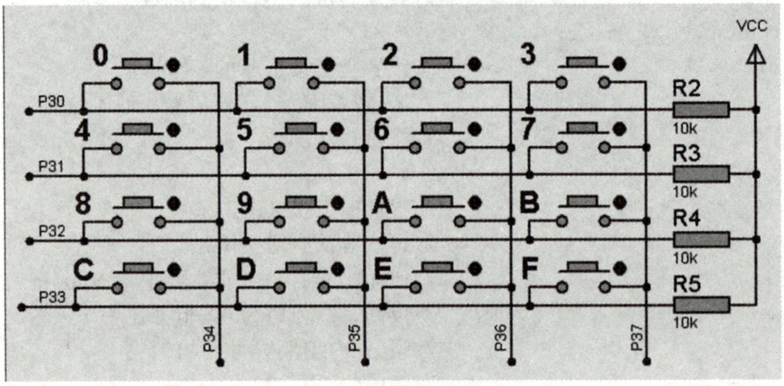

图 6-12　4×4 矩阵键盘的接线方式

矩阵按键的特点如下：

（1）电路连接方面，键与键之间相互关联。

（2）编程方面，按键的键值识别方式比独立按键复杂。

（3）适用于需要的按键个数比较多的场合。

二、矩阵键盘的检测原理

识别矩阵按键的哪个键被按下时，常用方法有两种：第一种是线反转法；第二种是逐列扫描法或逐行扫描法。

（一）线反转法

第 1 步： 识别键盘有无键按下，并记录列值。

如图 6-12 所示，P30～P33 为行线，P34～P37 为列线。先将所有行线置为 0、列线置为 1，然后检查各列线电平是否都为高，如果不全为高，说明有键按下。记录按键所在的列。

第 2 步：线反转，记录行值。

将所有行线全部置为 1、列线置为 0，然后读取行线电平，电平由高变低的所在行即为按键所在行。

例如，键 7 被按下的判断步骤如下：

第 1 步：设置 P30～P33 行线全为 0，P34～P37 列线全为 1，然后读入 P34～P37 线的状态，结果 P37=0，而 P34、P35、P36 均为 1，P37 列出现电平的变化，说明 P37 列有键按下。

第 2 步（行线和列线电平反转）：设置 P30～P33 全为 1，P34～P37 输出全为 0，然后读入 P30～P33 线的状态，结果 P31=0，而 P30、P32、P33 均为 1，P31 行出现电平的变化，说明 P31 行有键按下。

P31 行和 P37 列的交叉位置即为键 7，可确定键 7 被按下。

线反转法简单实用，不论哪个键被按下，只需要检测两次即可得知。编程时不要忘记按键消抖处理。

（二）逐列扫描法

第 1 步：识别键盘有无键按下。

如图 6－14 所示，先把所有行线置为 0，列线均置 1，然后检查各列线电平是否都为 1，如果不全为 1，说明有键按下，否则无键被按下。当判断按键被按下之后，程序延时 10ms 左右，再次判断按键的状态，即判断列线输入值是否全为 1，若不全为 1 则表示确实有键被按下，否则说明产生按键抖动。

第 2 步：逐列扫描。

在某一时刻只让 1 条列线处于低电平，其余所有列线处于高电平。查询 4 根行线的电平状态，若行线由原来的高电平变成了低电平，表明该行有键按下，依次对剩余的 3 条列线进行设置，并对行线进行检测。即可确定按键所在的行和列。

逐列扫描法的思路总结如下：

先把某一列置为低电平，其余各列置为高电平，检查各行线电平的变化，如果某行线电平为低电平，则可确定此行此列交叉点的按键被按下。

键盘检测参考程序如下：

```
void keyscan()                    //逐列扫描键盘函数
{   uchar tmp, i, wei;
     keynum=30;                   //无按键时的键值
P3=0xf0;                          //P3 高 4 位为 1，低 4 位为 0
if(P3! =0xf0)                     //按键检测函数
{ delay(10);                      //延时消抖
   if(P3! =0xf0)
{wei=0x7f;                        //P37 列为 0，其余列为 1
```

```
  for(i=4; i>0; i--)                       //扫描 4 列
{ P3=wei;
  tmp=~(P3 | 0xf0);                        //构造"行"值，取出电平变低的行
  switch(tmp)
   {case 1: keynum=i-1; break;             //P31 所在行的键值
    case 2: keynum=4+(i-1); break;         //P32 所在行的键值
    case 4: keynum=8+(i-1); break;         //P33 所在行的键值
    case 8: keynum=12+(i-1); break;        //P34 所在行的键值
default: break;}
wei=_cror_(wei, 1);}                       //循环右移函数
}}}
```

思考：在矩阵键盘控制数字显示程序中，若用逐列扫描键盘函数替代线反转法的键盘扫描函数，程序能运行吗？若不能运行，应如何修改？

答：不能运行。需要修改以下两处：

（1）补充头文件#include <intrins. h>;，用来包含_cror_（）循环右移函数。

（2）主函数的大循环函数修改为：

```
while(1)
{   keyscan( );                      //键盘检测函数
    if(keynum! =30)
       {P0=shuma[keynum];}}          //数码管显示相应的数字
}
```

内容梳理与总结

通过对本工作模块的学习和动手实践，同学们应掌握的重点内容是按键的电路设计和编程步骤。按键的编程步骤如下：

（1）判断按键是否被按下。

（2）按键消抖。

（3）获取键值（独立按键数目较少时，可直接进行第 4 步）。

（4）执行键闭合处理程序。

此外，应注意设计接口电路时要外接上拉电阻，阻值通常选择 10kΩ。

思考与练习 6

一、填空题

1. 消除键盘抖动的常用方法有两种：一是通过________；二是通过________。

2. 独立式键盘的电路简单，易于编程，但占用的________较多，当需要较多按键时可能导致 I/O 资源紧张。矩阵式键盘占用 I/O 口线________，但软件编程将较为复杂。

3. n 条行线和 m 条列线构成的行列式键盘可组成具有________个按键的键盘。

二、选择题

1. 采用线反转法识别有效按键时，如果读入的列线值全为 1 则说明（　　）。

A. 没有按键被按下　　B. 有一个按键被按下

C. 有多个按键被按下　　D. 以上说法都不对

2. 键盘按键机械抖动的时间一般为（　　）。

A. 1～2s　　B. 5～10ms　　C. 5～10μs　　D. 无限长

3. 某键盘有 15 个按键，若采用矩阵式键盘直接与 I/O 口相连，则需要（　　）口线。

A. 15 根　　B. 16 根　　C. 8 根　　D. 7 根

三、简答题

1. 使用普通按键时，为什么要进行消抖处理？

2. 独立式按键和矩阵式键盘分别具有什么特点？适用于什么场合？

延伸阅读

工匠寄语： 干一行、爱一行、钻一行

工匠人物：张永忠

重庆长安汽车股份有限公司一级技能师，长安公司发动机制造厂维修调试工。“中华技能大赛”“中国科学技术突出贡献奖”获得者，劳动模范、全国技术能手。

工匠事迹：请扫描二维码阅读。

6-3　工匠事迹

工作模块 7

单片机的定时/中断系统的应用

工作情境导入

定时和计数器在日常生活中随处可见，如图 7－1 所示，工厂高端控制设备的常用功能同样需要定时器/计数器的支持。市面上常见的 CPU 或者控制器都具有中断系统，越高级的控制器其中断系统越复杂。掌握了单片机的定时和中断技术，才算进入了多姿多彩的单片机设计领域。

图 7－1　生活中常见的定时和计数器

内容图谱

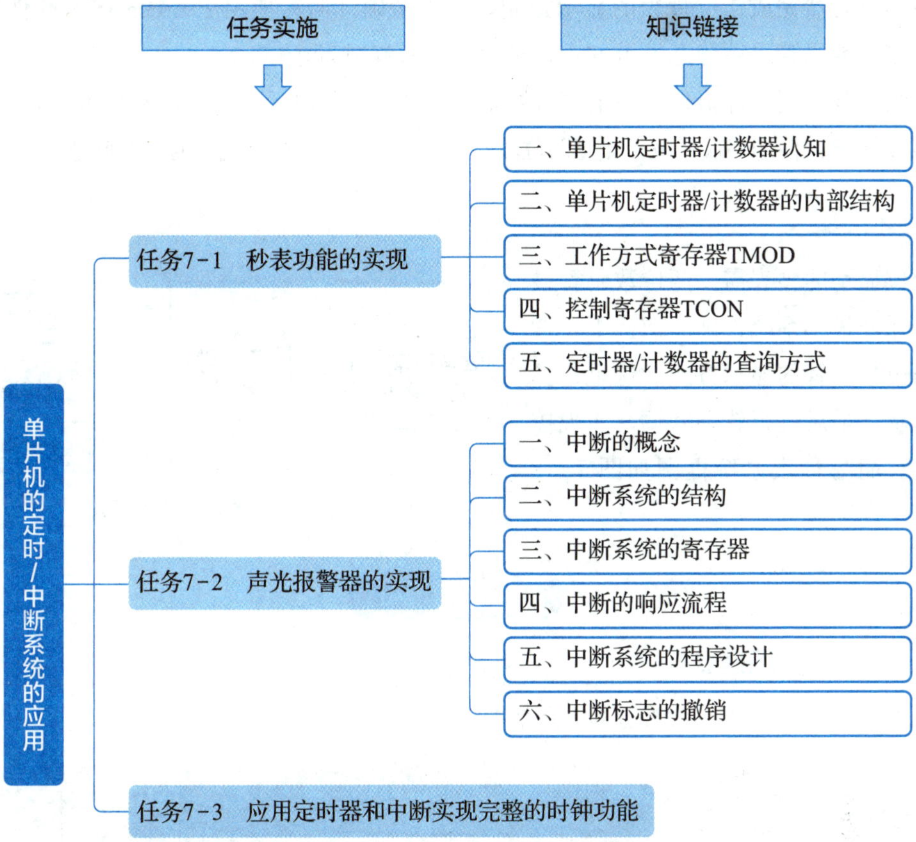

任务 7-1　秒表功能的实现

任务目标

知识目标

- 了解单片机定时器/计数器的概念。
- 掌握单片机定时器/计数器的工作过程。
- 掌握单片机定时器/计数器的内部寄存器。

技能目标

- 能够正确设置单片机定时器/计数器的工作模式。
- 能够按照实际需求设计单片机定时器/计数器。
- 能够将程序下载到单片机，并进行软硬联调，实现 LED 的显示功能。

素养目标

- 熟悉智能产品开发工程师岗位的工作任务，学习其职业精神。

- 讲述大国工匠事迹，践行工匠精神。

任务描述

使用定时器完成二位秒表的显示控制，实现精确计时；使用 Proteus ISIS 软件绘制并仿真电路；数码管采用静态显示方式，显示的时间范围为 0～60。

初级任务：用单片机任意一个端口控制数码管的静态显示，实现简易秒表功能。

高级任务：使用一块开发板点亮两位数码管，完成“秒”的精确计时，时间范围为 0～99。

执行思路

两位显示的秒表需要两位数码管显示，在保证最小系统正确的前提下，考虑到两位数码管的显示方式，这里选择静态显示，最后进行软硬联调，实现控制功能。简易秒表系统框图如图 7－2 所示。

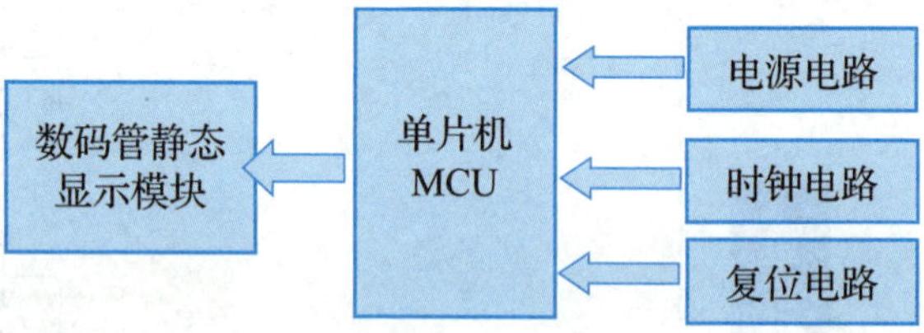

图 7－2　简易秒表系统框图

任务实施

一、秒表电路原理图

在 Proteus ISIS 中绘制的仿真电路如图 7－3 所示。

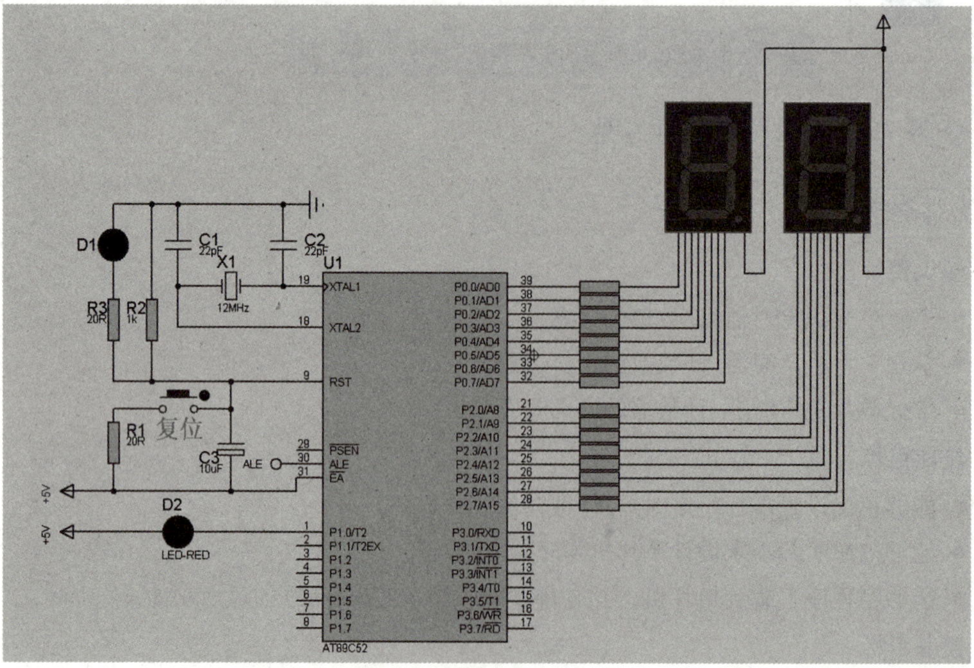

图 7－3　仿真电路

单片机的 P0 口和 P2 口分别和两个共阳极数码管连接，根据数码管静态显示原理，直接从 P0 口和 P2 口输出相应的字形码即可。仿真电路需要的元器件见表 7-1，最小系统所需元器件不再重复列出。

表 7-1　仿真电路元器件明细

序号	元器件名称	元器件型号	元器件参数
1	单片机	AT89C52	
2	共阳极数码管	7SEG-MPX1-CA	
3	电阻 8 个	Res	470Ω

二、秒表软件程序设计

```
//*制作简易秒表*//
#include <reg52.h>
unsigned char led[] =                //共阳极字形码
{0xc0, 0xf9, 0xa4, 0xb0, 0x99, 0x92, 0x82, 0xf8, 0x80, 0x90};
void delay1s();                      //函数声明
void display(unsigned char t);
void main()
{
unsigned char time=1;
TMOD=0x10;                           //定时器工作模式
TH1=0x3c;                            //定时器初值
TL1=0xb0;
TR1=1;                               //启动定时器
while(1)
{
   display(time);                    //调用显示函数
   delay1s();
   time++;
   if(time==60)time=1;
}
}
void delay1s()                       //查询方式使用定时器
{
unsigned char i;
for(i=0; i<20; i++)                  //50ms 循环 20 次
{
TH1=0x3c;
TL1=0xb0;
TR1=1;
while(! TF1);
TF1=0;
}
}
```

```
void display(unsigned char t)   //显示函数定义
{
    unsigned char ge, shi;

    ge=t%10;                    //个位拆字
    P2=led[ge];

    shi=t/10;                   //十位拆字
    P1=led[shi];
}
```

程序解读：

数码管静态扫描时，显示时间的范围是 0～59，共 60s，显示时间的个位从 P0 口输出、十位从 P2 口输出。控制时间的变量 time 在主函数中，语句如下：

display(time)；

delay1s()；

time++；

if(time==60)time=1；

先显示时间，再延时一段时间，delays() 函数用于使定时器精确定时 1s，一秒钟过后，time++表示显示的时间加 1，最后确保显示时间的范围不能超过 60s。

在延时函数中，while(! TF1)；和 TF1=0；语句用于查询定时器 1 的溢出标志。如何通过查询获取定时器的工作状态，是本节的重要知识点。

仿真时，数码管按照秒表的显示方式从 00～59 每秒变换一次。

任务小结

单片机定时器/计数器的工作流程如下：

定时器初始化 → 查询定时器溢出标志 → 根据功能控制显示

知识链接

前面的任务使用非精确的延时函数实现了时间控制，但是在生产生活中，很多时候需要精确定时，定时器/计数器便可实现该功能。精确定时并不是像简单的闹钟定时，而是设定一个精确的时间基准，设计人员可以利用这个时钟基准实现更高级的、复杂的功能。

一、单片机定时器/计数器认知

7-1　定时器认知

下面通过实例讲解单片机是如何确定精确的时间间隔的。

设定加热一只鸡的时间为 15min（900s），启动微波炉后开始倒计时，并在显示屏上显示剩余时间，如图 7-4 所示，当前剩余时间为 05：

45（345s）。单片机每过 1s 更新一次时间显示，更新显示 900 次（900s）后（微波炉会发出“嘀嘀”声提示）停止微波炉加热。定时过程可视为单片机计算单位时间（如 1s、1ms、1μs）的个数，计时完成后，将单位时间乘以个数，即可得到定时的时间长度。

定时的主要节点总结如下：

（1）15min——定时器初值。

（2）按下启动键——定时器启动。

（3）1s——时间变化的间隔。

（4）嘀嘀声——定时结束的标志。

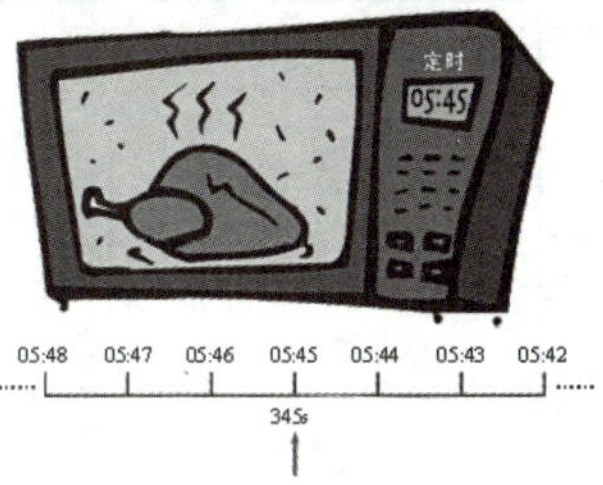

图 7－4　微波炉时间控制

下面再来看一个生活中的计数器的例子——自行车的测速码表。在自行车辐条上安装一个永久磁铁，在车架上安装一个霍尔开关，磁铁经过霍尔开关时会发出一个脉冲信号，即表示车轮转动一圈，如图 7－5 所示。

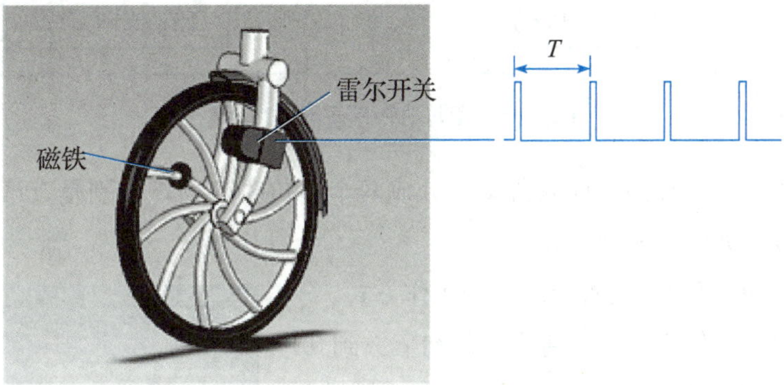

图 7－5　自行车的测速码表

由于自行车车轮的周长是固定的，因此统计 60s（时间）内车轮转动的圈数（距离），就可以算出骑行速度。这个实例中，码表通过霍尔传感器进行脉冲计数，每两个脉冲之间的时间是不固定的，而微波炉的时间间隔是固定的 1s。

二、单片机定时器/计数器的内部结构

7－2　内部结构

如图 7－6 所示，AT89S51 单片机有两个 16 位的定时/计数器——T0 和 T1。当定时/计数器工作于定时功能时，模拟开关拨到 T 位置，定时/计数器计数电路计算的是单位时间脉冲。如果模拟开关拨到 C 位置，定时/计数器计数电路计算的是外部事件脉冲，此时，定时/计数器计数电路的计数值就是外部事件脉冲的个数。这就是单片机定时/计数器的计数功能。

单位时间脉冲的周期与单片机的机器周期相等，如果晶振频率是 12MHz，则 1 个机器周期＝1μs，即单位时间脉冲的周期为 1μs。也就是说，晶振频率＝12MHz，定时/计数器计数电路每过 1μs 计数值增加 1。所以，在定时结束时，用定时/计数器计数电路的计数值乘以 1μs 即可得到所用时间，从而起到定时功能。

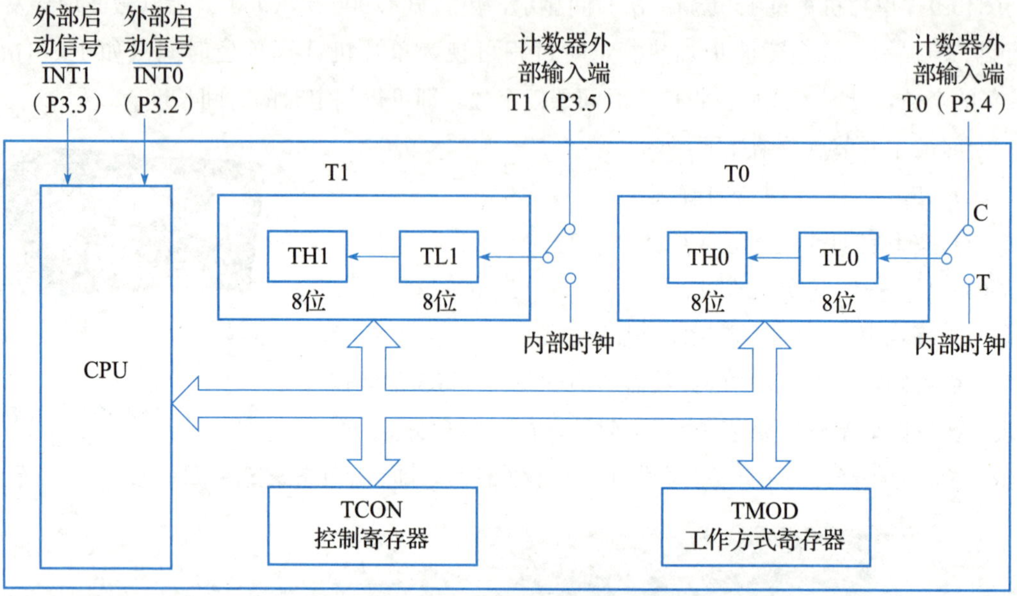

图 7－6　单片机内部定时/计数器

单片机的两个 16 位定时/计数器又可分成两个 8 位寄存器，分别是 THX 和 TLX，即高 8 位和低 8 位，如图 7－7 所示。

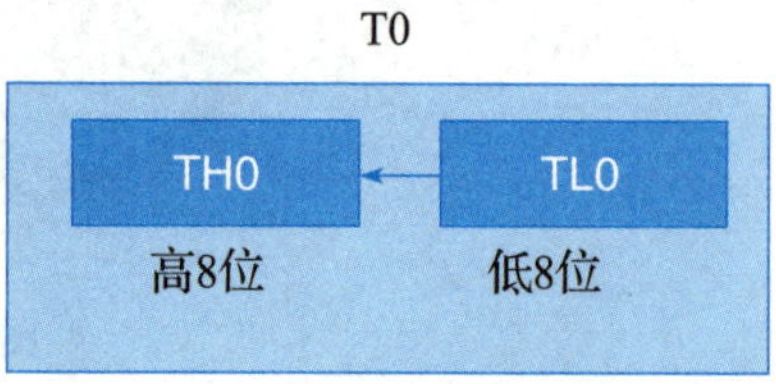

图 7－7　16 位定时/计数器的构成

可通过 TMOD 寄存器设置定时器的工作方式。

（1）处于定时工作模式时，将定时的初值放到 T1 或 T0 中；启动定时器，开始加 1 计数，直到计数最大值。启动分为软件启动和软硬件共同启动：软件启动时，启动信号由 TCON 寄存器发出；软硬件共同启动时，除了由 TCON 寄存器发出的启动信号，还有外部启动信号。

定时器完成定时工作后，会发出结束信号，这里通过 TCON 寄存器来控制定时器的结束。TCON 既控制定时启动也控制定时结束，因此称为控制寄存器。

（2）处于计数工作模式时，外部计数脉冲通过 T1 和 T0 的相应端口输入。

7－3　定时器的寄存器

三、工作方式寄存器 TMOD

TMOD（定时/计数器 mode）用于设置定时/计数器的工作模式。TMOD 在特殊功能寄存器中的字节地址是 89H，如图 7－8 所示。

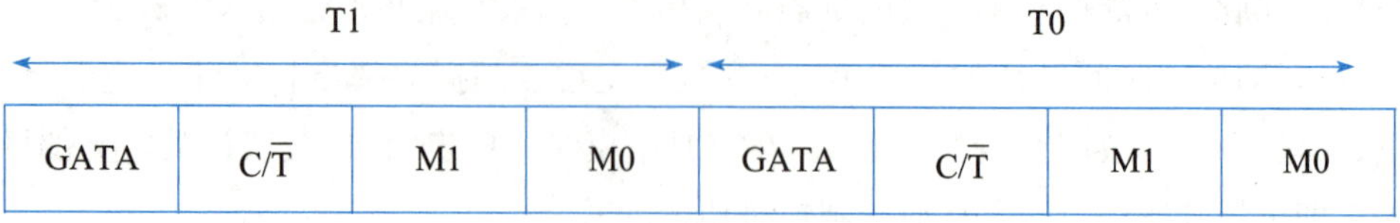

图 7－8　TMOD 寄存器

51 系列单片机是 8 位的，所以它内部的寄存器大多数是 8 位的，也有 16 位的。8 位 TMOD 分为两部分，分别控制 2 个定时器，每部分占 4 位，低 4 位用于控制定时器 0 的工作方式，高 4 位用于控制定时器 1 的工作方式。

通过 M1 位和 M0 位来设置定时器工作方式，具体见表 7－2。

表 7－2　M1 位和 M0 位的功能

M1	M0	对应功能
0	0	13 位定时/计数器
0	1	16 位定时/计数器
1	0	可自动重装的 8 位定时/计数器
1	1	T0 分为 2 个 8 位定时/计数器；T1 此时不工作

$C/\overline{T}$：计数器/定时器选择位。如果这一位设置为 1，则对外部事件进行计数；如果这一位设置为 0，则对单片机内部脉冲进行计数，即实现定时功能，对每个单片机的机器周期计数一次。

GATE 门控位：定时器可由软件与硬件两者控制，如果这一位设置为 0，则通过软件编程的方式启动定时器，即在相应的 TRx 位写入 1 即可；如果这一位设置为 1，则定时器的启动除了受 TRx 软件控制以外，还受 INTX 外部信号的控制。

例如，通过 T0 设计秒表，并要求 13 位定时、TR0 软件启动的设计思路如下：

13 位定时：TMOD 寄存器的 M0M1＝00，$C/\overline{T}$ 位设置为 0。

TR0 软件启动：设置 TR0 ＝1。

TMOD 寄存器的设置如图 7－9 所示。

GATA	$C/\overline{T}$	M1	M0	GATA	$C/\overline{T}$	M1	M0
0	0	0	0	0	0	0	0

图 7－9　TMOD 寄存器的设置

因此，程序设计时，设置 TMOD＝0，TR1＝1 即可。

又如，通过 T0 设计计步器，并要求 16 位计数、TR1 启动的设计思路如下：

16 位计数：TMOD 寄存器的 M1M0＝01，$C/\overline{T}$ 位设置为 1。

根据以上结论，设置 TMOD＝0x05，TR1＝1。

TMOD 是单片机内部重要的寄存器，用于控制定时器/计数器的工作方式，使用定时器/计数器的第一步便是设置好 TMOD 寄存器，因此掌握其功能及应用方法具有重要的意义。

7-4 定时器的工作方式

（一）定时器/计数器的工作方式

M1M0 两个位用于设置定时器/计数器的工作方式。51 单片机的定时器/计数器共有以下 4 种工作方式：

1. 方式 0——13 位定时器/计数器

M1M0=00 时，定时器/计数器工作于方式 0，如图 7-10 所示。方式 0 为 13 位定时器，由 TL1 的低 5 位和 TH1 的 8 位组合而成。定时器的溢出值 $M=2^{13}=8192$。方式 0 是为了兼容早期的 8048 系列单片机而设计的，目前很少使用。

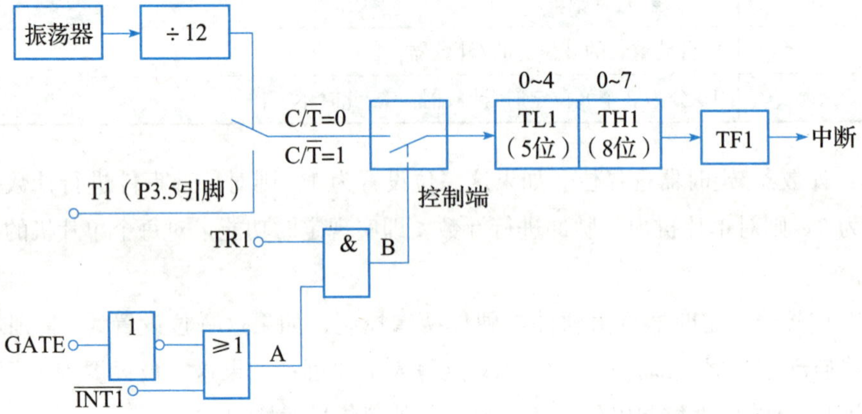

图 7-10 定时器/计数器的工作方式 0 示意图

2. 方式 1——16 位定时器/计数器

M1M0=01 时，定时器/计数器工作于方式 1，如图 7-11 所示。方式 1 和方式 0 的差别仅在于计数器的位数不同，方式 1 为 16 位计数器，由 THx 高 8 位和 TLx 低 8 位构成。

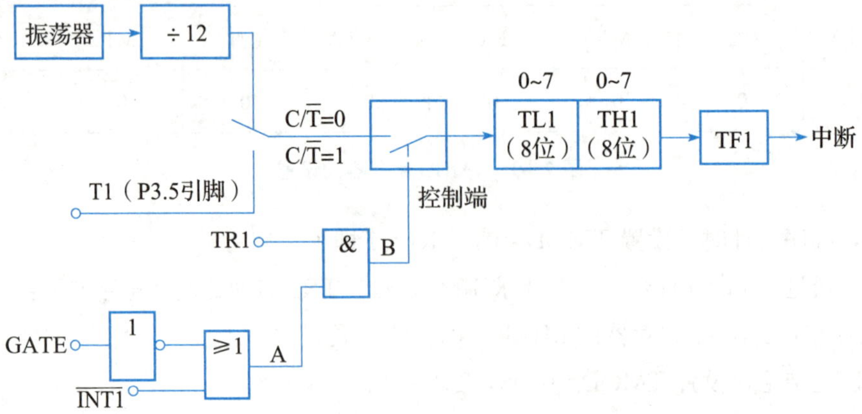

图 7-11 定时器/计数器的工作方式 1 示意图

如果控制端闭合，则从设定的初值开始，每经过一个机器周期进行一次加 1 计数，直到最大值。若继续加 1，保存的值会溢出，触发 TCON 寄存器的 TF1 位自动置 1，表示此次定时间隔完成，同时向 CPU 申请中断。

定时器的溢出值 $M=2^{16}=65536$。

思考：若定时器工作在方式 1，晶振频率为 12MHz，那么最大的定时间隔是多少？

答：由于单片机的晶振频率是 12MHz，因此单片机的机器周期是 1μs；由于定时器工作在方式 1，因此每隔一个机器周期，计数值加 1，从 0 开始到溢出值 65536，需要经过 65536 个机器周期，所以最大的定时间隔是 65536×1μs=65.536ms。

3. 方式 2——8 位自动重装初值的定时器/计数器

方式 1 的优点是具有 16 位，且定时的间隔比较长，但是一旦定时器溢出，则说明此次定时工作完成，不会再自动重新计数，如果要进行多轮定时，则需要多次重装计数初值。

如图 7-12 所示，工作于方式 2 下的定时器/计数器为 8 位定时器，定时初值同时被装入 TL1 和 TH1，然后 TL1 开始加 1 计数；关键在于产生溢出并申请中断以后，从 TH1 自动装入初值，可以自动重复进行定时操作。

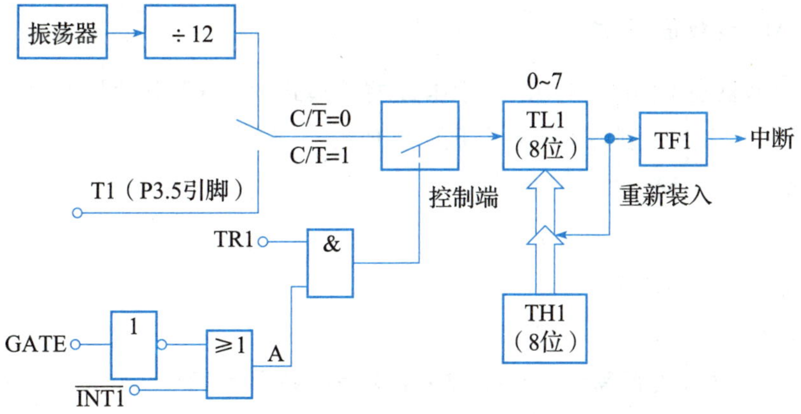

图 7-12　定时器/计数器的工作方式 2 示意图

若需要重复得到一系列如图 7-13 所示的脉冲波形，使用方式 1 则会重复装入定时器的初值，采用方式 2 可以节省重装初值的指令执行时间，简化定时初值的计算方法，相当精确地确定定时时间。

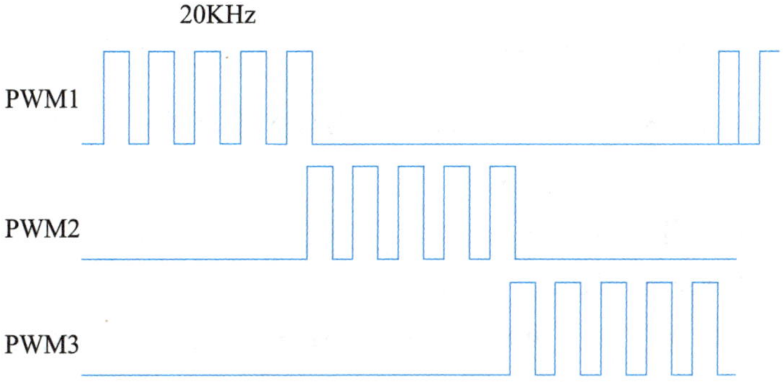

图 7-13　连续脉冲

4. 方式 3

方式 3 是将 16 位计数器分成两个独立的 8 位分别使用。将 T0 组织成 TL0 和 TH0 两个 8 位定时器/计数器；T1 不再是定时器/计数器了，T1 的 TR1 和 TF1 出借给 TH0 当控制位使用，剩下的 TH1/TL1 寄存器只能当作普通寄存器用。

方式 3 在实际设计中很少使用。

7-5 定时器初值计算

（二）定时器/计数器初值的计算

明确了定时器/计数器的工作方式以后，即可根据工作方式确定定时器的初值。初值用于确定定时间隔，是定时器应用的关键步骤。

MCS-51 的两个定时器均为加 1 计数器，加到溢出值时产生溢出，将 TF 位置 1，产生溢出中断。因此，如果定时器/计数器的溢出值为 M，计数器初值 X 的计算式为：

X=M−计数值(通式)

定时器/计数器在不同的工作方式、不同的操作模式下，计数初值均不相同。若设最大计数值（溢出值）为 M，则各工作方式下的 M 值为：

方式 0：　$M=2^{13}=8192$

方式 1：　$M=2^{16}=65536$

方式 2：　$M=2^{8}=256$

方式 3：　$M=2^{8}=256$

思考：如果需要定时间隔为 50ms，单片机的晶振频率为 12MHz，工作在方式 1，应如何操作？

答：因为工作在方式 1，所以 M=65536；因为单片机的晶振频率为 12MHz，一个机器周期为 1μs，定时间隔为 50ms，所以

计数间隔=50ms/1μs=50000 次

即从初值 X 开始加 1 计数，加到 65536，中间间隔为 50000 次，则计数初值为

X=65536−50000=15536=0x3CB0

方法 1：0x3CB0 是十六进制数据，可以将此初值 X 添加到定时器的 THx 和 TLx 寄存器中。

THx=0x3C；TLx=0xB0；

即可以对定时器初值进行设置。

方法 2：由于 THx 和 TLx 均为 8 位寄存器，两个寄存器组合在一起形成 16 位寄存器，低 8 位从 0 开始加 1 计数，加到最大值 255，向高 8 位寄存器进 1，因此两个 8 位寄存器可

以看作 256 进制的数据。定时初值便可由下式得出：

$$THx=(M-50000)/256;$$

$$TLx=(M-50000)\%256;$$

综上，对于 M1 位和 M0 位的功能总结如下，具体见表 7-3。

表 7-3　M1 位和 M0 位的功能

工作方式	方式 0	方式 1	方式 2
定时器/计数器位数	13 位	16 位	8 位
计数寄存器	THx 高 8 位，TLx 低 5 位	THx 高 8 位，TLx 低 8 位	TLx8 位
最大计数值	8192	65536	256
初值设置	THx=(M−X)/32; TLx=(M−X)%32;	THx=(M−X)/256; TLx=(M−X)%256;	THx=(M−X); TLx=(M−X);
初值举例	定时间隔 5ms，循环 10 次 THx=(8192−5000)/32; TLx=(8192−5000)%32;	直接定时 50ms THx=(65536−50000)/256; TLx=(65536−50000)%256;	定时间隔 50μs，循环 100 次 THx=(256−50); TLx=(256−50);
工作特点	不自动重装初值	不自动重装初值	自动重装初值

四、控制寄存器 TCON

TCON（定时/计数器 control）用于对定时/计数器的工作进行控制，因此也可以称为控制寄存器。TCON 特殊功能寄存器的字节地址是 88H，如图 7-14 所示。

7-6　TCON 寄存器

D7	D6	D5	D4	D7	D6	D5	D4
TF1	TR1	TF0	TR0	IE1	IT1	IE0	IT

图 7-14　TCON 寄存器

TCON 寄存器的低 4 位是和中断相关的控制位，后续相关模块再讲解，这里先讲解其高 4 位的用途。该寄存器的高 4 位分为两个部分，功能相同。

TF_X：当计数器计数溢出时，该位置 1。采用查询方式时，此位作为状态位供 CPU 查询，但应注意，查询有效后应使用软件及时将该位清零。采用中断方式时，此位作为中断请求标志位，进入中断服务程序后由硬件自动清零。

TRx：TRx=1 是启动定时器/计数器工作的必要条件；TRx=0 时停止定时器/计数器工作。编程时经常利用该位启动和停止定时器/计数器。

例如，采用查询方式判断定时器是否到达定时间隔的程序如下：

```
while(! TF0);     //查询 TF0，这是查询方式的应用
TF0=0;            //如果计满溢出，则将 TF0 清零
```

TCON 在定时器/计数器中是一个很重要的寄存器，控制着定时器/计数器的启动和停止。

五、定时器/计数器的查询方式

定时器的停止方式有两种：查询方式和中断方式。本小节讲解查询定时器的溢出标志 TFx，可据此判断定时或计数是否已经达到最大值。

可以把定时器/计数器想象成水桶，定时器的初值就是水桶里原来的水量，然后按照一定的节奏向水桶注水，比如 10ml/s，这样，当水桶满溢的时候，通过注入的水量就可以计算出注水的总时间，实现了定时，也可以推算出一共注入了多少水，实现了计数，所以说单片机中的定时器和计数器其实是一套系统。定时器的初值 THx 和 TLx 就是初始水量，很明显，当水桶灌满的时候即结束注水。在单片机中，可以使用一个标志位 TFx 来标志定时器/计数器已经计满并结束。

这个定时计数计满的标志理论上称为溢出中断标志。定时/计数计满的时候，自动被单片机置 1，即可通过查询该位的标志来获取定时器的工作状态，进而判断本次定时或者计数是否结束。需要注意的是，使用查询方式检测 TFx 标志位时，需要通过编程将其清零；使用中断方式时，由单片机硬件自动清零，不需要软件干预。

由此可以总结出定时器/计数器的使用步骤，如下：

（1）设置工作方式 TMOD。

（2）计算计数初值。

（3）启动定时器 TR_X。

（4）通过查询方式判断计数是否溢出。

While（！ TFX）；TFx=0；

下面尝试使用开发板开发每隔 1 秒变化一次的流水灯。

该实例将 8 个发光二极管连接到单片机的 P1 口，同学们可以自行在 Proteus ISIS 中仿真。

```
#include <reg52.h>
void delay1s();
void main()
{
unsigned char i, w;
TMOD=0x10;
while(1)
{
w=0x01;
for(i=0; i<8; i++)
{
P1=~(w<<i);
delay1s();
}
}
}
```

```
void delay1s()
{
unsigned char i;
for(i=0; i<0x14; i++)
{
TH1=0x3c;
TL1=0xb0;
TR1=1;
while(! TF1);
TF1=0;
}
```

任务 7-2　声光报警器的实现

任务目标

知识目标

- 了解单片机中断系统的概念。
- 掌握单片机中断系统的内部结构。
- 掌握单片机中断系统的内部寄存器。
- 了解中断系统的响应流程。

技能目标

- 能够正确设置单片机中断系统。
- 能够按照实际需求设计单片机中断系统。
- 结合定时器/计数器和中断系统设计常见的应用系统。
- 能够把程序下载到单片机，并进行软硬联调。

素养目标

- 熟悉智能产品开发工程师岗位的工作任务，学习其职业精神。
- 讲述大国工匠事迹，践行工匠精神。

任务描述

使用单片机的中断功能实现声光报警功能，使用 Proteus ISIS 软件绘制并仿真电路。按键接入单片机的 P3.2 口，该口是单片机外部中断 0 的输入端口。当按键被按下时，外部中断被触发，进而使 P1.1 口的灯管报警开启，同时连接到 P1.0 口上的蜂鸣器发出警报声，完成声光报警。再次按下按键后，声音和灯光报警同时停止。

初级任务：用单片机实现声光报警，灯光常亮，声音不停鸣响。

高级任务：用单片机实现声光报警，灯光闪烁，声音按照设定间隔鸣响。该模式接近实际报警器的设定。

执行思路

用 Proteus ISIS 软件设计电路原理图，确定所用元器件，编写程序并进行软硬联调，实现按键控制声光报警功能。功能模块如图 7－15 所示。

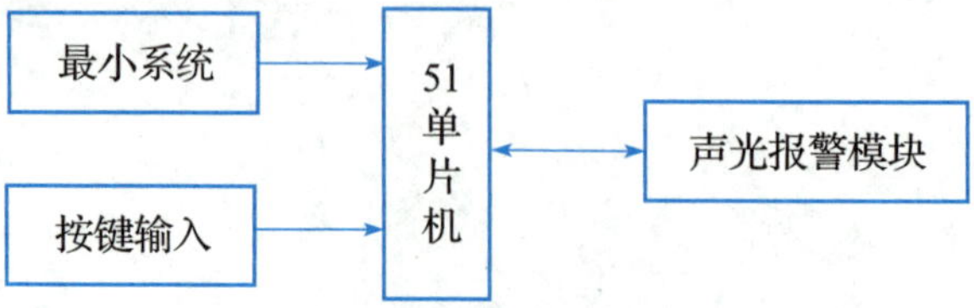

图 7－15　声光报警器功能模块

任务实施

一、电路原理图设计

在 Proteus ISIS 中绘制的声光报警器电路如图 7－16 所示。

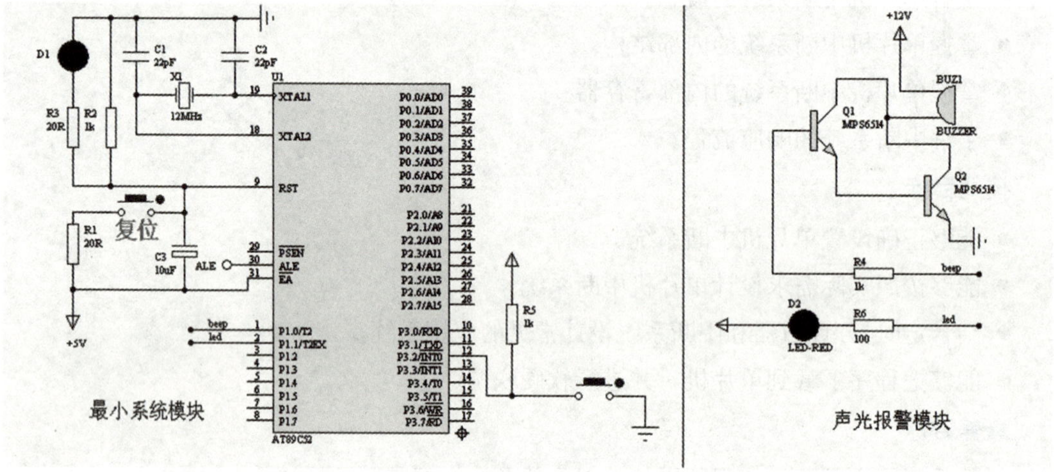

图 7－16　声光报警器电路

最小系统不再赘述。声光报警电路的按键部分连接 P3.2 口，这个 IO 口是外部中断 0 的输入口。按键按下时，会在 P3.2 口上产生一个下降沿，正好符合外部中断的输入要求。

声光报警模块中，发光二极管部分的相关内容不再赘述。蜂鸣器是声光报警器的重要部分，与单片机的 P1.0 端口连接。无源蜂鸣器的驱动部分由两个 NPN 的三极管组成的达林顿放大电路构成。P1.0 口输出高电平时，两个三极管导通；P1.0 口输出低电平时，两个三极管截止。如此反复，可以借助单片机的延时功能从 P1.0 口输出不同频率的脉冲，从而控制蜂鸣器发声，进而控制蜂鸣器的声音频率，这是单片机控制无源蜂鸣器的基本方式。

仿真电路元器件明细见表 7－4。

表7-4 仿真电路元器件明细

序号	元器件名称	元器件型号	元器件参数
1	单片机	AT89C52	
2	BUTTON	按键	
3	BUZZER	蜂鸣器	
4	MPS6514	NPN三极管	
5	LED-RED	发光二极管	红色
6	RES	按键上拉电阻	1kΩ
7	RES	LED限流电阻	470Ω

二、软件程序设计

简单的声光报警器参考程序如下：

```
#include <reg51.h>                 //包含头文件REG51.H
sbit beep = P1^0;                  //IO口定义
sbit LED =  P1^1;
sbit key = P3^2;
void main()                        //主函数
{
   IT0=1;                          //下降沿触发外部中断
   EX0=1;                          //开启外部中断
   EA=1;                           //开启总中断
   beep =0;                        //蜂鸣器清零不发声
   while(1) ;
}
void int_ex0() interrupt 0
{
LED = ~LED;                        //灯光状态修改
beep= ~beep; }
```

程序解读：

主函数中设置了外部中断的标志位，IT0设置外部中断为下降沿触发方式，EX0和EA分别开启了外部中断0和总中断。需要注意的是，在主函数的while（1）中没有任何循环体语句，那么声光报警是如何实现的呢?

声光报警是依靠外部中断的函数实现的。如果外部中断触发，则自动进入中断处理函数，首先将LED状态取反点亮，同时将beep的状态从0变成1，蜂鸣器不断鸣响。如果再次按下按键，则LED状态取反熄灭，蜂鸣器状态取反，停止鸣叫。

仿真现象：按下按键后，发光二极管常亮，同时蜂鸣器鸣响；再次按下按键，发光二极管熄灭，蜂鸣器停止鸣响。

任务小结

根据任务的实施过程，可以明确单片机中断系统的使用流程如下：

中断寄存器 → 编写中断处理函数 → 根据功能控制报警

任务扩展

改进声光报警器，使其报警模式更接近常规声光报警器，如图 7－17 所示。即按下按键后，通过单片机控制声光报警，灯光闪烁，蜂鸣器按照设定时间间隔鸣响。

图 7－17　常规声光报警器

该报警器的电路和简单的声光报警的电路相同，只是对程序进行了重新设计。

参考程序如下：

```
#include <reg51.h>          //包含头文件 reg51.h
sbit beep = P1^0;           //定义位名称
sbit led =  P1^1;
sbit key = P3^2;
bit flag =0;                //报警标志位
void stop();                //停止报警函数
void flash();               //启动报警函数
void main()                 //主函数
{
   IT0=1;                   //下降沿触发外部中断
   EX0=1;                   //开启外部中断
   EA=1;                    //开启总中断
   beep =0;                 //蜂鸣器清零不发声
   while(1)
   {                        //判断标志位决定是否报警
if(flag ==1)
flash();
else
stop();
   }
}
void delay(unsigned int i)  //延时函数
```

```
{
unsigned int j, k;
for(j=0; j<i; j++)
for(k=0; k<255; k++);
}
void flash()                    //报警函数
{
led = 0;
beep =1;
delay(100);
led = 1;
beep =0;
delay(100);
}
                                //停止报警函数
void stop()
{
led =1;
beep =0;
}
void int_ex0() interrupt 0    //外部中断修改报警标志位
{
flag =~flag;
}
```

程序解读：

改进后的程序和简单的报警程序有很大的不同。由于报警的开启和停止涉及发光二极管和蜂鸣器的不同状态，因此设计了两个函数来对应，即开启报警的 flash () 函数和停止报警的 stop () 函数，同时，为了区分这两个状态，设置一个标志位 flag。

```
while(1)
  {
if(flag ==1)
flash();
else
stop();
  }
```

根据主函数中的功能设置，flag 设置为 1 时，触发声光报警；flag 设置为 0 时，停止声光报警。

```
void int_ex0() interrupt 0   //外部中断修改报警标志位
{
flag =~flag;
}
```

外部中断 0 的中断处理函数专门用于改变 flag 标志位的状态，按键每按下一次，标志位状态反转一次，每次反转的状态会决定报警是否开启。

至于声光报警的开启和停止程序，则通过常规的单片机 IO 口来控制，利用单片机输出的高低电平来控制 LED 和蜂鸣器的状态。值得注意的是，P1.0 口输出高电平控制 beep 蜂鸣器的鸣响，低电平控制其停止，正好和 LED 的状态相反。

```
void flash()    //报警函数
{
led = 0;
beep =1;
delay(100);
led = 1;
beep =0;

delay(100);
}
```

知识链接

声光报警器是日常生活中的常见设备，利用单片机系统中重要的中断机制来实现其功能。中断机制是现代计算机系统中的基本机制之一，在系统中起着通信网络的作用，以协调系统对各种外部事件的响应和处理。中断是实现多道程序设计的必要条件，是 CPU 对系统发生的某个事件做出的反应。

一、中断的概念

7-7 中断的认知

下面通过图 7-18 来讲解何为中断。小林正在看报纸，宠物狗需要每隔 4 小时喂一次，水 15 分钟烧开。小林看报纸时，电话铃响了，小林要中断看报纸这一事务，转而去接电话；接电话时，水开了，小林要中断接电话这一事务，转而处理开水的相关事务，然后继续接电话，接完电话后回到自己喜欢的看报纸事务上来。看报纸是小林的主要事务，狗叫、水开、电话铃响就是“中断”，都可以打断小林看报纸。这 3 个中断发生在小林家里，叫作内部中断；而朋友来访或快递员来送快递这类发生在小林家门外的“中断”，则叫作外部中断。

（一）中断

单片机的中断是指通过硬件来改变 CPU 的运行方向，即外部设备或单片机内部向 CPU 发出中断请求信号，要求 CPU 暂时中断当前程序的执行，转而执行相应的处理程序，待处理程序被执行完毕后，再继续执行原来被中断的程序。日常生活中的中断现象举例如图 7-19 所示。

（二）中断的相关概念

中断源：引起中断的原因或中断申请的源头称为中断源。

图 7-18　小林遇到的“中断”

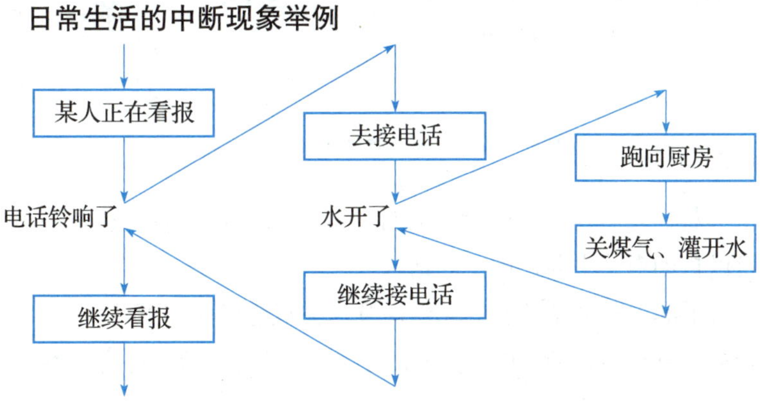

图 7-19　日常生活中的中断现象举例

中断请求：中断源要求服务的请求称为中断请求。

主程序：原来正常运行的程序称为主程序。

中断服务程序：CPU 响应中断后，转而执行相应的处理程序，该处理程序称为中断服务程序。

断点：主程序被断开的位置（或地址）称为断点。

（三）中断的优势和作用

（1）分时操作：CPU 可以使多个外设同时工作，并分时为各外设提供服务，从而大大提高了 CPU 的利用率和输入/输出的速度。

（2）实时处理：当计算机用于实时控制时，请求 CPU 提供服务的情况是随机发生的。有了中断系统，CPU 就可以立即响应并加以处理。

(3) 故障处理：当计算机运行中出现如电源断电、存储器校验错误、运算溢出等错误时，CPU 可及时转去执行故障处理程序，减小或消除故障产生的影响。

二、中断系统的结构

7-8　中断系统的结构

如图 7-20 所示为 51 单片机中断系统的结构，理解中断系统的结构原理是应用好中断系统的关键。

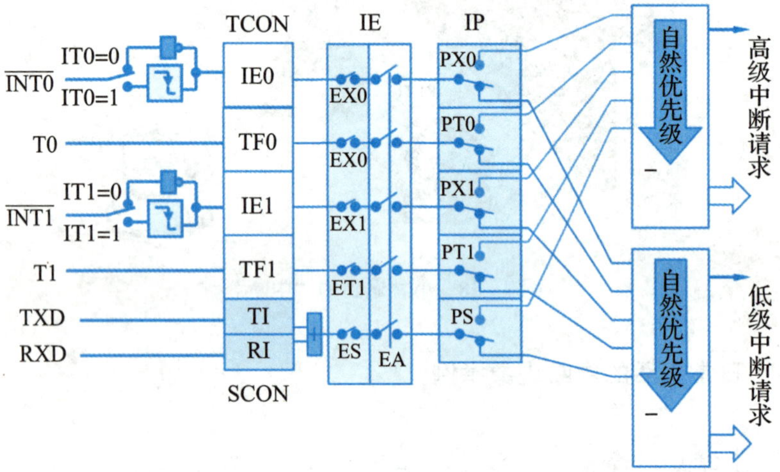

图 7-20　51 单片机中断系统的结构

要使用某个中断，只需要在程序设计时打通此中断从左到右的通道即可，通道打通以后，单片机便可以自动申请中断，即中断请求。

如图 7-19 所示的中断系统涉及的元器件及相关概念说明如下：

(1) 中断相关的寄存器：TCON 为控制寄存器，IE 为中断允许寄存器，IP 为中断优先级寄存器，SCON 为串口控制寄存器。

(2) 5 个中断源：$\overline{\text{INT0}}$、T0、$\overline{\text{INT1}}$、T1、串口中断。其中，串口中断分为发送和接收，它们通过或门连接，本质上是一个中断源。51 单片机的中断源见表 7-5。

表 7-5　51 单片机的中断源

中断名称		中断号	中断入口地址
$\overline{\text{INT0}}$	外部中断 0	0	0003H
T0	定时器 0	1	000BH
$\overline{\text{INT1}}$	外部中断 1	2	0013H
T1	定时器 0	3	001BH
RI/TI	串口中断	4	0023H

(3) 外部中断的输入方式的选择：$\overline{\text{INT0}}$ 和 $\overline{\text{INT1}}$ 的输入端有 ITx 的选择控制位，用于控制外部中断的输入是电平触发方式还是边沿触发方式。

（4）5 个中断源从上到下的排列顺序表示优先级由高到低，称为自然优先级。中断源的优先级可以由单片机的 IP 寄存器控制。

三、中断系统的寄存器

（一）TCON 寄存器

TCON（中断控制寄存器）的字节地址为 0x88H，可以进行位寻址，其格式如图 7-21 所示。

	D7	D6	D5	D4	D3	D2	D1	D0
TCON	TF1	TR1	TF0	TR0	IE1	IT1	IE0	IT

图 7-21　TCON 寄存器的格式

TCON 各标志位的功能见表 7-6。

表 7-6　TCON 各标志位的功能

标志位	功　能
TF1	TF1：定时器/计数器 T1 的溢出中断请求标志位。 当 T1 计数产生溢出时，通过硬件使 TF1 置 1，向 CPU 申请中断。CPU 响应 TF1 中断时，TF1 标志通过硬件自动清零，也可通过软件清零
TR1	定时器 1 启动
TF0	定时器/计数器 T0 的溢出中断请求标志位，功能与 TF1 类似
TR0	定时器 0 启动
IE1	外部中断请求 1 的中断请求标志位
IT1	IT1：选择外部中断请求 1 为跳沿触发方式还是电平触发方式。 IT1=0，电平触发方式，引脚上的低电平有效，并把 IE1 置 1。转向中断服务程序时，由硬件和软件将 IE1 清零。 IT1=1，跳沿触发方式，加到引脚上的外部中断请求输入信号电平从高到低的负跳变有效，并将 IE1 置 1。转向中断服务程序时，由硬件自动将 IE1 清零
IE0	外部中断请求 0 的中断请求标志位，功能与 IE1 类似
IT0	IT0：选择外部中断请求 0 为跳沿触发方式还是电平触发方式，其意义与 IT1 类似

AT89S51 复位后，TCON 被清零，5 个中断源的中断请求标志均为 0。

对于外部中断 0 和外部中断 1 来说，中断的触发方式也是需要注意的重要一环。

边沿触发：分上升沿触发和下降沿触发。上升沿触发指电信号由低电平跳变成高电平时产生触发，下降沿触发指电信号由高电平跳变成低电平时产生触发。

电平触发：一般是指低电平触发，即电平变低之后的全部时间。如果是下降沿触发，当电平从高至低转变时，产生触发。下降沿触发不论低电平输出保持多久都只产生一次触发。如果是低电平触发，那么在低电平时间内中断一直有效。如果在电平恢复之前就退出中断程序，还会再次进入中断，但是只要不退出就不会重复触发中断。可以在退出前关闭中断，空闲时再打开。

如果程序只需要触发中断一次，可以选择边沿触发方式；如果需要反复触发中断，选择电平触发方式更方便一些。

声光报警电路中设置外部中断的输入方式为边沿触发方式，IT0=1。

（二）SCON 寄存器

SCON 串行口控制寄存器的字节地址为 98H，可位寻址。此寄存器只使用最低两位，其格式如图 7-22 所示。

	D7	D6	D5	D4	D3	D2	D1	D0
SCON	x	x	x	x	x	x	TI	RI

图 7-22　SCON 寄存器的格式

（1）TI：串行口的发送中断请求标志位。每发送完一帧串行数据后，TI 自动置 1。TI 标志必须由软件清零。

（2）RI：串行口的接收中断请求标志位。串行口接收完一个串行数据帧，硬件自动使 RI 中断请求标志位置 1。必须在中断服务程序中用指令对 RI 清零。

（三）IE 寄存器

51 单片机对各中断源的开通或屏蔽是通过中断允许寄存器 IE 控制的。IE 字节地址为 A8H，可位寻址，其格式如图 7-23 所示。

	D7	D6	D5	D4	D3	D2	D1	D0
IE	EA	x	x	ES	ET1	EX1	ET0	EX0

图 7-23　IE 寄存器的格式

51 单片机有 5 个中断源，每个中断源由一个标志位控制，此外还有总控制位，因此 IE 寄存器共占用 6 个位，具体功能见表 7-7。

表 7-7　IE 寄存器各位的功能

标志位	功　能
EA	EA：中断允许总开关控制位。 EA=0，所有的中断请求被屏蔽；EA=1，所有的中断请求被开通
ES	ES：串行口中断允许位。 ES=0，禁止串行口中断；ES=1，允许串行口中断
ET1	ET1：定时器/计数器 T1 的溢出中断允许位。 ET1=0，禁止 T1 溢出中断；ET1=1，允许 T1 溢出中断

续表

标志位	功 能
EX1	EX1：外部中断 1 中断允许位。 EX1=0，禁止外部中断 1 中断；EX1=1，允许外部中断 1 中断
ET0	ET0：定时器/计数器 T0 的溢出中断允许位。功能与 ET1 相同
EX0	EX0：外部中断 0 中断允许位。功能与 EX1 相同

思考：使用定时器 0 的中断，如何打开相应的中断标志位，IE 该如何设置呢？

答：方法 1 是使用位寻址。

ET0 = 1；EA = 1；

方法 2 是按照寄存器整体赋值。

IE = 0x20；

思考：如何禁止中断呢？

答：(1) 如果想关闭总中断，则设 EA=0。

(2) 如果想关闭某个中断，如关闭外部中断 0，则设 EX0=0。

(3) AT89S51 复位以后，IE 被清零，所有中断请求被禁止。

思考：打开片内 2 个定时器/计数器中断，并禁止其他中断源的中断请求，应如何设置 IE 的相应程序段。

答：方法 1 是使用位操作指令。

```
EA =1；    //开总中断
ET0 =1；   //开定时器 0 中断
ET1 =1；   //开定时器 1 中断
```

方法 2 是使用字节指令。

```
IE = 0x8A;
```

(四) IP 寄存器

中断优先级寄存器 IP 的字节地址为 B8H，可位寻址，其格式如图 7-24 所示。

	D7	D6	D5	D4	D3	D2	D1	D0
IP	x	x	x	PS	PT1	PX1	PT0	PX0

图 7-24　中断优先级寄存器 IP

中断优先级寄存器 IP 可以为每个中断源指定优先级，51 单片机的中断优先级比较简单，只有高、低两个优先级。如果不做设置，优先级从高到低为：

外部中断 0→定时器 0→外部中断 1→定时器 1→串口中断

这个顺序称为自然优先级。

中断优先级寄存器 IP 各位的含义如下：

（1）PS：串行口中断优先级控制位。

（2）PT1：定时器 T1 中断优先级控制位。

（3）PX1：外部中断 1 中断优先级控制位。

（4）PT0：定时器 T0 中断优先级控制位。

（5）PX0：外部中断 0 中断优先级控制位。

各个标志位的意义类似：置 1 为高优先级；置 0 为低优先级。

思考：将 IP 寄存器初始化后，如何实现 AT89S51 的两个外中断请求为高优先级，其他中断请求为低优先级。

答：方法 1 是使用位操作指令。

```
PX0=1;        //外中断 0 设置为高优先级
PX1=1;        //外中断 1 设置为高优先级
PS=0;         //串行口设置为低优先级
PT0=0;        //定时器/计数器 T0 为低优先级
PT1=0;        //定时器/计数器 T1 为低优先级
```

方法 2 是使用字节操作指令。

```
IP=0x05;
```

四、中断的响应流程

设置好各个中断源的中断后，单片机就可以自动处理中断。中断的处理过程一般分为中断请求、中断响应、中断返回，如图 7－25 所示。

7－9　中断处理过程

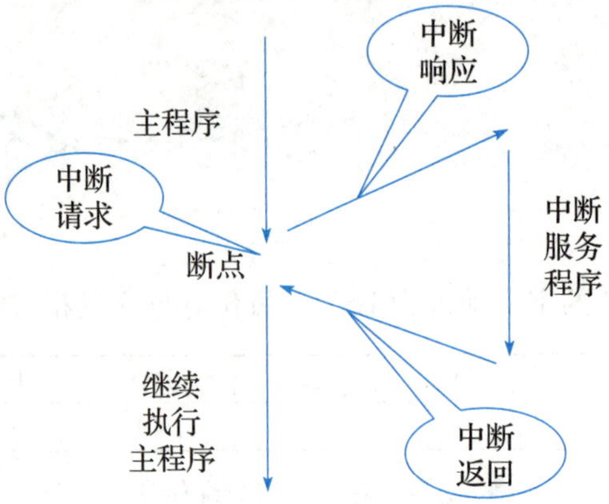

图 7－25　中断的处理过程

（一）中断请求

当某一中断源需要 CPU 为其进行中断服务时，就输出中断请求信号，使中断控制系统的中断请求触发器置位，向 CPU 请求中断。系统要求中断请求信号一直保持到 CPU 对其进行中断响应为止。

（二）中断响应

CPU 响应中断的条件如下：

(1) 有中断源发出中断请求。

(2) 中断总允许位 EA=1，即 CPU 开中断。

(3) 申请中断的中断源的中断允许位为 1。

满足以上条件，CPU 响应中断；如果中断受阻，CPU 不会响应中断。

CPU 一旦响应中断，首先置位响应的优先级触发器，然后执行硬件子程序来调用，把断点地址压入堆栈保护，再将对应的中断入口地址装入程序计数器 PC，使程序转向该中断入口地址，以执行中断服务程序。

响应过程总结：如果 CPU 决定响应中断，就会自动寻找各个中断源的入口地址，每个中断的入口地址都是确定的地址。

51 单片机的中断入口地址见表 7-8。

表 7-8　51 单片机的中断入口地址

中断名称		中断号	中断入口地址
$\overline{\text{INT0}}$	外部中断 0	0	0003H
T0	定时器 0	1	000BH
$\overline{\text{INT1}}$	外部中断 1	2	0013H
T1	定时器 0	3	001BH
RI/TI	串口中断	4	0023H

中断程序在执行过程中主要完成以下工作：

(1) 保护现场：主程序和中断服务程序都要使用 CPU 内部寄存器等资源，为使中断服务程序不破坏主程序中寄存器的内容，应先将断点处各寄存器的内容[主要是当前 IP（将要执行的下一条地址）和 CS 值（代码段地址）]压入堆栈保护起来。

(2) 中断服务：中断服务是执行中断的主体部分，不同的中断请求，有各自不同的中断服务内容，需要根据中断源所要完成的功能，事先编写相应的中断服务程序存入内存，等待中断请求响应后调用执行。

(3) 恢复现场：中断处理完毕后，用户通过 POP 指令将保存在堆栈中的各个寄存器的内容弹出，即恢复主程序断点处寄存器的原值。

（三）中断返回

在中断服务程序的最后要安排一条中断返回指令 IRET（interrupt return），执行该指令后，系统自动将堆栈内保存的 IP（将要执行的下一条地址）和 CS 值（代码段地址）弹出，从而恢复主程序断点处的地址值，同时还将自动恢复标志寄存器 FR 或 EFR 的内容，使 CPU 转到被中断的程序中继续执行。

（四）中断请求的阻塞

如果系统不满足中断响应的条件或者存在任何一种中断被阻断的情况，那么中断请求将被阻断。常见的中断被阻断的情况包括：一个同级或者更高级的中断正在进行；如果正在执行的一条指令还没有进行到最后一个机器周期，则会产生附加等待时间；如果正在执行的指令是 IE 或者 IP，也会增加附加的等待时间。

五、中断系统的程序设计

中断响应过程就是自动调用并执行中断函数的过程。C51 编译器支持在 C 源程序中直接以函数形式编写中断服务程序。常用的中断函数定义语法如下：

void　函数名()　interrupt　n

【小提示】（1）interrupt 是中断处理程序的关键字，n 是中断号（也叫中断向量），CPU 根据中断号找到相应的中断入口地址。

（2）中断处理函数比较特殊，没有参数，不会发生参数传递的过程，也没有返回值。

（3）中断处理函数不是由程序员编写的程序直接调用的，CPU 会根据中断入口地址自动转向中断函数，自动执行其中的功能。

如图 7－26 所示为具有简单控制功能的秒表的原理图，该秒表使用定时器中断，使用两位共阳极数码管，两个按键分别接在两个外部中断的管脚上，实现启动/暂停和清零功能。仿真电路元器件明细见表 7－9。

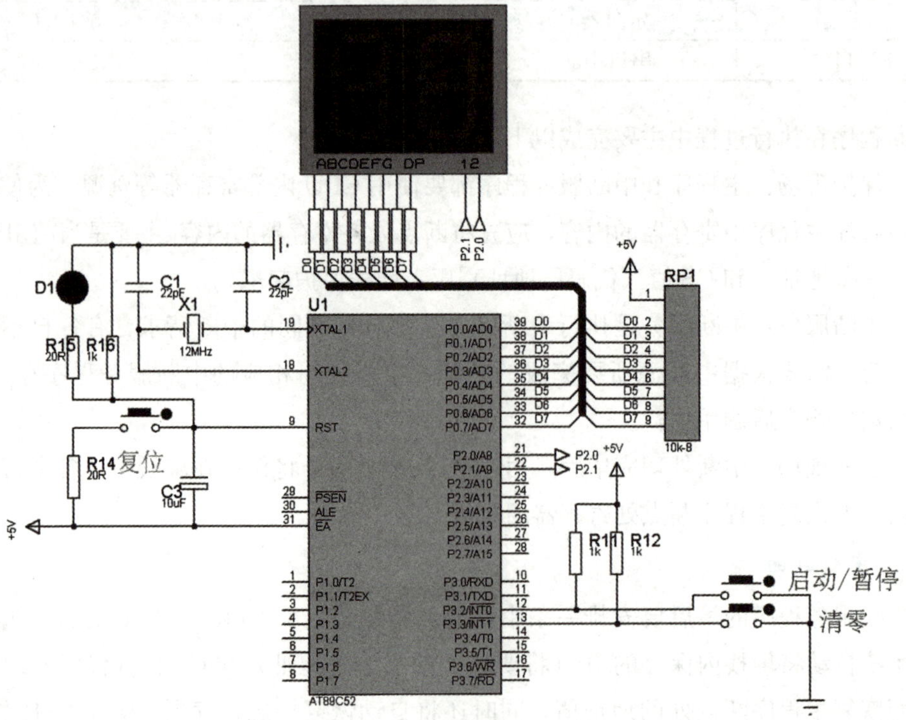

图 7－26　秒表的原理图

表 7-9　仿真电路元器件明细

序号	元器件名称	元器件型号	元器件参数
1	单片机	AT89C52	
2	BUTTON	按键	2个
3	RP1	8位阻排	10kΩ
4	7SEG-MPX2_CA	两位数码管	共阳极
5	RES	按键上拉电阻	1kΩ，2个
6	RES	数码管限流电阻	510Ω，8个

参考程序如下：

```
#include <reg51.h>
unsigned char msec, sec;                  //定义 msec 为 50ms 计数变量，sec 为秒变量
unsigned char flag=0;                     //启动暂停的标志位，=1 为启动，=0 为暂停
unsigned char led[]={0xc0, 0xf9, 0xa4, 0xb0, 0x99, 0x92, 0x82, 0xf8, 0x80, 0x90};
                                          //共阳极字形码
void delay(unsigned char i)               //延时函数
{
  unsigned char j, k;
  for(k=0; k<i; k++)
  for(j=0; j<255; j++);
}
void T0_INT(void) interrupt 1             //定时器 0 中断类型号为 1
{
   TH0=0x3c;                              //50ms 定时初值
   TL0=0xb0;
   msec++;                                //中断次数增 1
   if(msec==20)                           //中断次数到 20 次吗?
   {
       msec=0;                            //是，1s 计时到，50ms 计数单元清零
       sec++;                             //秒单元加 1
       if(sec==60)                        //到 60s 吗?
       {
sec=0;                                    //是，秒单元清零
       }
   }
}
void EX0_INT(void) interrupt 0            //外部中断
{
   flag = ~flag;
   TR0 = ~TR0;
}

void EX1_INT(void) interrupt 2            //外部中断
{
```

```
{ TR0=0; sec=0; msec=0; }
}
void display()                  //显示函数
{
  P2=0x01;                      //选中 P2.0 控制的数码管
      P0=led[sec%10];           //显示秒个位
      delay(10);
      P2=0x02;                  //选中 P2.1 控制的数码管
      P0=led[sec/10];           //显示秒十位
      delay(10);
}
void main()
{
   TMOD=0x01;                   //定时器 0 工作方式 1
   TH0=0x3c;                    //50ms 定时初值
   TL0=0xb0;
   EX0=1;
   EX1=1;
   IT0=1;
   IT1=1;
   EA=1;                        //开总中断
   ET0=1;                       //开定时器 0 中断
   P3=0xff;                     //P3 口做输入
   while(1)
      display();
}
```

六、中断标志的撤销

（一）定时器/计数器中断请求的撤销

定时器/计数器中断的中断请求被响应后，硬件会自动把中断请求标志位（TFO 或 TF1）清零，因此定时器/计数器中断请求是自动撤销的。

（二）外部中断请求的撤销

1. 边沿方式外部中断请求的撤销

包括两项内容：中断标志位清零和外中断信号的撤销。其中，中断标志位（IEO 或 IE1）清零是在中断响应后由硬件自动完成的。对于外中断信号的撤销，由于跳沿信号过后即消失，所以边沿方式的外部中断也是自动撤销的。

2. 电平方式外部中断请求的撤销

对于电平方式外部中断请求的撤销，中断请求标志的撤销是自动的，但中断请求信号的低电平可能继续存在，后期机器周期采样时，又会把已清零的 IEO 或 IE1 标志位重新置 1。为此，要彻底撤销电平方式外部中断请求，除了标志位清零之外，还可在中断响应后把中断请求信号输入引脚，从低电平强制改为高电平。为此，可在系统中增加专用电路。

任务 7-3　应用定时器和中断实现完整的时钟功能

任务目标

知识目标

- 掌握单片机定时器/计数器的工作过程。
- 掌握单片机中断的工作机制。
- 掌握单片机定时器和中断的程序设计方法。

技能目标

- 能够按照要求设置单片机定时器。
- 能够根据实际情况设置中断系统。
- 能够结合软件和硬件进行联合调试，实现比较复杂的功能。

素养目标

- 熟悉智能产品开发工程师岗位的工作任务，学习其职业精神。
- 讲述大国工匠事迹，践行工匠精神。

任务描述

借助单片机开发板制作 8 位数字钟，应用定时器和中断实现完整的时钟功能。

8 个数码管用于数字钟的显示：两位秒钟（最低位）、短横线分隔符、两位分钟、短横线分隔符、两位小时（最高位）。12 进制或 24 进制均可。

设计时，仿照生活中常用的数字钟加了两个按键，功能设置如下：

按键 1：用于选择秒、分、时，按一次选择秒位，秒所在的两位数码管每秒闪烁一次；再按一次选择分钟位，分钟所在的两位数码管每秒闪烁一次；再按一次选择小时位，小时所在的两位数码管每秒闪烁一次。

按键 2：用于时间数字的调整。每按下一次，选中的时、分、秒位的数值加 1。由于时钟最大值只有 60，因此为了简化功能，没有设置减 1 的按键。

执行思路

用单片机开发板进行功能开发，根据原理图编写程序并进行软硬联调，以实现完整的数字钟功能。本设计比较复杂，需要分成若干模块分别实现，如图 7-27 所示。

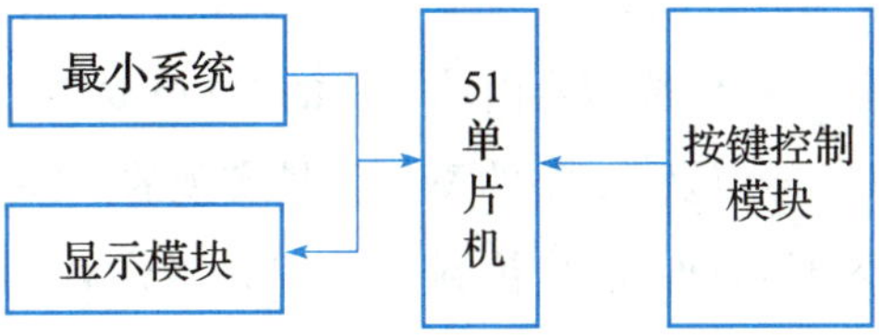

图 7-27　数字钟功能模块

任务实施

一、定时器和中断的初始化模块

数字钟采用定时器 0 的工作方式 1，定时间隔 50ms，循环 20 次达到 1s 延时。中断系统包括两个方面：定时器中断和两个按键的外部中断，外部中断触发方式为下降沿。由此可以得到定时器和中断的初始化程序如下：

```
void init()
{
    TMOD=0x01;
    TH0=(65536 -50000)/256;
TL0=(65536 -50000)%256;
ET0=1;
EA=1;
IT0=1;
TR0=1;
}
```

二、显示模块的设计

数码管的显示模块如图 7－28 所示，段选信号由 74HC573 芯片 U5 提供的，位选信号由 74HC573 芯片 U6 提供，两个芯片的片选信号 C 分别由单片机的 P2.0 和 P2.1 管脚来控制。

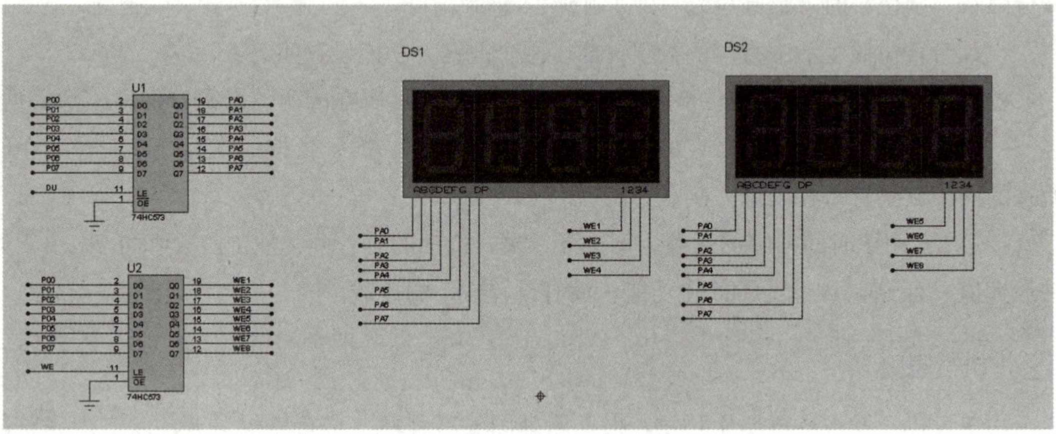

图 7－28 数码管的显示模块

由于显示模块的段选信号和位选信号由单片机的 P0 口复用，因此段选信号和位选信号的隔离是通过 P2.0 的 DU 信号以及 P2.1 的 WE 信号实现的。DU 信号有效时，WE 信号被封闭；反之，WE 信号有效时，DU 信号被封闭。如此工作就可以保证 P0 口复用信号的分离。

```
//＊显示部分程序＊//
void display()
{
unsigned char duan, i;
for(i=0; i<8; i++)
{
switch(i)
{
    case 0: duan=second%10; break;
case 1: duan=second/10; break;
case 2: duan=16; break;
case 3: duan=minute%10; break;
case 4: duan=minute/10; break;
case 5: duan=16; break;
case 6: duan=hour%10; break;
case 7: duan=hour/10; break;
}
du=1;                    //打开段选
P0 = ~led[duan];
du=0;                    //关闭段选
P0=0xff;
wei =1;                  //打开位选
P0 = comm[i];
wei=0;                   //关闭位选
P0=0;                    //显示完一位以后，关显示消隐
delay(1);
}
}
```

请注意 switch 结构中的各个 case 关键字后面的语句，程序中计算的分别是秒、分、时的个位和十位。其中有两位比较特殊：

case 2：duan＝16；break；

case5：duan＝16；break；

这两位显示的是分隔符“－”，可以通过查表或者计算得到相应的字形码为 0xbf，程序设计中把这个字形码放到字形码数组的第 16 个元素上，仍然是共阳极数码管的字形码。

```
unsigned char led[] ={0xc0, 0xf9, 0xa4, 0xb0,
    0x99, 0x92, 0x82, 0xf8,
    0x80, 0x90, 0x88, 0x83,
    0xc6, 0xa1, 0x86, 0x8e, 0xbf};
```

三、按键电路的设计

根据开发板的按键布局和数字钟的功能要求，按键电路按照两个独立按键设计，如图 7－29 所示。根据独立按键控制原理，按键没按时，对应的 IO 端口为高电平；按键按

下，对应端口为低电平。

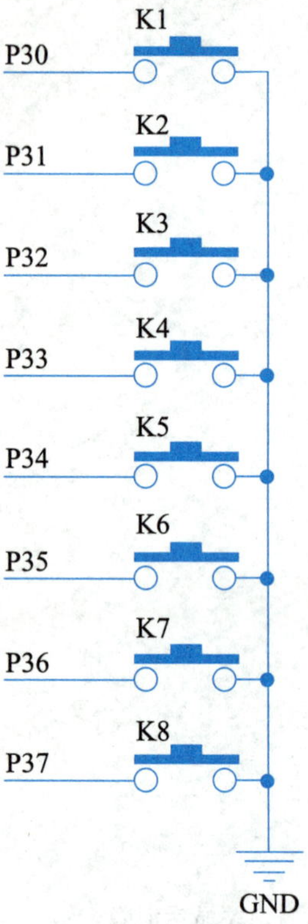

图 7-29　数字钟的按键电路

```
void keyscan()
{

if(S1==0)
{
delay(10);
if(S1==0)
{
  flag++;
  while(! S1);
}
}
if(S2==0)
{
delay(10);
if(S2==0)
{
     switch(flag)
{
case 1:    second++; break;
```

```
case 2: minute++; break;
case 3: hour++; break;
}
while(! S2);
}
}
}
```

程序中设计了一个标志位 flag，flag＝1 时选择秒位，flag＝2 时选择分钟位，flag＝3 时选择小时位，由 S1 按键控制。

S2 按键相对比较简单，根据 flag 标志位，按下一次则将秒、分、时分别加 1。

四、外部中断处理函数

外部中断处理函数为 void T0_time() interrupt 1;。

在中断处理的过程中，使用 switch 函数完成各个标志位的切换。

```
switch(flag)
{
case 0: second++; m_flag=0; break;
case 1: s_flag=~s_flag; break;
case 2: s_flag=0; m_flag=~m_flag; break;
case 3: m_flag=0; h_flag=~h_flag; break;
case 4: h_flag=0; s_flag=0; m_flag=0; flag=0; break;
}
```

为了便于调整秒、分、时的数值，选中秒位时，需要两位数字都闪烁，同理，选中分钟位和小时位时，也需要两位数字都闪烁。为了实现闪烁功能，程序中设计了 3 个标志位：s_flag 秒标志位、m_flag 分钟标志位、h_flag 小时标志位。调整秒位时，s_flag＝～s_flag 实现取反；调整分钟位时，需要将秒位闪烁停止，即 s_flag＝0，然后将分钟位取反 m_flag＝～m_flag。如此类推，即可实现秒、分、时相应位的选择并闪烁。

完整参考程序如下：

```
#include <reg52.h>
unsigned char num, minute, second=1, hour;
sbit du =P2^0;
sbit wei =P2^1;
sbit S1 =   P3^0;          //第一个按键
sbit S2 =   P3^1;          //第二个按键
unsigned char flag;
bit  s_flag=0;             //秒的标志位
bit  m_flag=0;             //分钟的标志位
bit  h_flag=0;             //小时的标志位
void delay(unsigned int i);
void display();
void init();
```

```
void keyscan();

unsigned char led[] ={0xc0, 0xf9, 0xa4, 0xb0,
     0x99, 0x92, 0x82, 0xf8,
     0x80, 0x90, 0x88, 0x83,
     0xc6, 0xa1, 0x86, 0x8e, 0xbf};
unsigned char comm[] = {0x7f, 0xbf, 0xdf, 0xef, 0xf7, 0xfb, 0xfd, 0xfe};
void main()
{
init();
while(1)
{
  keyscan();
      display();
}
}
/*显示函数*/
void display()
{
unsigned char i;
for(i=0; i<8; i++)
{
du=1;
switch(i)
{
case 0: if(s_flag==0)P0= ~led[second%10]; if(s_flag==1)P0= 0; break;
case 1: if(s_flag==0)P0= ~led[second/10]; if(s_flag==1)P0= 0; break;
case 2: P0= ~led[16]; break;
case 3: if(m_flag==0)P0= ~led[minute%10]; if(m_flag==1)P0= 0; break;
case 4: if(m_flag==0)P0= ~led[minute/10]; if(m_flag==1)P0= 0; break;
case 5: P0= ~led[16]; break;
case 6: if(h_flag==0)P0= ~led[hour%10]; if(h_flag==1)P0= 0; break;
case 7: if(h_flag==0)P0= ~led[hour/10]; if(h_flag==1)P0= 0; break;
}
du=0;
         P0=0xff;
wei =1;
P0 = comm[i];
wei=0;
P0=0;             //显示完一位以后，关显示消隐
delay(1);
delay(1);
}
}
//*延时函数*//
void delay(unsigned int i)
{
unsigned char j, k;
```

```
for(j=i; j>0; j--)
for(k=110; k>0; k--);
}
//*定时器中断处理函数*//
void T0_time() interrupt 1
{
TH0=(65536 -50000)/256;
TL0=(65536 -50000)%256;
num++;
if(num==20)
{
num=0;
switch(flag)
{
case 0: second++; m_flag=0; break;
case 1: s_flag=~s_flag; break;
case 2: s_flag=0; m_flag=~m_flag; break;
case 3: m_flag=0; h_flag=~h_flag; break;
case 4: h_flag=0; s_flag=0; m_flag=0; flag=0; break;
}

if(second==60) second=0, minute++;
if(minute==60) minute=0, hour++;
if(hour==24) hour=0;
}
}
//*初始化函数*//
void init()
{
    TMOD=0x01;
    TH0=(65536 -50000)/256;
TL0=(65536 -50000)%256;
ET0=1;
EA=1;
IT0=1;
TR0=1;
}
//*按键扫描函数*//
void keyscan()
{

/*
flag==0;     //定时器正常工作
flag==1;     //调试秒
flag==2;     //调试分
flag==3;     //调试小时
*/
```

```
//
if(S1==0)
{
delay(10);
if(S1==0)
{
  flag++;
  while(! S1);
}
}
if(S2==0)
{
delay(10);
if(S2==0)
{
     switch(flag)
{
case 1: second++; break;
case 2: minute++; break;
case 3: hour++; break;
}
while(! S2);
}}}
```

内容梳理与总结

通过对本工作模块的学习和动手实践，同学们应能够熟练运用定时器/计数器和中断来实现相应功能，并重点掌握以下内容：

（1）单片机定时器的概念。

（2）单片机定时器的工作方式。

（3）单片机中断的概念和结构。

（4）单片机中断程序的编写方法。

思考与练习 7

一、填空题

1. 51 单片机中有________个________位的定时器/计数器，可以设定的工作方式有________种。

2. 单片机中，常用作地址锁存器的芯片是________，常用作地址译码器的芯片是________。

3. 若要启动定时器 T0 开始计数，则应将 TR0 的值设置为________。

4. 若系统晶振频率为 12MHz，则 T0 工作方式 1 时最多可以定时________ μs。

5. 单片机工作于定时状态时，计数脉冲来自________。

6. 单片机工作于计数状态时，计数脉冲来自________。

二、选择题

1. 定时器/计数器有 4 种工作模式，它们由（　　）寄存器中的 M1、M0 状态决定。

A. TCON　　B. TMOD　　C. PCON　　D. SCON

2. 若单片机的振荡频率为 6MHz，设定时器工作在方式 1 需要定时 1ms，则定时器初值应为（　　）。

A. 500　　B. 1000　　C. $2^{16}-500$　　D. $2^{16}-1000$

3. 定时器 1 工作在计数方式时，其外加的计数脉冲信号应连接到（　　）引脚。

A. P3.2　　B. P3.3　　C. P3.4　　D. P3.5

4. 在下列寄存器中，与定时器/计数器控制无关的是（　　）。

A. TCON　　B. TMOD　　C. SCON　　D. IE

5. 启动定时器 0 开始计数的指令是使 TCON 的（　　）。

A. TF0 位置 1　　B. TR0 位置 1　　C. TR0 位置 0　　D. TR1 位置 0

三、简答题

1. 定时器/计数器的各种工作方式有何区别？

2. 定时器/计数器程序的编程规律是什么？

3. 简述中断、中断源、中断源的优先级的含义。

4. MCS-51 单片机能提供几个中断源、几个中断优先级？各个中断源的优先级怎样确定？在同一优先级中，各个中断源的优先级怎样确定？

延伸阅读

工匠寄语： 每个零件都关系着乘客的生命安全。确保质量，是我最大的职责。

工匠人物： 胡双钱，中国商飞上海飞机制造有限公司数控机加车间钳工组组长，人称“航空手艺人”。

工匠事迹：请扫描二维码阅读。

7-10　工匠事迹

工作模块 8

串口通信技术应用

工作情境导入

随着信息技术和通信技术的发展，数字化、网络化和智能化已经成为控制设备和自动设备的发展趋势。例如，智能家居系统（见图 8－1）、智慧农业系统（见图 8－2）、环境监测系统、物联网系统和工业互联网系统等均在向数字化、网络化和智能化方向发展。上述系统虽然涉及领域不同，但其工作原理和基本组成几乎一样，系统数据交换采用的技术之一便是串口通信技术。本模块可帮助同学们了解单片机是如何实现数据的通信与传输的。

8－1 串口通信导入

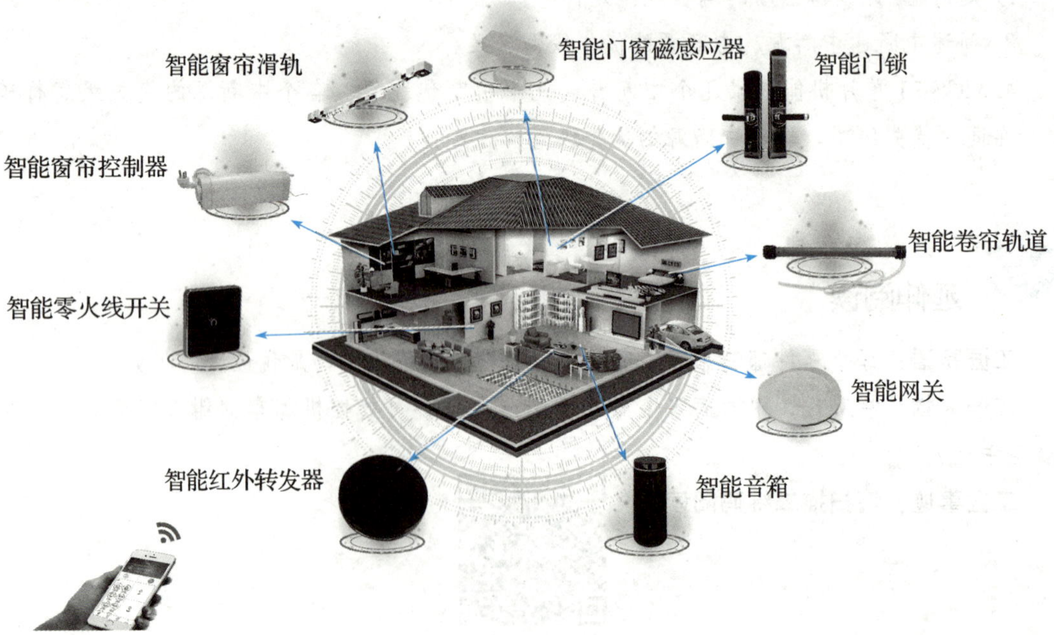

图 8－1 智能家居系统示意图

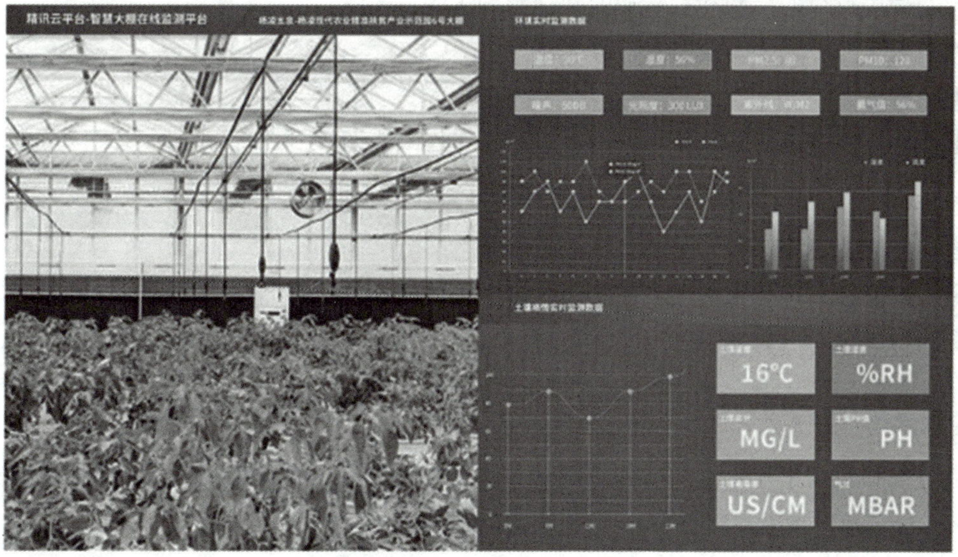

图 8-2　智慧农业系统示意图

内容图谱

串口通信技术应用

- 任务实施
  - 任务8-1　单片机与单片机的串行通信
  - 任务8-2　单片机与计算机的串行通信
- 知识链接
  - 任务8-1：
    - 一、串行通信基础知识
    - 二、串口结构和特殊功能寄存器
    - 三、串行口的4种工作方式
    - 四、波特率设置
    - 五、串行口工作过程
  - 任务8-2：
    - 一、常用的串行通信接口标准
    - 二、串行通信协议

任务 8-1　单片机与单片机的串行通信

任务目标

知识目标

- 了解串行通信基础知识。

- 掌握串行口的结构和特殊功能寄存器 SCON。
- 掌握工作方式 1 及波特率计算方法。

技能目标

- 能够用仿真软件绘制单片机与单片机的通信电路图。
- 能够编写单片机与单片机串口通信的程序。

素养目标

- 在实践过程中合理分工，团结协作。
- 讲述大国工匠事迹，践行工匠精神。

任务描述

通过编程实现单片机甲读取外部两个按键的状态：一个“加”按键，每按一次计数值加 1；一个“减”按键，每按一次计数值减 1。并通过串行通信，将计数值显示在单片机乙控制的 1 位数码管上，显示范围为 0～9，小于 0 时显示 0，大于 9 时显示 9。

初级能力：能够使用查询法编写双机之间基于 TTL 的串口通信程序。

高级能力：能够采用查询法和中断法编写双机串口通信程序。

执行思路

完成该任务，需要做好以下 3 个方面的工作：

（1）了解单片机串行通信的原理和编程步骤，熟悉串口通信控制寄存器的使用方法。

（2）按键控制编程。

（3）数码管显示控制编程。

系统框图如图 8－3 所示。

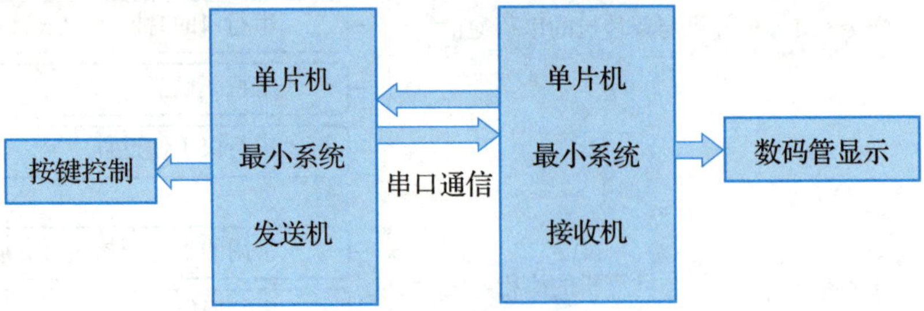

图 8－3　系统框图

任务实施

一、双机通信电路原理图

在 Proteus ISIS 中绘制的双机通信电路原理图如图 8－4 所示。

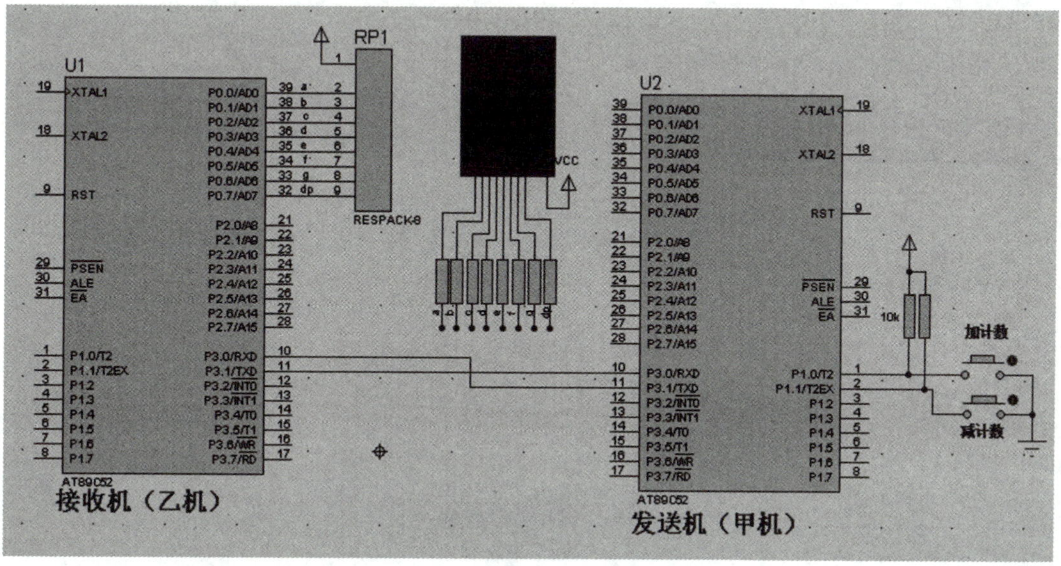

图 8-4　双机通信电路原理图

仿真电路元器件明细见表 8-1。

表 8-1　仿真电路元器件明细

序号	元器件名称	元器件型号	元器件参数
1	单片机	STC89C52RC	
2	按键	BUTTON	
3	电阻	RES	10kΩ、470Ω
4	排阻	Respack-8	10kΩ
5	数码管	7SEG-MAP1-CA	共阳极数码管

【小提示】(1) 在仿真环境下，不绘制单片机最小系统（时钟电路、复位电路、电源）不会影响功能仿真。

(2) 系统中的两个单片机需要共地，即甲机的 GND 端与乙机的 GND 端相连，在仿真环境下是默认相连的。

二、双机通信参考程序

发送单片机（甲机）的参考程序如下：

```
//任务 8-1 甲机参考程序
    #include<reg52.h>              //包含头文件，定义特殊功能寄存器
#define uchar unsigned char        //定义 unsigned char 为 uchar
#define uint unsigned int          //定义 unsigned int 为 uint
sbit add=P1^0;                     //定义“加”按键
sbit sub=P1^1;                     //定义“减”按键
uchar num;                         //定义变量：记录计数值
```

```
void key();                             //按键处理函数
void delay(uint i)                      //延时函数，时间基准是 1ms
{   uint j, k;
  for(j=0; j<i; j++)
  {for(k=0; k<125; k++);}}
void main( void)                        //主函数
{
  P1=0xff;                              //读引脚，写入 1
  SCON=0x40;                            //定义串行口工作于方式 1
  TMOD=0x20;                            //定时器 1 工作于方式 2
  TL1=0xf4;                             //波特率为 2400bit/s
  TH1=0xf4;
  TR1=1;                                //启动定时器
  while(1)
  {
    key();                              //调用按键函数
    SBUF=num;                           //发送计数值
    while(TI==0);                       //查询等待发送是否完成
    TI=0;                               //发送完成，TI 由软件清零
  }}
void key( )                             //按键处理函数
{
  if(add==0)                            //如果“加”按键按下
{
  delay(10);                            //延时 10ms 消抖
  if(add==0)                            //再次确认键是否按下
  {     num=num+1;                      //计数值加 1
    if(num==10)num=9;                   //计数值等于 10 时，计数值仍然是 9
      while(! add);                     //等待按键释放
  }
  }
    if(sub==0)                          //是否按下“减”按键
    {
      delay(10);                        //延时 10ms 消抖
      if(sub==0)                        //再次确认键是否按下
      {
        num=num-1;                      //计数值减 1
        if(num==-1)num=0;               //计数值等于-1 时，计数值是 0
        while(! sub);                   //等待按键释放
      }
    }
}
```

接受单片机（乙机）参考程序如下：

```
//任务 8-1 乙机查询法参考程序
#include<reg51. h>              //包含头文件，定义特殊功能寄存器
#define uchar unsigned char     //定义常量 uchar
```

```
#define uint unsigned int    //定义常量 uint
uchar num;
uchar disnum[10]={0xc0, 0xf9, 0xa4, 0xb0, 0x99, 0x92, 0x82, 0xf8, 0x80, 0x90};
                             //共阳极数码管从 0~9 的字形编码
void main()                  //主函数
{
   TMOD=0x20;                //定时器 1 工作于方式 2
   TL1=0xf4;                 //设置波特率
   TH1=0xf4;
   TR1=1;                    //启动定时器
   SCON=0x40;                //定义串行口工作于方式 1
   REN=1;                    //接收允许
  while(1)
  {
    while(RI==0);            //等待接收完 1 帧数据
    num=SBUF;                //接收的数据存入 num
    P0=disnum[num];          //数码管显示数字
    RI=0;                    //接收中断标志位软件清零
  }
}
```

程序解读：

```
SCON=0x40;           //串口控制寄存器 SCON 设置成 0x40，工作方式为 1。
TL1=0xf4; TH1=0xf4;  //设置串口通信的波特率为 2400bit/s。
```

任务小结

基于 TTL 的串口通信的编程步骤如下：

（1）初始化设置（设置串口工作方式、定时器工作方式、波特率）。

（2）查询发送中断标志位（TI）或接收中断标志位（RI）。

（3）软件清零中断标志位。

任务扩展

采用串行中断的编程思路编写接收机程序，实现任务 8-1 要求的功能。

```
#include<reg51.h>                //包含头文件，定义特殊功能寄存器
uchar num;
uchar disnum[10]={0xc0, 0xf9, 0xa4, 0xb0, 0x99, 0x92, 0x82, 0xf8, 0x80, 0x90};
                                 //共阳极数码管从 0~9 的字形编码
void main( )                     //主函数
{
 TMOD=0x20;                      //定时器 1 工作于方式 2
 TL1=0xf4;                       //波特率定义
 TH1=0xf4;
 TR1=1;                          //启动定时器
```

```
    SCON=0x40;                  //定义串行口工作于方式 1
    REN=1;                      //接收允许
    ES=1;                       //开串行中断允许位
    EA=1;                       //开总中断
  while(1)
  {
     P0=disnum[num];            //数码管显示数字
  }}
void receive() interrupt 4      //接收中断函数
{
   if(RI==1)                    //如果中断标志位为 1
   {
   RI=0;                        //软件清零中断标志位
     num=SBUF;                  //接收的数据存入 num
   }
}
```

知识链接

一、串行通信基础知识

（一）串行通信与并行通信

8-2 认识串行通信

随着多微机系统的广泛应用和计算机网络技术的普及，计算机的通信能力显得越来越重要。计算机通信是指计算机与计算机之间或计算机与外部设备之间的信息交换。

计算机通信分为并行通信和串行通信两种方式。并行通信是将数据字节的各位用多条数据线同时传送，单片机与发光二极管、数码管以及液晶 LCD1602 之间的通信都属于并行通信，如图 8-5 所示。串行通信是将数据字节分成一位一位的，在一条传输线上逐位传送，电话线通信和 U 盘（USB）通信都属于串行通信，如图 8-6 所示。

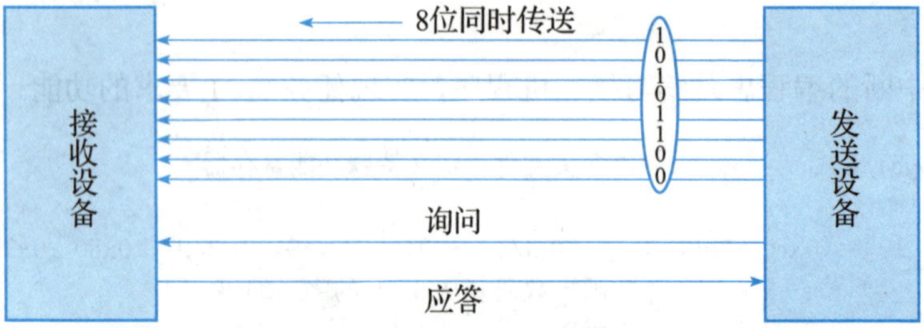

图 8-5 并行通信示意图

并行通信的特点：控制简单，传输速度快，效率高，但长距离传送时成本高且同时接收存在困难。

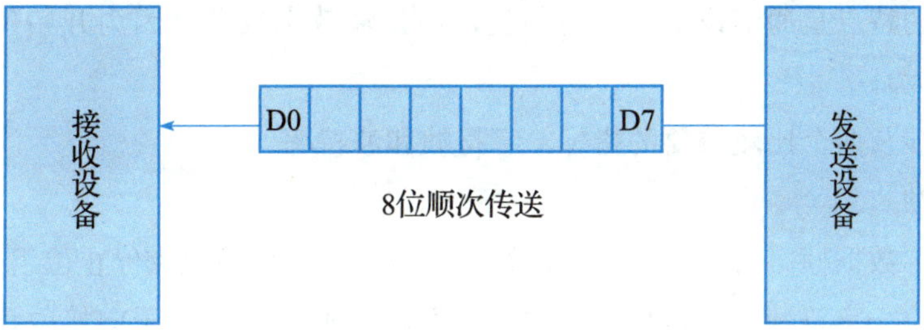

图 8-6 串行通信示意图

串行通信的特点：传输线少，成本低，速度慢，传送控制相对复杂。但是随着计算机技术、通信技术和电子技术的发展，多微机系统以及现代测控系统越来越多地采用串行通信方式。

（二）异步通信与同步通信

按照串行数据的时钟控制方式，串行通信可分为异步通信与同步通信，如图 8-7 所示。

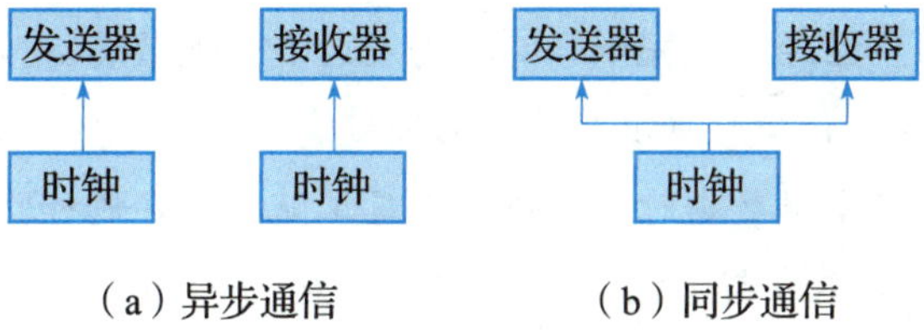

图 8-7 通信时钟

1. 异步通信

异步通信是指通信的发送与接收设备使用各自的时钟通信，要求发送和接收设备的时钟尽可能一致。

异步通信中，数据是以字符为单位组成数据帧进行传送的，如图 8-8 所示。异步通信在发送字符时，字符之间的时间间隔可以是任意的。发送端可以在任意时刻开始发送字符，因此必须在每个字符的开始和结束的地方加上标志，即加上开始位和停止位，以便接收端正确地接收每个字符。

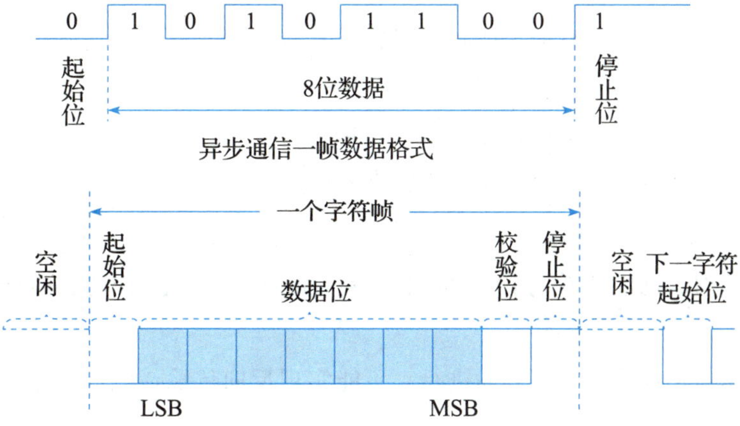

图 8-8 异步通信的字符帧格式

异步通信的特点是通信设备简单、便宜，但传输效率较低（因为开始位和停止位的开销所占比例较大）。

异步通信涉及两个比较重要的指标：字符帧和波特率。

（1）字符帧。

字符帧又称数据帧，每个字符帧由起始位、数据位、校验位和停止位组成。

起始位：位于字符帧开头，只占 1 位，为逻辑 0 低电平，用于向接收设备表示发送端开始发送 1 帧信息。

数据位：紧跟起始位之后，根据情况可取 5 位、6 位、7 位或 8 位，低位在前，高位在后。

校验位：位于数据位之后，仅占 1 位，用于表示串行通信中数据是否满足校验条件，由用户编程决定。

停止位：位于字符帧的最后，为逻辑 1 高电平，通常可取 1 位、1.5 位或 2 位，用于向接收端表示 1 帧字符信息已经发送完毕，同时为发送下一帧做准备。

【小提示】 校验是保证传输数据准确无误的关键。

（1）奇偶校验：串行发送数据时，数据位末尾尾随 1 位奇偶校验位（1 或 0）。

（2）代码和校验：发送方将所发数据块求和或各字节异或，产生 1 字节的校验字符（校验和），附加到数据块末尾。

（3）循环冗余码校验：通过某种数学运算实现有效信息与校验位之间的循环校验，该方法应用广泛。

（2）波特率（Band Rate）。

波特率是指每秒钟传输二进制代码的位数，单位是位/秒（bit/s），如每秒钟传输 240 个字符，每个字符格式包含 10 位（1 个起始位、1 个停止位、8 个数据位），则比特率为 10bit×240/s=2400bit/s。

波特率是衡量传输通道频宽的指标，与时钟频率有关。时钟频率越高，波特率越大。

2. 同步通信

同步通信要建立发送方时钟对接收方时钟的直接控制，使双方达到完全同步。同步通信将许多字符组成一个信息组，字符可以一个接一个地连续传输。但是在每组信息（通常称为帧）的开始要加上同步字符，在没有信息传输时要填上空字符（因为同步传输不允许有间隙）。如图 8-9 所示为单同步和双同步的字符帧结构。

（三）串行通信的传输模式

串行通信依据数据的传输方向及时间关系，可分为单工、半双工和全双工 3 种，如图 8-10 所示。

单工：数据传输仅能沿一个方向进行，不能实现反向传输，就像汽车在高速公路上同向行驶。

同步字符	数据字符1	数据字符2	数据字符3		数据字符 n	CRC1	CRC2

（a）单同步字符帧结构

同步字符1	数据字符2	数据字符1	数据字符2		数据字符 n	CRC1	CRC2

（b）双同步字符帧结构

图 8－9　同步通信的字符帧结构

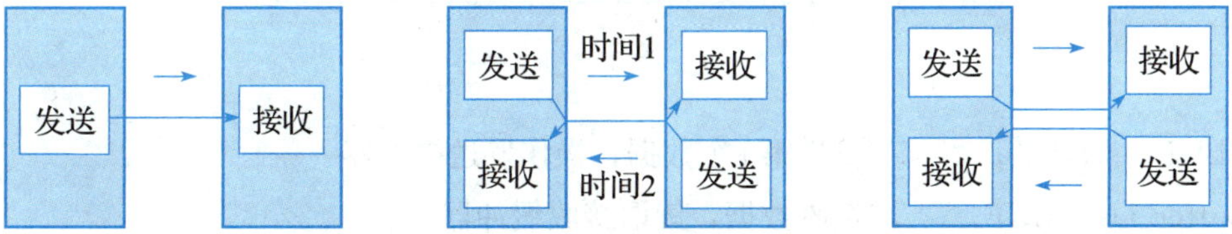

（a）单工　　（b）半双工　　（c）全双工

图 8－10　串行通信的传输模式

半双工：数据传输可以沿两个方向进行，但需要分时进行，就像使用对讲机通话。

全双工：数据可以同时进行双向传输，就像使用手机通话。

二、串口结构和特殊功能寄存器

51 系列单片机除了含有 4 个并行 I/O 外，还有 1 个串行通信接口。单片机的串口可以实现单片机与单片机、单片机与电脑、单片机与各式各样的模块互相通信，极大地扩展了单片机的应用范围，增强了单片机系统的硬件实力。51 单片机内部串行口是 1 个可编程全双工串行通信接口，不仅可以同时进行数据的发送和接收，还可以作为同步移位寄存器使用。

（一）串行口的结构

51 单片机的串行通信接口主要由数据缓冲器 SBUF、串行口控制寄存器 SCON、电源控制寄存器 PCON、定时器 T1 以及 TXD/RXD 两个引脚组成，如图 8－11 所示。

8－3　串行通行结构和特殊功能寄存器

（二）串行口相关寄存器

1. 数据缓冲器

数据缓冲器（SBUF）是特殊功能寄存器，包括发送寄存器和接收寄存器。两个 SBUF 在物理上相互独立，但具有共同的地址 99H，通过读写指令来区分。发送缓冲器只能写入不能读出，接收缓冲器只能读出不能写入。CPU 在写 SBUF 时，操作的是发送缓冲器；读 SBUF 时，就是读接收缓冲器的内容。

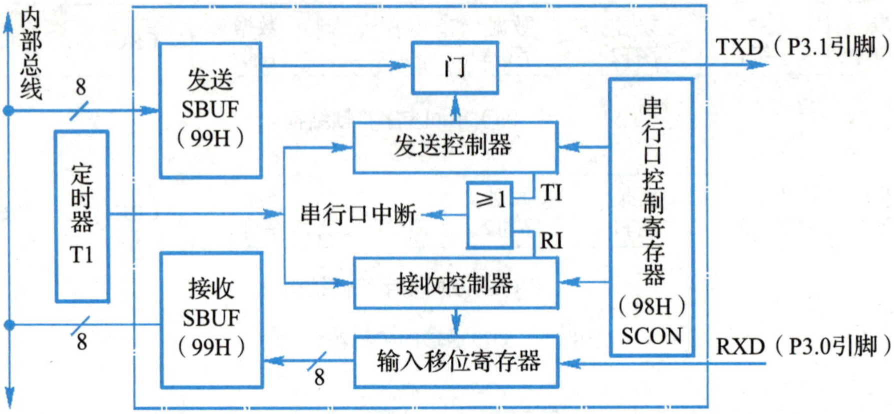

图 8－11　串行口结构示意图

```
SBUF=send[i];        //发送第i个数据，操作发送缓冲器
buffer[i]=SBUF;      //接收数据，读取接收缓冲器
```

2. 串行口控制寄存器

串行口控制寄存器（SCON）用于设置串行口的工作方式、工作状态，以及控制发送与接收的状态，可以进行位寻址，字节地址为 0x98。其格式见表 8－2。

表 8－2　串行口控制寄存器（SCON）的格式

位地址	9FH	9EH	9DH	9CH	9BH	9AH	99H	98H
位名称	SM0	SM1	SM2	REN	TB8	RB8	TI	RI

（1）SM0 和 SM1 用于设置串行口的 4 种工作模式，具体见表 8－3。

表 8－3　串行口的 4 种工作模式

SM0	SM1	工作方式	功能说明	波特率
0	0	方式 0	8 位同步移位寄存器用于扩展 IO 口	$f_{osc}/12$
0	1	方式 1	10 位异步收发	可变，T1 控制
1	0	方式 2	11 位异步收发	$f_{osc}/64$ 或 $f_{osc}/32$
1	1	方式 3	11 位异步收发	可变，T1 控制

（2）SM2 是多机通信控制位，功能说明见表 8－4。

表 8－4　多机通信控制位功能说明

控制位	工作方式（SM0，SM1）	功能说明
SM2	方式 0	必须 SM2=0
	方式 1	通常设置 SM2=0。处于接收状态时，若 SM2=1，则只有在收到有效的停止位后 RI 才置 1

续表

控制位	工作方式（SM0，SM1）	功能说明
SM2	方式 2、方式 3	处于接收状态时，若 SM2＝1，则利用接收到的第 9 位数据（RB8）来甄别地址帧。 当 RB8＝0 时，不允许该帧作为地址帧，丢弃该帧数据，并保持 RI＝0。 当 RB8＝1 时，接受该帧作为地址帧，地址帧信息送入 SBUF，产生中断请求并置 RI＝1
		当处于发送状态时，若 SM2＝0，无论 RB8＝0 还是 RB8＝1，均是 TI＝1，RI＝1，产生中断请求。

（3）SCON 后 5 位功能说明见表 8－5。

表 8－5　SCON 后 5 位功能说明

控制位	位说明	功能说明
REN	允许串行接收位	REN＝1，允许串行口接收数据。REN＝0，禁止串行口接收数据。该位由软件置 1 或清零
TB8	发送的第 9 位数据	在方式 2 和方式 3 中，TB8 是要发送的第 9 位数据，由软件规定其作用。可以用作数据的奇偶校验位，或在多机通信中作为地址帧或数据帧的标志位。在方式 0 和方式 1 中未用该位
RB8	接收的第 9 位数据	在方式 2 和方式 3 中，RB8 存放接收到的第 9 位数据。作为奇偶校验位或地址帧/数据帧的标志位。在方式 0 中未用该位。在方式 1 中，若 SM2＝0，则该位接收到的是停止位
TI	发送中断标志位	在方式 0 中，当串行发送第 8 位数据结束时或在其他方式中，串行口发送停止位时，TI 由系统硬件置 1，向 CPU 发中断申请。在中断服务程序中，必须用软件清零，取消此中断申请
RI	接收中断标志位	在方式 0 中，当串行接收第 8 位数据结束时或在其他方式中，串行口接收停止位时，RI 由系统硬件置 1，向 CPU 发中断申请。在中断服务程序中，必须用软件清零，取消此中断申请

3. 电源控制寄存器

电源控制寄存器（PCON）是为单片机电源控制而设置的专用寄存器。在该寄存器中，仅最高位 SMOD 与串口有关，其格式见表 8－6。

表 8－6　电源控制寄存器（PCON）的格式

位地址	87H							
位名称	SMOD	—	—	—	GF1	GF0	PD	IDL

SMOD 为波特率选择位。SMOD＝1 时，使串行通信方式 1、2、3 的波特率加倍；

SMOD=0 时，各工作方式的波特率不加倍。复位时，SMOD=0。

三、串行口的 4 种工作方式

51 单片机串行口可设置 4 种工作方式，由 SCON 中的 SMO、SM1 进行定义。

（一）方式 0

8-4　工作方式 1 及波特率计算

方式 0 为同步移位寄存器输入/输出方式。该方式不用于两个 51 单片机之间的异步串行通信，而是用于串行口外接移位寄存器，扩展并行 I/O 口。数据由 RXD（P3.0）引脚输入或输出，同步移位脉冲由 TXD（P3.1）引脚输出。8 位数据为 1 帧，无起始位和停止位，先发送或接收最低位。波特率固定，为 $f_{osc}/12$。方式 0 的帧格式如图 8-12 所示。

…	D0	D1	D2	D3	D4	D5	D6	D7	…

图 8-12　方式 0 的帧格式

（二）方式 1

当 SM0SM1=01 时，串行口工作于方式 1，为波特率可调的 10 位通用异步接口，可以用于双机串行通信或单片机和计算机之间通信。其中，TXD 和 RXD 引脚分别用于发送和接收数据。工作方式 1 的数据帧格式如图 8-13 所示。

起始位	D0	D1	D2	D3	D4	D5	D6	D7	停止位

图 8-13　工作方式 1 的数据帧格式

当串行口工作于输出数据时，数据位由 TXD 端输出。1 帧数据共 10 位：1 个起始位（数据为 0），8 个数据位和 1 个停止位（数据为 1）。数据通信时，先发送或接收最低位，再发送高位。当 CPU 执行一条数据写 SBUF 的指令，就启动发送。发送开始时，内部发送控制信号变为有效，将起始位向 TXD（P3.0）引脚输出，此后每经过一个 TX 时钟周期，便产生一个移位脉冲，并由 TXD 引脚输出一个数据位。8 位数据位全部发送完毕后，中断标志位 TI 置 1，等待下一帧数据发送。发送时序图如图 8-14 所示。

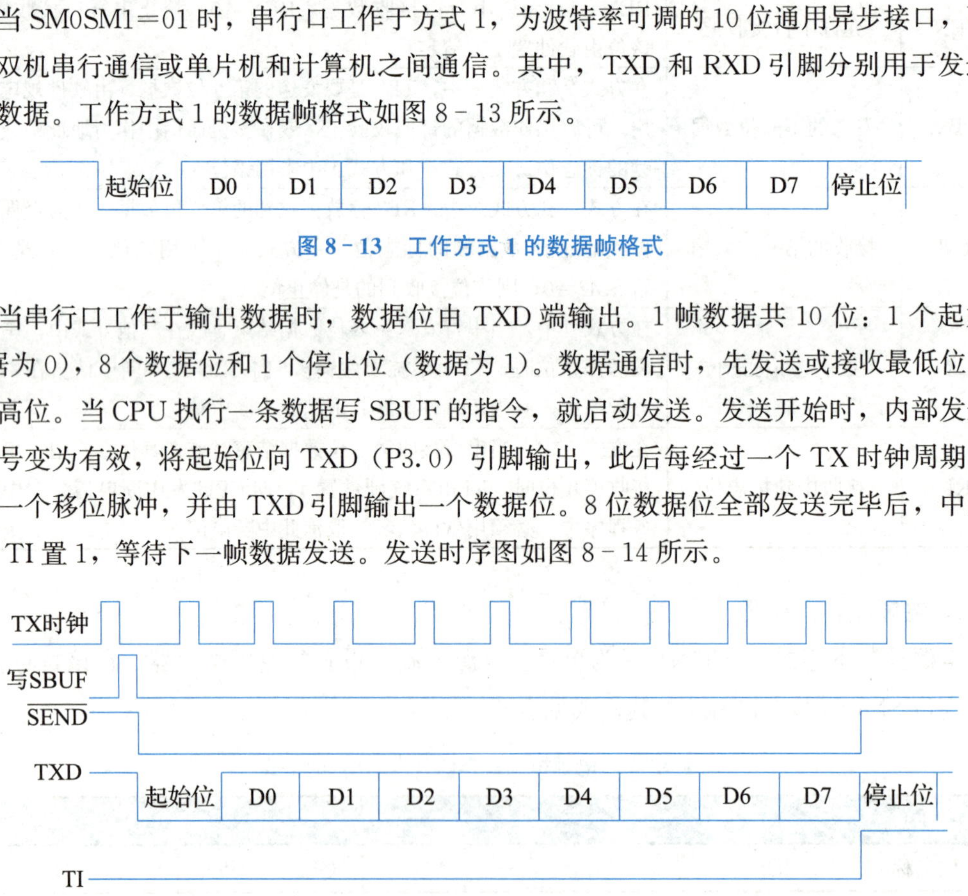

图 8-14　串行口发送时序图

当串行口工作于接收数据时，REN=1，允许接收，数据从 RXD（P3.1）引脚输入。接收时，当采样到 RXD 端从 1 到 0 的负跳变时就确认起始位（负跳变）有效，开始接收 1 帧信息，接收数据时序图如图 8－15 所示。当 1 帧数据接收完毕后，RI=0，且 SM2=0 或停止位=1 时，将接收到的数据装入 SBUF 和 RB8（装入的是停止位），并将中断标志 RI 置 1。否则，该帧数据将丢弃。

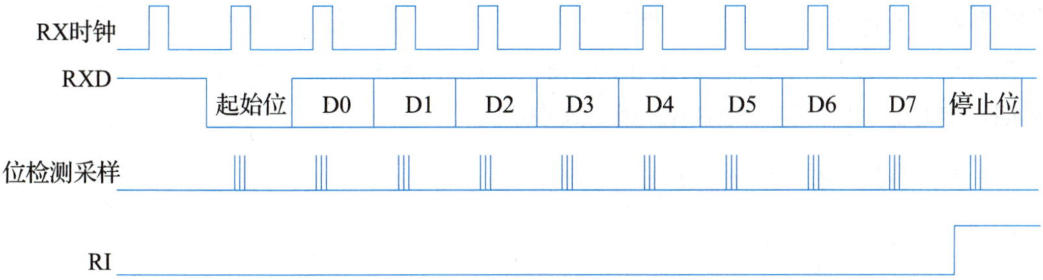

图 8－15　串行口接收数据时序图

（三）方式 2 和方式 3

方式 2 和方式 3 为 11 位数据的异步通信口，TXD 为数据发送引脚，RXD 为数据接收引脚。在这两种工作方式下，1 帧数据为 11 位：起始位 1 位，数据 9 位（含第 9 位，发送时为 TB8，接收时为 RB8），停止位 1 位，详细数据帧格式如图 8－16 所示。方式 2 和方式 3 的区别是波特率，方式 2 的波特率固定为晶振频率的 1/64 或 1/32，方式 3 的波特率由定时器 T1 的溢出率和 TMOD 位决定。

图 8－16　方式 2 和方式 3 的数据帧格式

四、波特率设置

在串行通信中，收发双方对发送或接收的数据的波特率有一个约定。在 51 单片机串行口 4 种工作方式中，方式 0 和方式 2 的波特率固定不变，方式 1 和方式 3 的波特率可以变化，由定时器 T1 的溢出速率决定。

串行口 4 种工作方式对应的波特率计算如下：

（1）方式 0 的波特率。波特率是固定的，为振荡频率的 1/12，不受 PCON 寄存器中 SMOD 的影响。用公式表示为：

$$波特率 = f_{osc}/12$$

（2）方式 2 的波特率。移位脉冲由振荡频率 f_{osc} 的第二节拍 P2 时钟（即 $f_{osc}/2$）给出。所以，方式 2 的波特率取决于 PCON 中的 SMOD 位的值，当 SMOD=0 时，波特率为 $f_{osc}/64$；当 SMOD=1 时，波特率为 $f_{osc}/32$。用公式表示为：

波特率＝(2^SMOD/64) * f_{osc}/

(3) 方式 1 和方式 3 的波特率。方式 1 和方式 3 的移位脉冲由定时器 T1 的溢出速率决定。因此，方式 1 和方式 3 的波特率由定时器 T1 的溢出速率与 SMOD 值同时决定。用公式表示为：波特率＝ (2 * SMOD/32) x T1 的溢出速率。其中，T1 的溢出速率取决于 T1 的计数速率（在定时方式下，计数速率＝ f_{osc}/12）和 T1 的预置初值。定时器 T1 作为波特率发生器时，通常让定时器 T1 工作在方式 2，并处于定时方式（即 C/T＝0）。此时，T1 的计数速率为 f_{osc}/12（这时应禁止 T1 中断）。设定时器初值为 X，则每过“256-X”个机器周期，定时器 T1 产生一次溢出。用公式表示为：

T1 的溢出速率＝(f_{osc}/12)/(256－X)

故方式 1 和方式 3 的波特率公式为：

波特率＝(2 * SMOD/32) x (f_{osc}/12)/(256－X)。

在单片机应用中，常用的振荡频率为 12MHz 和 11.0592MHz。实际使用时，经常根据波特率和振荡频率来计算 T1 的初值 X。常用的波特率与初值的对应关系见表 8－7。

表 8－7　常用的波特率与初值的对应关系

波特率	f_{osc}	SMOD 位	方式	初值 *X*
62.5kbit/s	12MHz	1	2	FFH
19.2kbit/s	11.0592MHz	1	2	FDH
9.6kbit/s	11.0592MHz	0	2	FDH
4.8kbit/s	11.0592MHz	0	2	FAH
2.4kbit/s	11.0592MHz	0	2	F4H
1.2kbit/s	11.0592MHz	0	2	E8H

五、串行口工作过程

(一)查询方式串行通信程序设计

1. 发送过程

(1)串行口、定时器初始化。设置串行口工作方式，设置定时器工作方式，设置波特率，启动定时器。程序参照任务 8－1。

```
SCON=0x40;    //设置串行口为工作方式 1，SCON=0x40;
TMOD=0x20;    //设置定时器 T1 为工作方式 2
TH1=0xf4;     //波特率 2400Bd/s
TL1=0xf4;
TR1=1;        //启动定时器 T1
```

(2) 发送数据。

```
SBUF=mes;        //发送数据
```

(3) 判断 1 帧是否发送完毕。

```
while(TI==0);    //查询法判断串行发送是否结束
```

(4) 清零发送标志位 TI。

```
TI=0;
```

(5) 跳转到第 (2) 步，继续发送下一帧数据。

2. 接收过程

(1) 串行口、定时器初始化。设置串行口、定时器的工作方式，设置波特率，启动定时器，波特率与发送方保持一致。

(2) 允许接收。

```
REN=1；或者 SCON=0x50;
```

(3) 判断是否接收到 1 帧数据。

```
while(RI==0);    //查询法判断串行发送是否结束
```

(4) 清零接收标志位 RI。

```
RI=0;
```

(5) 对接收的数据进行处理。

```
num=SBUF;     P0=disnum[num];
```

(6) 跳转到第 (2) 步，继续接收下一帧数据。

(二) 中断方式串行通信程序设计

51 单片机串行口中断分为发送中断和接收中断两种。每当串行口发送或接收完 1 帧串行数据后，串行口电路自动将串行口控制寄存器 SCON 中的 TI、RI 中断标志位置位，并向 CPU 发出串行口中断请求，CPU 响应串行口中断后便立即转入串行口中断服务程序执行。

51 单片机串行口的中断型号是 4，其中断服务程序格式如下：

```
void 函数名 () interrupt 4 [using n]
{中断服务程序;}
```

其中，n 为单片机工作寄存器组的编号，共 4 组，取值为 0、1、2、3。这里取默认值 0。

任务 8－1 的扩展任务就是采用中断方式编写串行接收程序。

任务 8－2　单片机与计算机的串行通信

任务目标

知识目标

- 了解常用的串行通信接口标准。
- 掌握 RS232 串行通信标准。

技能目标

- 能够用仿真软件绘制单片机与计算机通过 RS232 通信的电路图。
- 能够编写单片机与计算机通过串口 RS232 通信的程序。

素养目标

- 在实践过程中合理分工，团结协作。
- 讲述大国工匠事迹，践行工匠精神。

任务描述

通过单片机串口发送共阳极数码管中显示 0～9 数码的字形编码数据到计算机端，通过虚拟终端观察计算机接到的数据是否与数码管显示的一致。

初级能力：能够绘制单片机与计算机通过 RS232 串口通信的电路图，并编写程序。

高级能力：能够绘制两种以上串口通信的电路图，并编写程序。

执行思路

完成该任务，需要做好以下两个方面的工作：

（1）单片机 RS232 串行通信的电路设计及编程。

（2）数码管显示控制编程。

系统框图如图 8－17 所示。

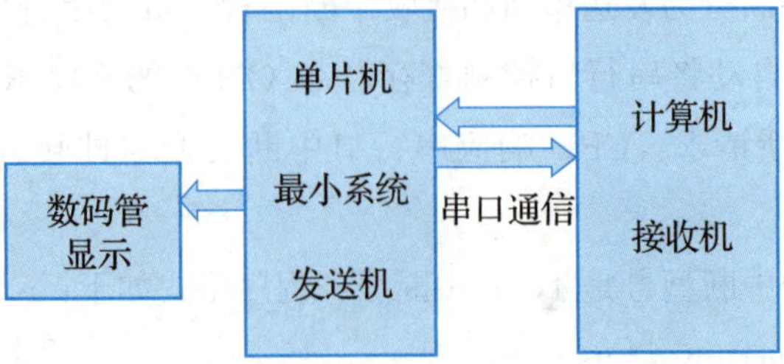

图 8－17　系统框图

任务实施

一、RS232 通信的电路原理图

如图 8－18 所示为 MCU 与计算机通过 RS232 通信的电路原理图。工作原理如下：单片机控制数码管显示 0～9，同时把 0～9 的字形编码通过 TXD 接口传送到计算机，这里计算机用虚拟终端代替。仿真电路元器件明细见表 8－8。

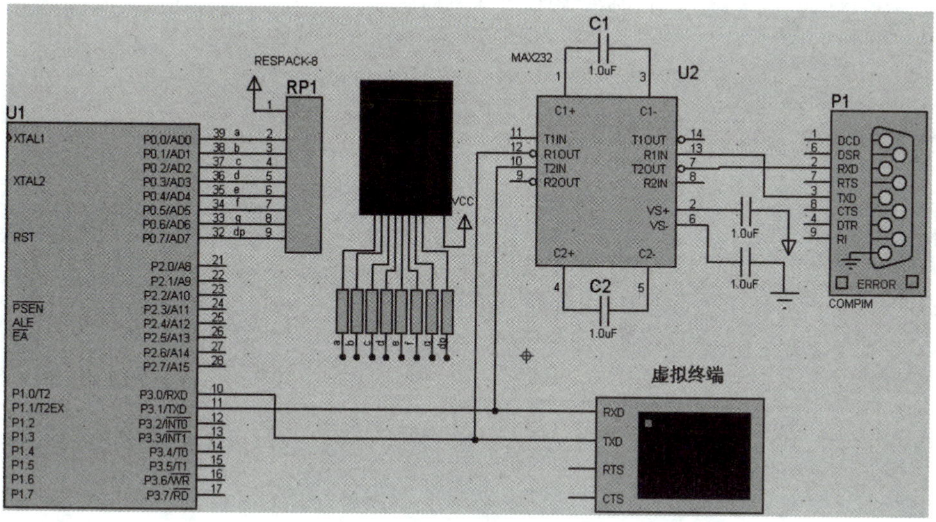

图 8－18 MCU 与计算机通过 RS232 通信的电路原理图

表 8－8 仿真电路元器件明细

序号	元器件名称	元器件型号	元器件参数
1	单片机	AT89C52	
2	电阻	RES	10kΩ、470Ω
3	排阻	Respack-8	10kΩ
4	数码管	7SEG-MAP1-CA	共阳极数码管
5	DB9 接口	COMPIM	
6	电容	cap	1.0μf
7	虚拟终端	VRTUAL TERMINAL	在虚拟仪器模式中

二、RS232 通信的参考程序

重点是串口程序的编写，具体编程步骤如下：

（1）确定 T1 的工作方式（TMOD 寄存器初始化编程）。

（2）确定 T1 的初值，装载 TH1、TL1。

（3）确定串行口控制（SCON 寄存器初始化编程）。

（4）串行口在中断方式工作时，要进行中断设置（IE、IP寄存器编程）。

（5）启动T1。

参考程序如下：

```
#include<reg52.h>                  //头文件，包含特殊功能寄存器
#define uchar unsigned char        //定义 unsigned char 为 uchar
#define uint unsigned int          //定义 unsigned int 为 uint
uchar disnum[10]={0xc0，0xf9，0xa4，0xb0，0x99，0x92，0x82，
0xf8，0x80，0x90}；                //共阳极数码管 0～9 数码
void delay(uint i)                 //延时函数，时间基准是 1ms
{    uint j，k；
   for(j=0；j<i；j++)
   {for(k=0；k<125；k++)；}
}
void main( void)
{   uchar i；
   SCON=0x40；                     //串行口工作于方式 1
   TMOD=0x20；                     //定时器 1 工作于方式 2
   TL1=0xf4；                      //波特率为 2400Bb/s
   TH1=0xf4；
   TR1=1；                         //启动定时器
   while(1)
   {
     for(i=0；i<10；i++)
     {SBUF=(0x30+i)；              //向计算机发送数字的 ASCII 码
   P0=disnum[i]；                  //数码管同时显示数字
   delay(1000)；                   //延时 1s 发送下一个
      while(TI==0)；               //查询等待发送是否完成
      TI=0；                       //发送完成，TI 由软件清零
}}}
```

程序解读：

SBUF=（0x30+i）；

0x30是数字0的ASCII码，SBUF发送的是ASCII码，否则会显示乱码。

任务小结

在电路设计时要进行RS232与TTL电平之间的转换，编程方法与任务8-1中关于TTL串口的编程方法一样。

知识链接

一、常用的串行通信接口标准

单片机的串行口可以作为单片机与计算机的通信接口，既可以利用串行口实现单片机之间的点对点双机串行通信，也可以实现单片机之间多机通信。随着应用范围的扩大，需

要处理的数据愈加复杂，而单片机的运算功能有限，往往需要借助计算机系统来处理数据，这就需要单片机与计算机之间的远程通信技术来保障。

8－5 串行总线标准及其接口

（一）TTL 电平通信接口

如果两个单片机在 1.5m 距离之内通信，则可以通过 TTL 电平直接通信，即把他们的串行口直接相连，电路原理图如图 8－19 所示。

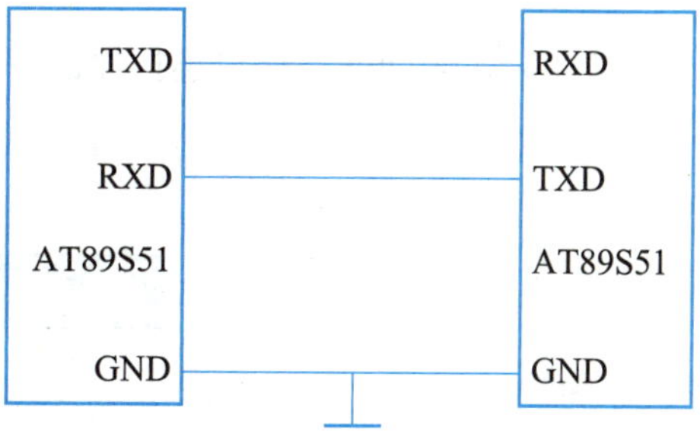

图 8－19 双机通信的电路原理图

甲机 RXD 端与乙机 TXD 端相连，乙机 RXD 端与甲机 TXD 端相连，把两个单片机地直接相连。需要注意的是，TTL 通信方式抗干扰性差，传输距离短，传输速率低。为了加强串行通信的可靠性，增加通信距离，提高传输速率，通常采用 RS-232、RS-422 和 RS-485 等标准串行接口进行通信，具体性能见表 8－9。

表 8－9 不同传输模式的性能

接口 / 性能	RS-232C	RS-422A	RS-485
功能	全双工	全双工	半双工
传输方式	单端	差分	差分
最大速率	20Kbit/s	10Mbit/s	10Mbit/s
最大距离	15m	1219m	1219m
抗干扰能力	弱	强	强
传输介质	扁平或多芯电缆	二对双绞线	一对双绞线

（二）RS232C 电平通信接口

如果通信距离在 30m 之内，且传输速率不是太快，可采用 RS-232 标准接口实现双机通信、多机通信或单片机和计算机之间的通信。

RS-232 是由美国电子工业协会（EIA）正式公布的，在异步串行中应用最广的标准总线之一。CRT、打印机与 CPU 的通信多采用 RS-232 接口，MCS-51 单片机与计算机的通信也采用这种类型的接口。

（1）RS-232 的机械指标规定。

RS-232 接口通向外部的接口连接器为 25 针的 DB25 型插口，微机通信通常采用的 RS-232 接口为 9 针的 DB9 型插口，如图 8－20 所示。目前，部分计算机上保留了两个 DB-9 插头：COM1 和 COM2，均为串行接口的连接器。

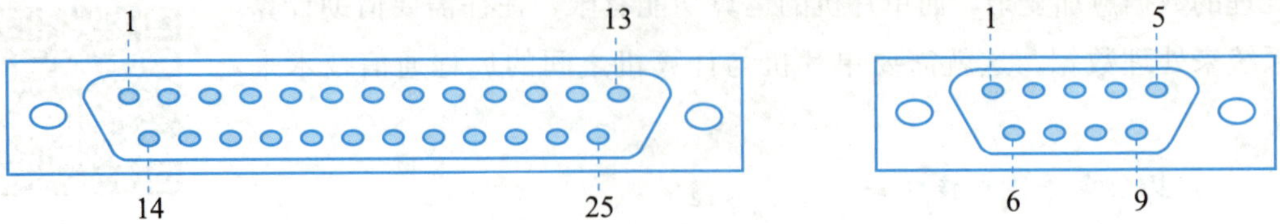

图 8－20　RS-232 的 DB25 型与 DB9 型接口连接器

DB25 型与 DB9 型接口连接器的每个引脚的功能见表 8－10。

表 8－10　RS-232 标准接口主要引脚功能

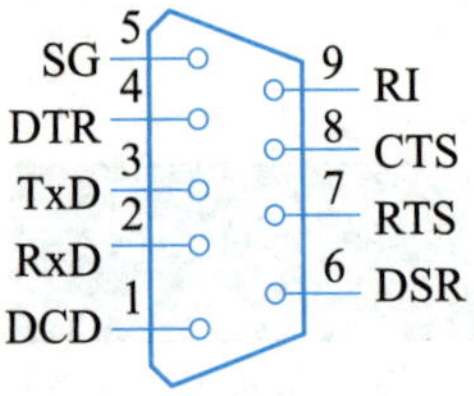

RS-232C 标准接口主要引脚定义

插针序号	信号名称	功能	信号方向
1	PGND	保护接地	
2（3）	TXD	发送数据（串行输出）	DTE→DCE
3（2）	RXD	接收数据（串行输入）	DTE←DCE
4（7）	RTS	请求发送	DTE→DCE
5（8）	CTS	允许发送	DTE←DCE
6（6）	DSR	DCE 就绪（数据建立就绪）	DTE←DCE
7（5）	SGND	信号接地	
8（1）	DCD	载波检测	DTE←DCE
20（4）	DTR	DTE 就绪（数据终端准备就绪）	DTE→DCE
22（9）	RI	振铃指示	DTE←DCE

注：插针序号（）内为 9 针非标准连接器的引脚号。

【小提示】在简单的 RS-232 标准串行通信中，仅连接接收数据（2）、发送数据（3）和信号接地（5）这 3 个引脚即可。

（2）RS-232 电气特性。

RS-232 电气标准采用负逻辑：逻辑 0 为＋5V～＋15V；逻辑 1 为－5V～－15V。

TTL 电平则是逻辑 0 为 0V；逻辑 1 为＋5V。

（3）电平转换。

RS-232 电平不能和 TTL 电平直接相连，否则会使 TTL 电路烧坏，实际应用时必须注意。若要将 RS-232 和 TTL 电平相连，必须在它们之间进行电平转换。常用的电平转换集成电路是 MAX232，MAX232 的典型接口电路如图 8－21 所示。

如果采用 RS-232 标准接口实现点对点的双机通信，两个单片机首先要通过 MAX232 将 TTL 电平转换成 RS-232 电平，具体电路如图 8－22 所示。

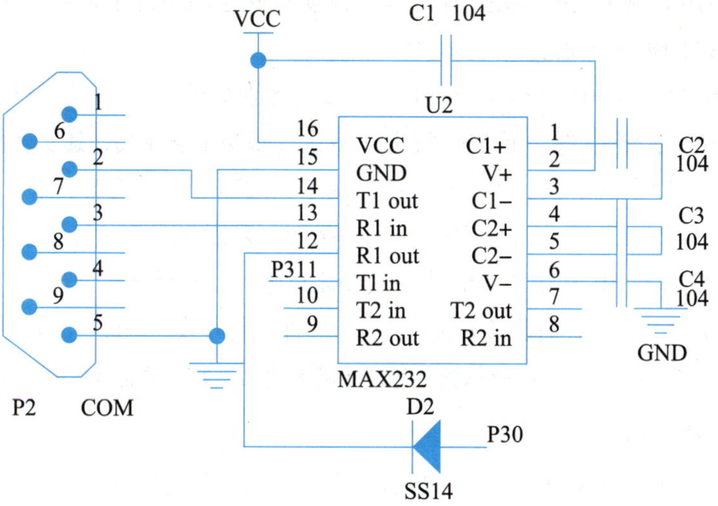

图 8 - 21　MAX232 的典型接口电路

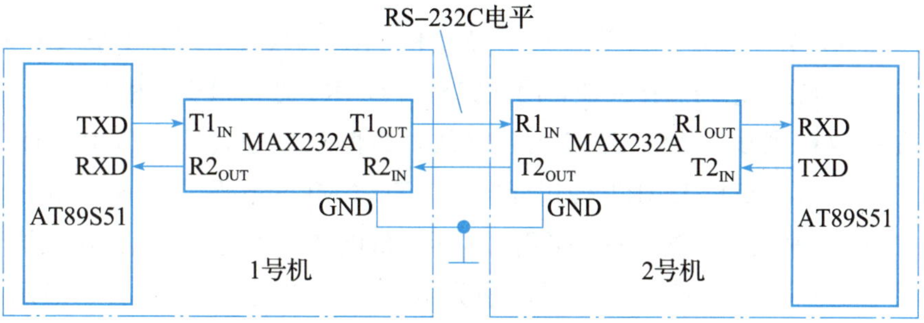

图 8 - 22　RS-232 双机通信接口电路

如果采用 RS-232 标准接口实现单片机和计算机之间的通信，单片机也要通过 MAX232 将 TTL 电平转换成 RS-232 电平之后再与计算机相互通信，本任务采用的就是这种方式。单片机 TTL 与 RS-232 转换电路如图 8 - 23 所示。

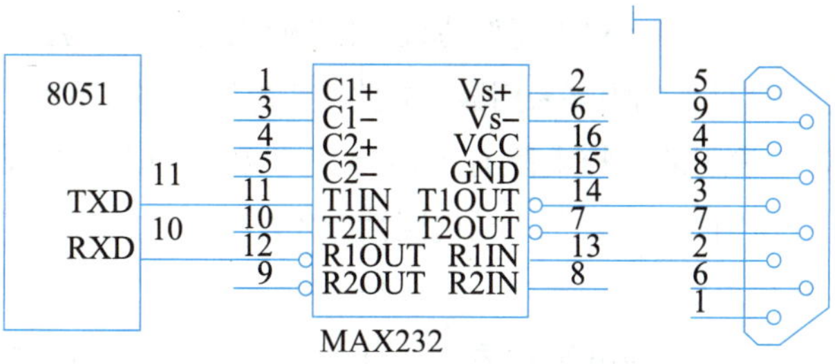

图 8 - 23　单片机 TTL 与 RS232C 转换电路

RS-232 只允许一对一通信，通常称为单站能力，若要求通信距离达到几十米至上千米，应采用 RS-485 或 RS-422 串行总线，两者的电路原理基本相同，都是以差动方式发送和接收数据，不需要数字地线。差动工作模式是实现同速率条件下远距离传输的根本原因，是二者与 RS-232 的根本区别。

RS-422 的电气性能与 RS-485 完全一样。主要的区别在于 RS-485 是半双工，收/发需要切换，只需要两条导线作通信线。而 RS-422 是全双工，需要 4 条导线，其实就是两对 RS-485 总线和接口并用，可以同时收/发，不需要切换。由于是远程通信，通信数据量不大时，为了节省成本，通常采用 RS-485 通信。与 RS-232 通信类似，采用 RS-485 通信时，单片机必须通过 MAX485 模块完成 TTL 电平与 RS-485 电平转换之后才可以和计算机通信。

RS-485 通信用于多点互连时非常方便，可以节省许多信号线。因此，工程上通常采用 RS-485 联网构成分布式系统，RS-485 接口在总线上允许连接多达 128 个收发器（具有多站能力）。

二、串行通信协议

微处理器中常用的集成串行总线包括通用异步接收发送器（UART）、串行外设接口（SPI）、内部集成电路 I2C 等。

（一）UART 总线

UART 是通用异步收发传输器。使用 RXD 和 TXD 两根线实现异步全双工通信，为确保通信可靠，可以在通信两边接共地，因此完整的 UART 通信最少 3 根线。

RXD 是接收数据线，TXD 是发送数据线，通信双方通过交叉互联，RXD 接对方 TXD，TXD 接对方 RXD。UART 使用标准的 TTL/CMOS 电平（0～5V，0～3.3V，0～2.5V，0～1.8V）来表示数据，高电平用 1 表示，低电平用 0 表示。为了增强抗干扰能力，提高传输距离，可将 TTL/CMOS 电平转换为 RS-232 逻辑电平，5～15V 表示 0，－5～－15V 表示 1。

1 位时间由波特率决定，在 UART 通信中，波特率（1s 传输的符号数）等于比特率（1s 传输的字符数），通信双方使用约定的、一致的波特率进行通信，常见的波特率有 4800、9600、115200 等。

（二）I2C 总线

与 UART 不同，I2C 是同步半双工通信协议。I2C 使用 SCL、SDA 两根双向数据线进行通信，连接到 I^2C 总线上的器件的输出端采用漏极开路或集电极开路进行设计，执行的是线与的逻辑，同时使用上拉电阻，常用的上拉电阻有 1.8kΩ，4.7kΩ，10kΩ；在低速场合，为了降低功耗，可以使用 10kΩ 上拉电阻；1.8kΩ 的上拉电阻性能较好，可满足较高速的应用。

思考：如何理解线与逻辑？

答：I^2C 的低电平代表 0，高电平代表 1。当总线上多个器件同时传输数据时，只要有一方为 0，则总线上为 0。因为 0 取与都为 0。硬件方面，由于采用线与的设计，输出端无法依靠自身输出高电平，只能通过外部上拉来实现高电平。其电平值由外部电源决定。因此，当总线空闲时，这两根线均为高电平。

位传输情况下，SCL 处于高电平时，SDA 数据有效（data line stable；data valid)，可

进行采样；SCL 处于低电平时，运行 SDA 进行电平变换（change of data allowed）。

I^2C 通信协议的特点如下：

（1）在硬件上，I^2C 总线只需要一根数据线和一根时钟线，总线接口已经集成在芯片内部，不需要特殊的接口电路。

（2）I^2C 总线是一个真正的多主机总线，每个连接到总线上的器件都有唯一的地址，任何器件既可以作为主机也可以作为从机，但同一时刻只允许有一个主机。数据传输和地址由软件设定，非常灵活。总线上的器件的增加和删除不影响其他器件正常工作，I^2C 最大的从机数量受从机地址和最大总线电容（400pF）的限制。

（3）I^2C 总线可以通过外部连线进行在线检测，便于系统故障诊断和调试，故障可以立即被寻址，也利于软件标准化和模块化，缩短开发时间。

（4）I^2C 总线支持 3 种传输模式。在标准模式下可达 100kbit/s；在快速模式下可达 400kbit/s；在高速模式下可达 3.4Mbit/s。

（5）I^2C 总线消耗的电流极小，可抗高噪声干扰，增加总线驱动器可以使总线电容扩大 10 倍，传输距离达到 15m；兼容不同电压等级的器件，工作温度范围宽。

（三）SPI 总线

SPI（Serial Peripheral interface，串行外围设备接口）是一种高速的、全双工的、同步的通信总线。SPI 接口主要应用在 EEPROM、FLASH、实时时钟、AD 转换器、数字信号处理器和数字信号解码器之间。

SPI 采用主从方式工作，一般有一个主设备和一个或多个从设备。SPI 需要至少 4 根线，分别是 MISO（主设备输入从设备输出）、MOSI（主设备输出从设备输入）、SCLK（时钟）、CS（片选）。SPI 使用的引脚较少且布线方便，所以越来越多的芯片集成了这种通信协议。

内容梳理与总结

通过对本工作模块的学习和动手实践，同学们应理解串行通信和并行通信方式，异步通信和同步通信的概念，串行通信的错误校验，串行通信的数据格式和波特率，单片机串行口的结构和工作原理，特殊功能寄存器 SBUF、SCON 和 PCON 各位的含义和应用，TTL 电平、RS-232、RS-422 和 RS485 总线接口标准。

需要重点掌握串行通信编程步骤：

（1）确定 T1 的工作方式（TMOD 寄存器初始化编程）。

（2）确定 T1 的初值，装载 TH1、TL1。

（3）确定串行口控制（SCON 寄存器初始化编程）。

（4）串行口在中断方式工作时，要进行中断设置（IE、IP 寄存器编程）。

（5）启动 T1。

思考与练习 8

一、选择题

1. 串行口是单片机的（　　）。

A. 内部资源　　B. 外部资源　　C. 输入设备　　D. 输出设备

2. 51 单片机串行口的工作模式是（　　）。

A. 单工　　B. 全双工　　C. 半双工　　D. 并行口

3. 串行口的控制寄存器为（　　）。

A. SMOD　　B. SCON　　C. SBUF　　D. PCON

4. 当采用定时器 T1 作为串行口波特率发生器时，定时器通常工作在方式（　　）。

A. 1　　B. 2　　C. 0　　D. 3

5. 串行口的发送数据端和接收数据端为（　　）。

A. TXD 和 RXD　　B. TI 和 RI　　C. TB8 和 RB8　　D. REN

6. 单片机的输出信号为（　　）电平。

A. RS-232　　B. TTL　　C. RS-485　　D. RS-422

7. 单片机和计算机连接时，往往采用 RS-232 接口，主要作用是（　　）。

A. 增加传输距离　　B. 提高传输速度

C. 进行电平转换　　D. 提高驱动能力

8. 采用中断方式进行串行数据的发送时，发送完 1 帧数据后，TI 标志要（　　）。

A. 自动清零　　B. 硬件清零

C. 软件清零　　D. 软、硬件均可清零

9. 串行口工作在方式 1 时，其波特率（　　）。

A. 取决于定时器 1 的溢出率

B. 取决于 PCON 中的 SMOD 位

C. 取决于时钟频率

D. 取决于 PCON 中的 SMOD 位和定时器 1 的溢出率

10. 芯片 MAX232 的作用是（　　）。

A. AD 转换　　B. 提高串行口驱动能力

C. 进行 TTL 和 RS-232 电平转换　　D. 提高 IO 口输出信号的驱动电流

二、简答题

1. 串行口工作之前，应对其进行初始化，主要步骤有哪些？

2. 单片机的串行数据缓冲器只有一个地址，如何判断是发送信号还是接收信号？

延伸阅读

工匠寄语：我不是完人，但我的产品一定是完美的。做到这一点，需要一辈子踏踏实实做手艺。

工匠人物：宁允展，青岛四方机车车辆股份有限公司车辆钳工高级技师。

工匠事迹：请扫二维码阅读。

8-6　工匠事迹

工作模块 9

A/D 与 D/A 转换器应用

工作情境导入

在一些监测系统中，需要通过各种传感器采集信号，包括温度信号、电压信号、电流信号、水压信号等连续信号，即模拟信号。如图 9-1 所示的监测系统主要通过 5 种类型的温度传感器感应温度，将待测物理量转换成电信号，检测单元对电信号进行采集、处理形成数字信号并实时显示，然后传送至监控主机，以便进行数据管理、诊断和报错，后台管理人员或用户可以通过计算机或移动设备实时远程查看，实现对该设备的远程监控。在这样的系统中，模拟信号和数字信号之间的转换是必须的。

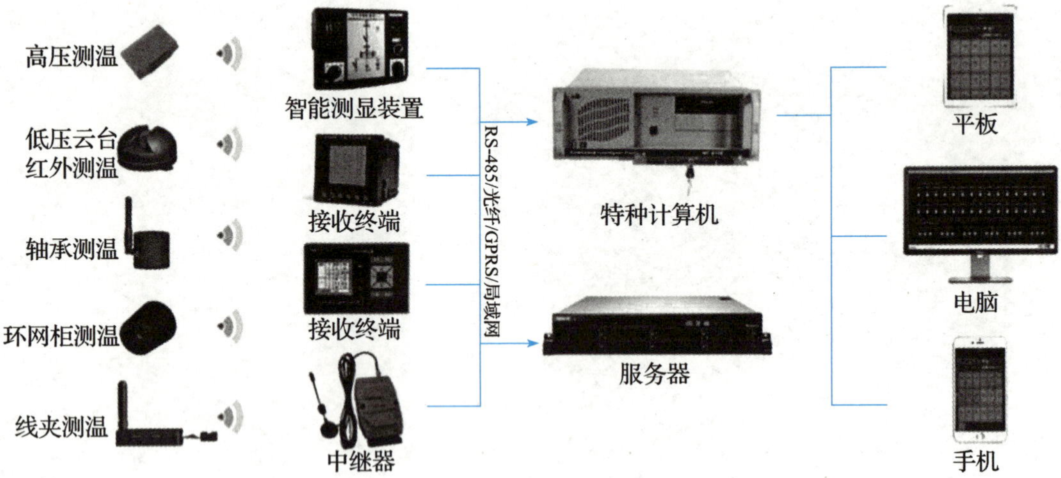

图 9-1 监测系统框架

内容图谱

任务实施 → 知识链接

- A/D与D/A转换器应用
  - 任务　电压监测仪的设计与实现
    - 一、模数转换器和数模转换器
    - 二、PCF8591转换器的电路设计
    - 三、I^2C总线通信原理及时序
    - 四、PCF8591的I^2C编程实现

任务　电压监测仪的设计与实现

任务目标

知识目标

- 掌握 A/D（将模拟信号转换成数字信号）与 D/A（将数字信号转换成模拟信号）转换的工作原理。
- 掌握 PCF8591 的 I^2C 工作原理。

技能目标

- 能够设计 PCF8591 与单片机连接的硬件电路。
- 能够编写 PCF8591 的 A/D 与 D/A 转换的应用程序。

素养目标

- 在实践过程中合理分工，团结协作。
- 讲述大国工匠事迹，践行工匠精神。

任务描述

某电子科技有限公司要开发一套电力设备监测系统，系统框图如图 9－2 所示。其中一个模块用于电压监测，请设计该电压监测模块，使其能够实时采集 0～5V 连续可变的模拟电压信号，在检测仪上通过数码管实时显示该值，并完成电路原理图的设计，编写程序并仿真功能。电压值保留两位小数，待测电压通过调节电位器来模拟。

初级能力：实现单片机对模拟信号的采集。

高级能力：对采集的信号进行 A/D 转换分析。

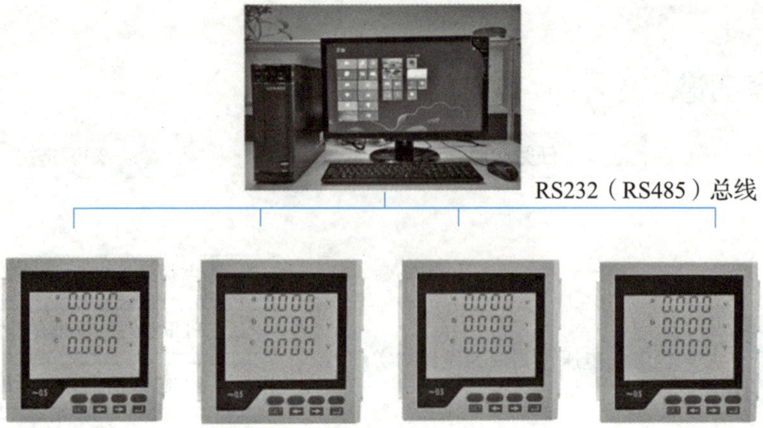

图 9-2　电力设备监测系统框图

执行思路

电压信号是模拟信号，通过调节电位器来模拟 0～5V 连续可变的电压，使用一款 A/D 芯片采集电压信号并转换成数字信号，单片机读取数字信号并在数码管上显示。系统框图如图 9-3 所示。

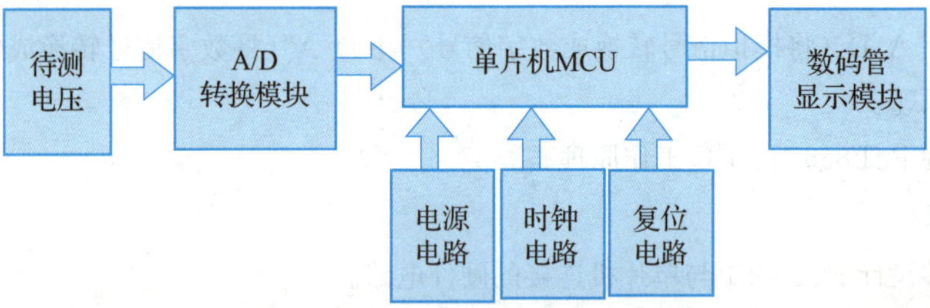

图 9-3　系统框图

任务实施

一、电压监测仪的电路原理图

9-1　电压检测仪电路图

在 Proteus ISIS 中绘制的电压监测仪的电路原理图如图 9-4 所示。

仿真电路元器件明细见表 9-1。

表 9-1　仿真电路元器件明细

序号	元器件名称	元器件型号	元器件参数
1	排阻	Respack-8	10kΩ
2	数码管	7SEG-MPX8-CC-BLUE	共阴极数码管
3	A/D 芯片	PCF8591	
4	锁存器	74HC573	

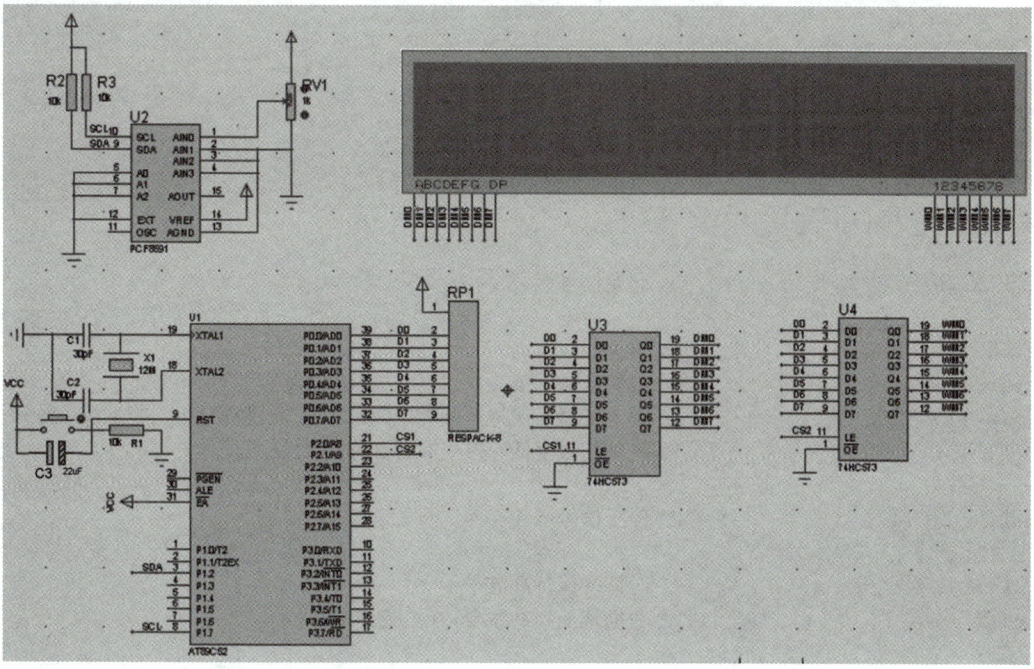

图 9-4　电压监测仪的电路原理图

二、PCF8591 控制的电压监测仪的参考程序

9-2-1　基于 PCF8591 数字电压表的软件实现（1）

9-2-2　基于 PCF8591 数字电压表的软件实现（2）

9-2-3　基于 PCF8591 数字电压表的软件实现（3）

```
//任务 9-1 PCF8591 控制的电压监测仪
#include<reg52.h>                //包含头文件，定义专用寄存器
#include<intrins.h>              //包含_nop()_函数

#define uchar unsigned char      //定义无符号型字符常量 uchar
#define uint   unsigned int      //定义无符号型整型常量 uchar

sbit WE=P2^1;                    //定义与数码管位码相连 573 的控制端
sbit DU=P2^0;                    //定义与数码管段码相连 573 的控制端
sbit SCL=P1^7;                   //定义 PCF8591 的时钟信号端
sbit SDA=P1^2;                   //定义 PCF8591 的数据端

uchar code table[]={0x3f, 0x06, 0x5b, 0x4f, 0x66, 0x6d, 0x7d, 0x07, 0x7f, 0x6f};
                                 //共阴极数码管 0~9 的字形编码
uchar data_pcf8591, data_ad, volt1, volt2, volt3;
```

```
uint voltage100;

void   Delayms(unsigned int i)          //延时函数时基 1ms
{
    unsigned int j, k;                  //定义无符号整型变量 j 和 k
    for(k=0; k<i; k++)                  //双重 for 循环语句实现延时
      for(j=0; j<125; j++);
}
void I2C_Start()                        //起始信号函数
{
  SCL=1;                                //时钟线保持高
  SDA=1;                                //数据从高到低一次跳变，I²C 开始通信
  SDA=0;                                //锁定低电平保持时间大于 4μs，MCU 执行时间一般为若干微秒
  SCL=0;                                //时钟信号变低，产生时钟脉冲
}
void I2C_StOP()                         //停止信号函数
{
  SCL=1;                                //时钟线保持高电平
  SDA=0;                                //数据从低到高跳变，I²C 通信停止
  SDA=1;
  SCL=0;                                //时钟信号变低，产生时钟脉冲
}
void I2C_WaitAck()                      //等待应答信号函数，主机每写完一个字节时调用
{
  SDA=1;                                //主机释放总线，即拉高 SDA
  SCL=1;                                //时钟信号高电平
  if(SDA)                               //若 SDA 为 1，从机非应答，停止通信
  {
    SCL=0;
    I2C_StOP( );                        //发送停止信号，返回 0

  }
  else                                  //若 SDA 为 0，从机应答
  {
    SCL=0; }
}
void I2C_Ack(bit ackbit)                //应答函数，主机每读完一字节时调用
{
if(ackbit)                              //读完字节要把 SCL 拉低，否则在此语句前加 SCL=0
  {SDA=0;}                              //主机发送应答
else
  {SDA=1;}                              //主机非应答
   SCL=1;                               //时钟信号高电平
   SCL=0;                               //时钟信号变低，产生时钟脉冲
}
void I2C_WriteByt(uchar dat)            //写字节函数
{
uchar i;
```

```
for(i=0; i<8; i++)                          //1 字节 8 位
{
   if(dat&0x80)                             //取最高位，屏蔽掉低 7 位
   {
     SDA=1;                                 //SDA 为 1
   }
   else
   {SDA=0;}                                 //否则 SDA=0
   SCL=1;                                   //时钟高电平稳定数据
   dat<<=1;                                 //左移 1 位
   SCL=0;                                   //时钟低电平切换数据
}
}
uchar I2C_ReadByt()                         //读字节函数
{
  uchar i;
  uchar voltage;
  for(i=0; i<8; i++)                        //读 8 位数据
  {
   SCL=1;                                   //稳定读取的数据
   voltage<<=1;
   if(SDA)                                  //接收到数据 1
   {
    voltage | =0x01;                        //保存到 voltage 的最低位
    }
   SCL=0;                                   //时钟低电平切换数据
  }
  return voltage;                           //返回 voltage
}
uchar ReadVoltage( )                        //读取数据函数
{
   I2C_Start();                             //启动 I2C
   I2C_WriteByt(0x90);                      //发送器件写地址
   I2C_WaitAck();                           //等待应答信号
   I2C_WriteByt(0x00);                      //选择单端输入的通道 0
   I2C_WaitAck();                           //等待应答
   I2C_Start();                             //启动 I2C
   I2C_WriteByt(0x91);                      //发送器件读地址
   I2C_WaitAck( );                          //等待应答
   data_pcf8591=I2C_ReadByt();              //读取的数据保存到 data_pcf8591 中
   I2C_Ack(0);                              //发送非应答信号
   I2C_StOP();                              //I2C 停止通信
   return data_pcf8591;                     //返回读取的数据
}
void Display(uchar ch1, uchar ch2, uchar ch3)//数码管显示函数
  {
    P0=0x00;                                //段码关显示
    DU=1;                                   //573 芯片数据直通
```

```
    P0=table[ch1]+0x80;                        //带小数点的段码
    DU=0;                                      //573 芯片数据锁存
    P0=0xff;                                   //位码关显示
    WE=1;                                      //573 芯片数据直通
    P0=0xfe;                                   //573 芯片位选最高位 11111110
    WE=0;                                      //573 芯片数据锁存
    Delayms(5);                                //延时 5ms

    P0=0x00;                                   //段码关显示
    DU=1;                                      //573 芯片数据直通
    P0=table[ch2];                             //小数部分第 1 位的段码
    DU=0;                                      //573 芯片数据锁存
    P0=0xff;                                   //位码关显示
    WE=1;                                      //573 芯片数据直通
    P0=0xfd;                                   //小数部分第 1 位的位码 11111101
    WE=0;                                      //573 芯片数据锁存
    Delayms(5);                                //延时 5ms

    P0=0x00;                                   //段码关显示
    DU=1;                                      //573 芯片数据直通
    P0=table[ch3];                             //小数部分第 2 位的段码
    DU=0;                                      //573 芯片数据锁存
    P0=0xff;                                   //位码关显示
    WE=1;                                      //573 芯片数据直通
    P0=0xfb;                                   //小数部分第 2 位的位码 11111011
    WE=0;                                      //573 芯片数据锁存
    Delayms(3);                                //延时 3ms
}

void main()
{
  data_ad=ReadVoltage();                       //读取 8 位数字量(电压)存入变量
  voltage100=(data_ad*5.0/256)*100;            //数字量转换成供数码管显示的模拟量
  volt1=voltage100/100;                        //电压最高位显示
  volt2=voltage100/10%10;                      //小数点后第 1 位显示
  volt3=voltage100%10;                         //小数点后第 2 位显示
  Display(volt1, volt2, volt3);                //数码管显示 3 位数字
}
```

程序解读：

（1）P0=table[ch1]+0x80；

要在数字后面显示小数点，小数点 dp 位对应的是字节的最高位，即 1000 0000 对应的十六进制数是 0x80。

（2）voltage100=(data_ad*5.0/256)*100；

这条语句中的 data_ad 存储的是采集到的电压对应的二进制数，PCF8591 是 8 位 A/D

转换器，8 位的权是 256，分辨率是 5V/256（5V 是电位器的量程），乘以 data_ad 的结果是对应的电压值，电压值范围是 0～5V。为了转化成 3 位数码管显示的数值，将结果乘以 100（放大 100 倍），转化成整数。计算公式如下：

voltage100＝(5 * 100/256) * data_ad;

假设 data_ad 是 1000 0001（对应的十进制数是 129），则 voltage100＝252。

（3）volt1＝voltage100/100;

volt2＝voltage100/10%10;

volt3＝voltage100%10;

这 3 条语句用于数码管拆位显示。

当 voltage100 是 252 时，在数码管中最高位显示 2，需要带小数点显示，第 2 位显示 5，第 3 位显示 2。需要把 252 拆成 3 个数，将百位的 2 分离出来的计算式如下：

252/100＝2;

将十位的 5 分离出来的计算式如下：

252/10%10＝5;

或 252%100/10＝5;

将个位的 2 分离出来的计算式如下：

252%10＝2;

【注意】 在仿真环境下，由于电位器的模型每次变换 5V×1%＝0.05V，与 PCF8591 的分辨率不一致，因此显示时不一定正好是 2.52V，可能是与 2.52V 相近的值。

任务小结

通过学习本任务，应理解 PCF8591 中 AD/DA 转换的原理；能够编写 PCF8591 的 I^2C 时序程序，包括起始信号、停止信号、应答信号、写字节、读字节等应用函数；能够编写拆分数字的程序，适应数码管显示。

知识链接

一、模数转换器和数模转换器

（一）模数转换器和数模转换器概述

在单片机测控系统中，大多数被测物理量，如温度、压力、液位、流量、振动等都是非电量，必须通过传感器将非电量转换成电量。可传感器转换成的电压或电流等电信号是模拟信号，而单片机系统是数字系统，只能处

9-3 AD 简介及工作原理

理数字信号。所以，在单片机读取电压、电流等电信号之前，需要把模拟信号转换成数字信号，以便单片机读取并进行处理。如果单片机系统是测控闭环系统，检测完被控量之后，有时还需要再把数字信号转换成模拟信号以控制执行机构动作，如图 9-5 所示。把模拟信号转换为数字信号的器件称为模数转换器，把数字信号转换为模拟信号的器件称为数模转换器。

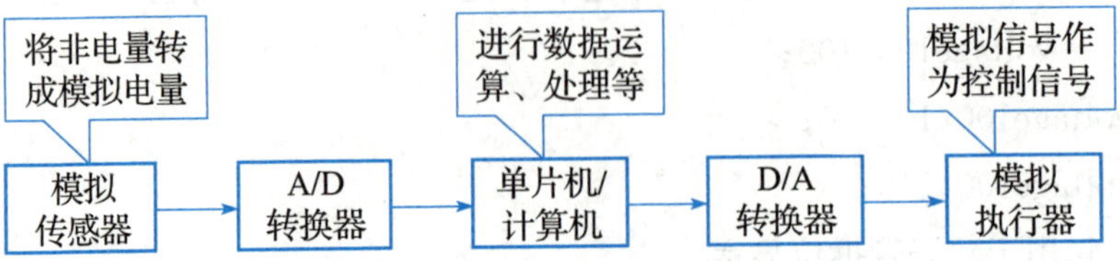

图 9-5　数字信号和模拟信号之间的转换过程

（二）A/D 转换器的主要性能指标

A/D 转换器种类繁多，选用时需要考虑以下性能指标：

（1）分辨率。在 A/D 转换器中，分辨率是指可分辨的最小输入模拟电压，为满量程输入电压与 2^n 的比值（n 为 A/D 输出的二进制位数）。例如，12 位 A/D 转换器 AD1674，满量程输入电压为 5V，分辨率为 12 位，能分辨出输入电压为 5V/2^12=1.22mV 的变化；又如，8 位 A/D 转换器 ADC0809，满量程输入电压为 5V，分辨率为 8 位，能分辨出输入电压为 5V/2^8=19.53mV 的变化。

（2）转换时间和转换速率。转换时间是指 A/D 转换器完成一次转换所需要的时间。转换时间的倒数为转换速率。根据奈奎斯特采样定理，当采样频率大于所采样模拟信号最高频率的两倍时，信号才不会发生混叠失真。实际使用时，为了更加逼真地恢复原始模拟信号，建议 A/D 采样频率为信号最高频率的 5～10 倍。

（3）转换精度。A/D 转换器的转换精度为一个实际 A/D 转换器与一个理想 A/D 转换器在量化值上的差值，可用绝对误差或相对误差表示。绝对误差指 A/D 转换器在任何数值对应的实际电压与理想电压值之差的最大值。相对误差是绝对误差与满刻度电压值之比。

（4）线性度。A/D 转换器实际的转换数值与理想直线的最大误差。在测控系统中，传感器和 A/D 转换器的线性度共同决定整个系统的线性度。A/D 转换器的线性度如图 9-6 所示。

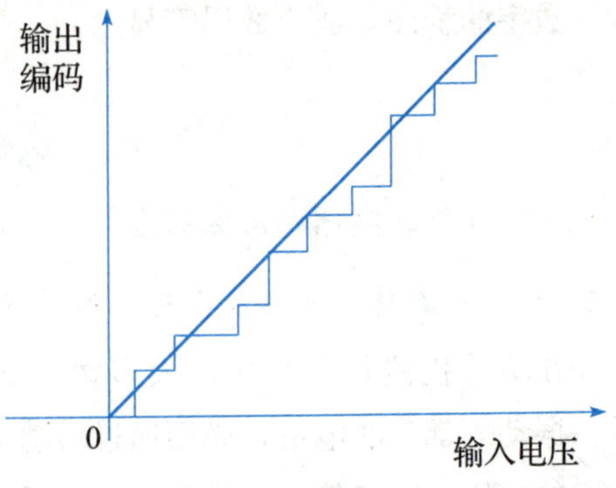

图 9-6　A/D 转换器的线性度

（三）A/D 转换器的主要分类

A/D 转换器的种类有很多，分类方法多样。

（1）按照转换原理划分，主要有逐次比较型转换器、Σ−Δ 型转换器、双积分型转换器、并行/串行比较型转换器以及压频变换型转换器等，其中，逐次比较型转换器较为常用。

（2）按照输出数字量的有效位数划分，主要有 8 位、10 位、12 位、14 位、16 位并行输出等，表示 A/D 转换器的分辨率。

（3）按照转化速度划分，主要有超高速转换器（转换速度≤1ns）、高速转换器（转换速度≤20us）、中速转换器（转换速度≤1ms）、低速转换器（转换速度≤1s）等。

除并行输出的 A/D 转换器外，随着单片机串行扩展技术的发展，串行接口的 A/D 转换器的应用越来越广泛，较为典型的有基于 SPI 串行接口的 ADS7950、ADS1118、ADS7952、TLC1549（10 位）以及 I^2C 串行接口的 PCF8591 等。PCF8591 的采样速率取决于 I^2C 总线的采样速率，本任务即通过 PCF8591 来实现数据采集。

【小提示】D/A 转换器的基本原理是用电阻解码网络将 N 位数字量逐位转换成模拟量并求和。根据转换原理可分为权电阻网络型 D/A 转换器、权电流型 D/A 转换器、倒 T 形电阻网络型 D/A 转换器。

二、PCF8591 转换器的电路设计

（一）PCF8591 概述及引脚

PCF8591 是具有 I^2C 总线接口的 8 位 AD/DA 转换器，如图 9－7 所示。常用的封装形式有双列直插式封装（DIP）和小外形封装（SOP）两种。它是单电源、低功耗的 8 位 CMOS 数据获取器件，具有 4 路 A/D 输入 AIN0-AIN3，一个 D/A 模拟输出 AOUT 和一个串行 I^2C 总线接口。PCF8591 的器件地址、控制信号和数据等信息均通过两条 I^2C 总线 SCL、SDA 实现传输。

9－4　PCF8591 与单片机硬件设计

（a）DIP封装　　（b）SOP封装　　（c）PCF8591引脚

图 9－7　PCF8591 的外观及引脚

PCF8591 的引脚说明见表 9－2。

表 9－2　PCF8591 的引脚说明

引脚标识	引脚标号	说明
AIN0	1	模拟信号输入端，用于模拟信号向数字信号的转换模式
AIN1	2	
AIN2	3	
AIN3	4	
A0	5	硬件地址
A1	6	
A2	7	
VSS	8	电源负
SDA	9	I^2C 总线的数据输入/输出引脚
SCL	10	I^2C 总线的输入时钟引脚
OSC	11	外部时钟输入和内部时钟输出端，不用时可以悬空
EXT	12	内部、外部时钟选择线，使用内部时钟时 EXT 接地
AGND	13	模拟信号地
V_{REF}	14	参考电压输入端
AOUT	15	模拟输出。用于 D/A 转换
V_{DD}	16	电源正，范围为 2.5～6V

（二）PCF8591 内部结构及转换原理

PCF8591 由多路模拟输入、内置跟踪和保持、8-bit 模数转换和 8-bit 数模转换等结构组成，内部结构框图如图 9－8 所示。PCF8591 的最大转化速率由 I^2C 总线的最大速率决定。

在本任务中，PCF8591 是逐次逼近型转换器，主要由比较器、逐次逼近型寄存器 SAR 和 D/A 转换器组成，如图 9－9 所示。模数转换过程是从高位到低位逐位比较，首先将逐次逼近型寄存器各位清零；转换开始后，先将寄存器最高位置 1，把值送入 D/A 转换器，经 D/A 转换后的模拟量送入比较器，称为 Vo，与比较器的待转换的模拟量 Vi 比较，若 Vo<Vi，该位被保留，否则被清零；然后置寄存器次高位为 1，将寄存器中新的数字量送 D/A 转换器，输出的 Vo 再与 Vi 比较，若 Vo<Vi，该位被保留，否则被清零。如此循环，直到寄存器最低位得到数字量的输出，即为模数转换结果。

（三）PCF8591 与单片机的接口电路设计

根据 PCF8591 的内部结构和引脚功能，设计的 PCF8591 和单片机的接口电路如图 9－10 所示。其中，待采电压通过电位器来模拟，输入 A/D 模拟通道 AIN0（AIN1-

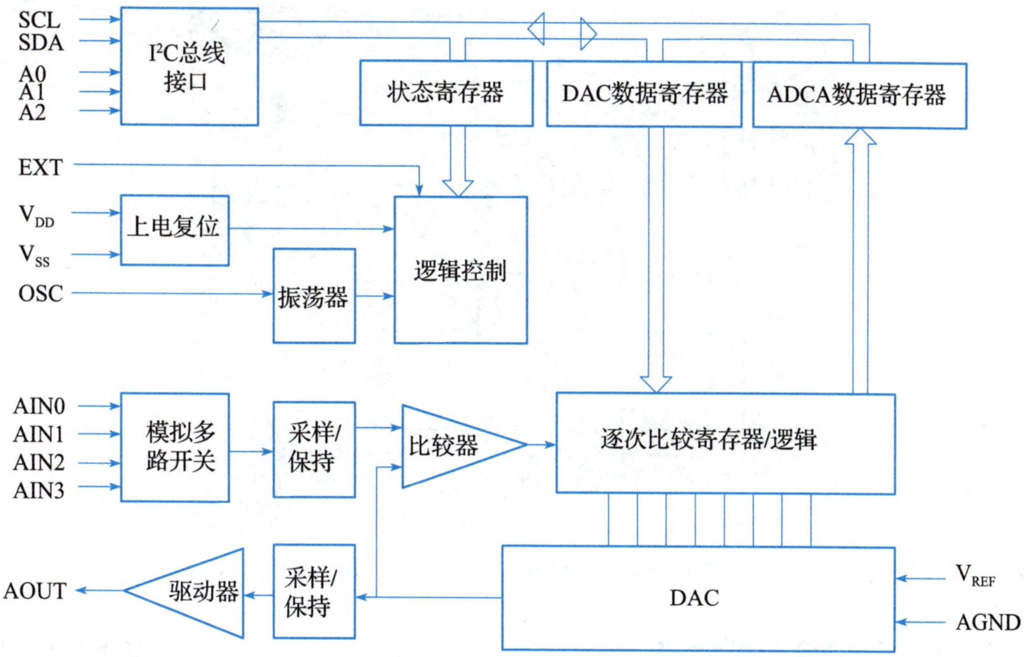

图 9－8　内部结构框图

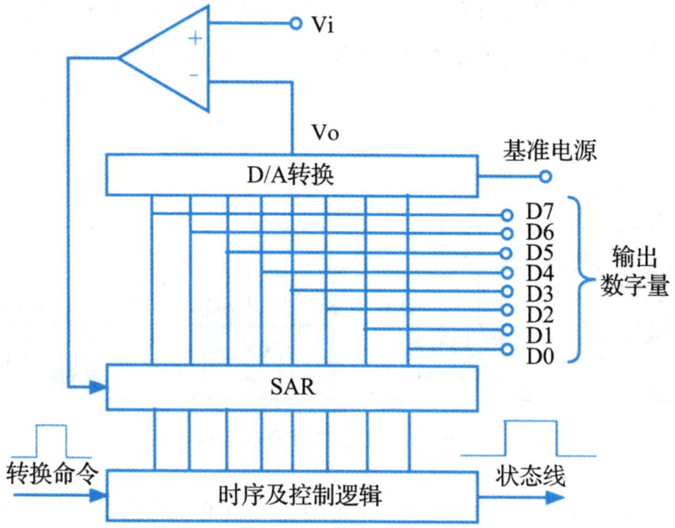

图 9－9　逐次逼近型 A/D 转换器结构示意图

AIN3 备用)；器件地址 A0～A3 接地，用于设置器件地址。器件地址是 I²C 总线中的器件被选择的唯一识别信息。这 3 个地址的引脚可以任意设置，但多个相同器件接 I²C 总线时，器件地址不能冲突。SCL、SDA 是器件时钟信号线和数据信号线，接单片机的 P17 和 P12 引脚（可以接单片机任意并行 I/O 口），但必须外接上拉电阻；OSC 引脚悬空，EXT 接地，选用内部时钟；VREF 和 VDD 接电源 5V。

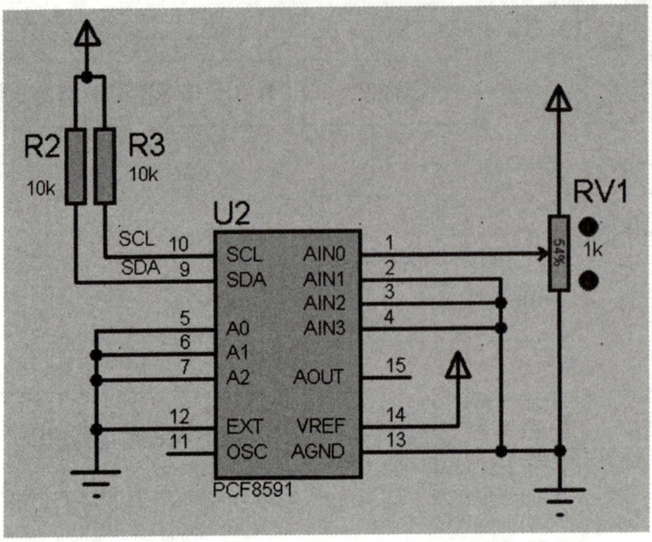

图 9-10　PCF8591 与单片机的接口电路

三、I^2C 总线通信原理及时序

9-5　I2C 总线原理及信号时序

（一）I^2C 总线通信简介

I^2C 总线是一种二线制串行总线，由 SDA 数据线和 SCL 时钟线构成，主要用于电路板内部器件之间的信息传送。如图 9-11 所示为典型的 I^2C 总线系统结构。

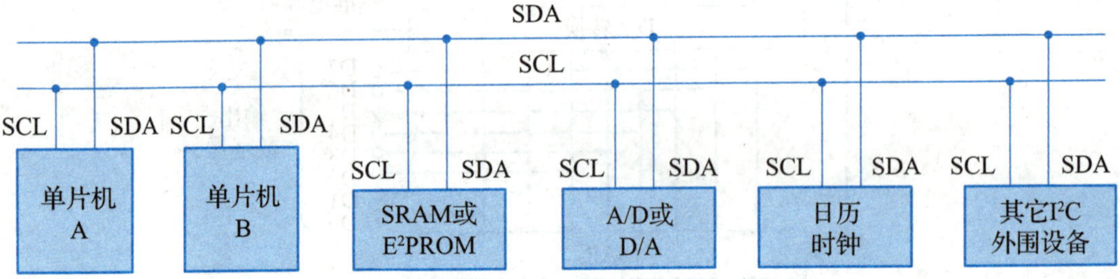

图 9-11　I^2C 总线系统结构

一个完整的总线系统通常由至少一个微控制器（如单片机）和其他外围器件（如存储器、A/D 或 D\A 等设备）组成。I^2C 接口器件可以通过 SDA 和 SCL 两个引脚连接到总线上，每个器件都有唯一的地址标识，都可以作为发送器或接收器使用。总线上的微控制器根据唯一的器件地址进行器件识别，从而实现对其他 I^2C 外部器件的通信和控制。I^2C 器件都是漏极开路并联到总线上的，因此两条总线必须外接上拉电阻，使总线在空闲状态下保持高电平。当总线上任意一个 I^2C 器件输出低电平时，都将使总线的信号变低，I^2C 总线被占用。

I^2C 总线的优点如下：

（1）I^2C 总线接口线少，只有 2 根线；I^2C 器件引脚数少，器件封装形式小；总线系统结构简单。

（2）传输速率较高：标准模式传输速率 100kbit/s，快速模式 400kbit/s；高速模式 3.4Mbit/s。

（3）支持主从和多主两种工作方式，且可靠性和抗干扰性能较好。任务 9－1 中采用的是主从工作方式的通信系统，即系统中只有一个主机（即单片机）。

（二）I^2C 总线通信时序

1. I^2C 总线整体通信时序

在 I^2C 主从总线系统中，许多单片机没有 I^2C 总线接口，例如基本型 51 系列单片机。为了让该单片机能够操作 I^2C 总线器件，在系统开发的过程中，需要利用单片机并行 I/O 口来模拟 I^2C 总线通信协议，从而完成单片机与其他 I^2C 设备之间的数据通信。单片机在模拟 I^2C 总线通信协议时，只需要正确调用各个函数就能方便地扩展 I^2C 总线接口器件。I^2C 总线在进行数据通信时，对通信时序进行了严格定义。

如图 9－12 所示为 I^2C 总线通信时序图，可以看出，所有数据的传输都是以起始信号 START 开始，终止信号 STOP 结束；开始信号之后以字节为传输单位，每次传输字节数没有限制，但每字节必须是 8 位长度。在字节传输过程中，先传最高位，最后传最低位，而且在每字节最低位后面都要跟随一位应答信号 ACK，即第 9 位数据。

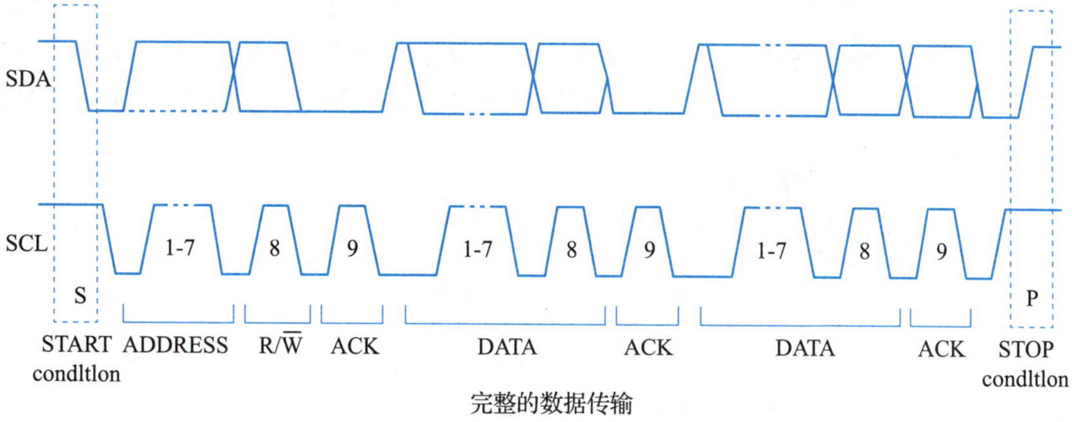

图 9－12　I^2C 总线通信时序图

在通信规约中，起始信号、终止信号、应答信号、字节传输和位传输的时序都有具体定义，下面具体分析。

2. 起始信号时序

起始信号时序图如图 9－13 所示。在 I^2C 通信协议中，规定当时钟线 SCL 高电平时，数据线 SDA 从高电平向低电平切换，定义为起始信号；而且 SDA 高电平期间至少要维持 4.7μs 以上；SDA 降低后，也要维持 4μs 以上的低电平，SCL 时钟信号才能降低。

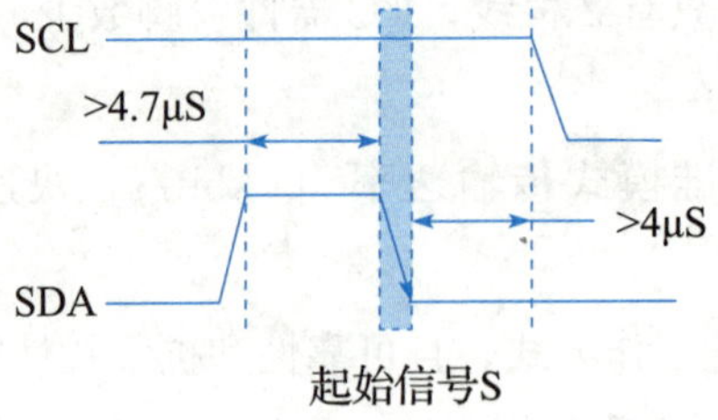

图 9-13　起始信号时序图

3. 终止信号时序

终止信号时序图如图 9-14 所示。在 I^2C 通信协议中，规定当时钟线 SCL 在高电平时，数据线 SDA 由低电平向高电平切换，定义为终止信号。同样，SDA 至少要维持 4μs 以上低电平才能变高；变高后，SDA 也要维持 4.7μs 以上高电平才能降低。

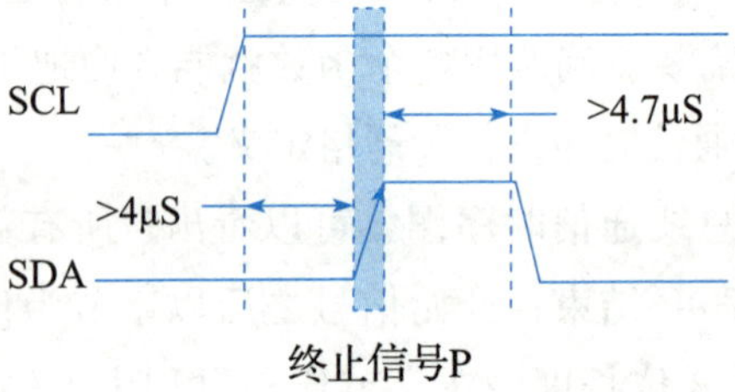

图 9-14　终止信号时序图

4. 数据位传输时序

I^2C 总线在传输数据时是一位一位传输的，每位数据必须有一个时钟脉冲，如图 9-15 所示。数据传输时，SDA 上的数据必须在时钟信号的高电平保持稳定，允许在时钟信号的低电平改变。

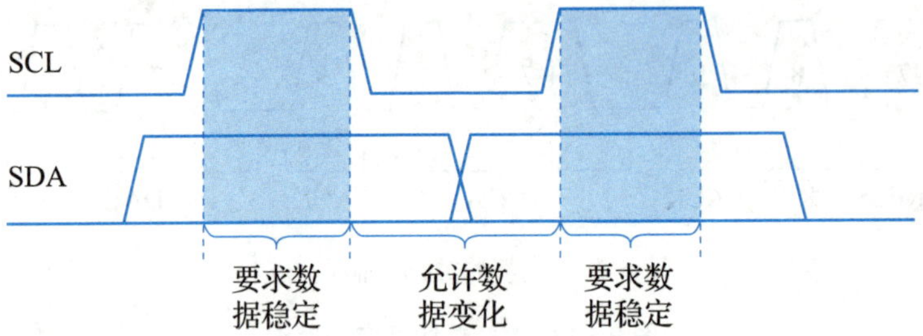

图 9-15　I^2C 总线的位传输

5. 应答和非应答时序

I^2C 总线传送数据时，发送器每传送完一字节，接收器都要发出一个应答位，表明该字节传输结束，发送器可以传输下一字节，如图 9-16 所示。

相关的应答时钟脉冲（即第 9 个时钟脉冲）由主机产生。在应答时钟脉冲期间，发送器首先释放 SDA 线（即高电平），接着接收器将 SDA 线拉低，且在时钟脉冲的高电平期间

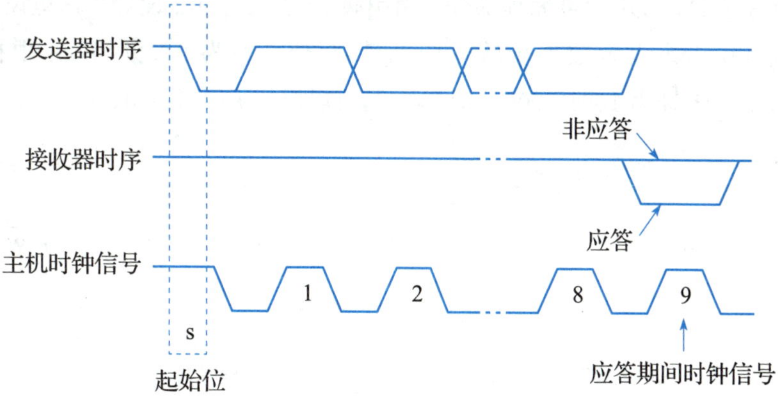

图 9-16　应答和非应答信号

保持稳定的低电平，从而产生应答信号。当从机接收器不能响应从机地址（例如它正在执行实时函数，不能接收或发送）或者从机接收器响应了从机地址但是在传输了一段时间后不能接收更多数据字节时，从机必须使数据线在第 9 个时钟脉冲高电平期间保持高电平，如图 9-16 所示为非应答信号；然后主机产生一个终止信号终止传输或者产生重复起始信号开始新的传输。如果传输过程中主机作为接收器，它必须在读取最后一字节后产生一个非应答信号，从而向从机发送器通知数据结束，从机发送器释放数据线，允许主机产生一个终止信号或重复起始信号。

应答信号和非应答信号的时序如图 9-17 所示。在应答时钟脉冲 SCL 的高电平期间，数据线 SDA 保持稳定的低电平，至少 4μs 以上为应答信号；若在应答时钟脉冲 SCL 的高电平期间，数据线 SDA 保持稳定的高电平不变，也至少保持 4μs 以上，即为非应答信号。

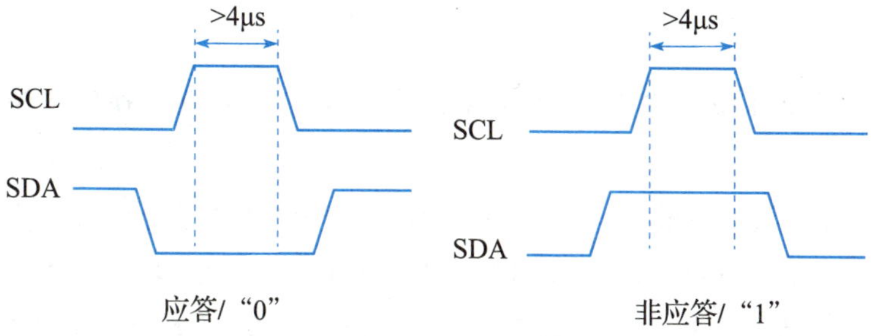

（a）应答信号时序图　　（b）非应答信号时序图

图 9-17　时序图

四、PCF8591 的 I^2C 编程实现

（一）PCF8591 器件总地址

PCF8591 器件地址包括固定部分和可编程部分，如图 9-18 所示。PCF8591 器件地址的高 4 位 D7～D4 为固定部分（1001），这是在生产

9-6　PCF8591 的 I2C 编程

时规定的；低 3 位 D3～D1 为可编程部分，由引脚 A0、A1、A2 设置，这里设为 000；地址字节的最低位 D0 用来设置数据传输方向的读/写位，写为 0，读为 1。根据以上设置，PCF8591 器件的写地址为 1001 0000（即 0x90），读地址为 1001 0001（0x91）。

MSB							LSB
1	0	0	1	A2	A1	A0	$R/\overline{W}$
固定部分				可编程部分			

图 9－18　PCF8591 器件地址位

【注意】在 I^2C 总线协议中，器件地址必须是起始条件后作为第 1 个字节发送到 PCF8591 的，控制字是作为第 2 个字节发送的。

（二）PCF8591 控制寄存器

PCF8591 控制寄存器是存放转换控制字的，用于设置器件功能。PCF8591 控制字如图 9－19 所示。

MSB							LSB
0	×	×	×	0	×	×	×
D7	D6	D5	D4	D3	D2	D1	D0

图 9－19　PCF8591 控制字

D6：用于设置允许模拟输出，在 D/A 转换时使用。A/D 转换时，模拟输出允许设为 0。

D5、D4：用于设置模拟量输入方式，可以设为单端输入或差分输入。当 D5、D4 设置为 00 时，输入通道为四路单端输入；为 01 时，输入通道为三路差分输入；为 10 时，输入通道为二路单端输入加一路差分输入；为 11 时，输入通道为二路差分输入，如图 9－20 所示。

D2：自动增量标志位，如果设置 1，则每次 A/D 转换后通道号将自动加 1。

D1、D0：用于模拟输入通道的选择。00 为选择通道 0；01 为选择通道 1；10 为选择通道 2；11 为选择通道 3。

D3 和 D7 系统自己保留使用，必须设置为 0。

本任务采用器件实现 A/D 转换，故允许模拟输出 D6 设为 0；模拟量输入通道设为单端输入，D4、D5 为 00；电压采集就一个通道，且为 AIN0，故自动增量标志位 D2 为 0；选择通道 0，D1、D0 为 00。所以控制字为 0000 0000，即 0x00。

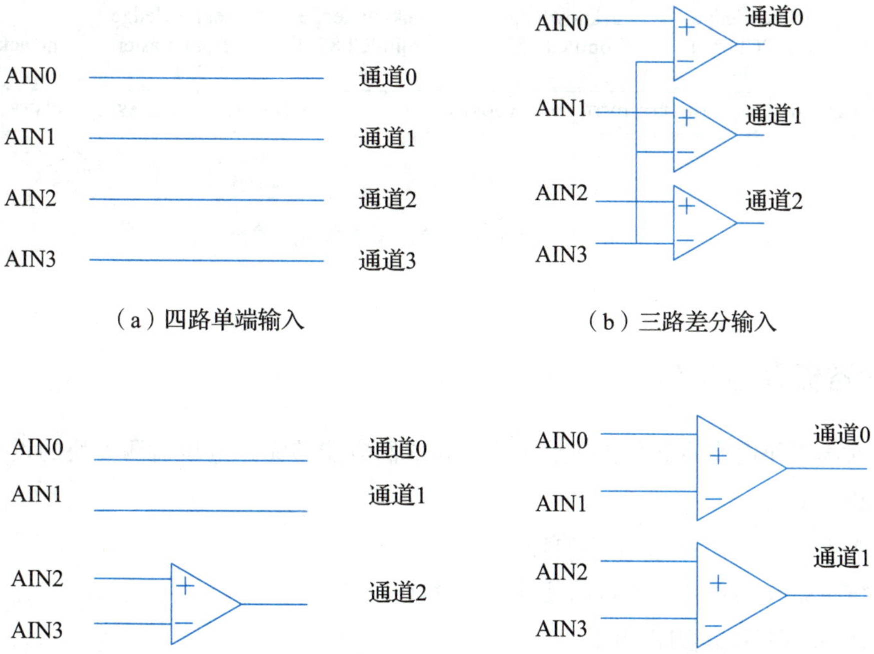

（a）四路单端输入　（b）三路差分输入

（c）单端与差分配合输入　（d）二路差分输入

图 9－20　模拟量输入方式

【小提示】 单端输入时，器件两个输入端中的一端接信号输入、一端接地线，主要应用于输入信号电压较高（大于 1V），且信号源到 A/D 器件的导线较短的情况。差分输入时，器件的两个输入端接信号的两个输入端，适用于信号较小的情况。单端输入：判断信号与地的电压差，受到干扰时，电压差变化较大，系统抗干扰性较差。差分输入：判断两个信号的电压差，受到干扰时，电压差变化不大，抗干扰性好。

（三）PCF8591 软件编写流程

PCF8591 作为 A/D 转换器使用时，主要应用读模式。但是在读模式之前，需要发送 PCF8591 的控制字，用于设置 PCF8591 的器件功能。PCF8591 读取采集数据的具体步骤如下：

（1）主机发出开始信号。

（2）主机发送器件写地址，选择该器件。

（3）发送控制字节，选择相应输入方式及输入通道等信息。

（4）重新发送器件地址字节（此时为读地址），并选择该器件。

（5）接收目标通道的采集数据。

（6）不发送应答信号，发送停止信号，结束数据传输。

PCF8591 读取采集数据的流程如图 9－21 所示。

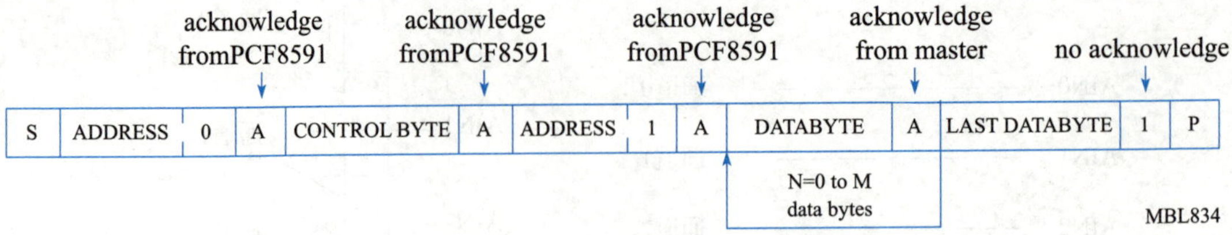

图 9－21　PCF8591 读取采集数据的流程

内容梳理与总结

通过对本工作模块的学习和动手实践，同学们应能够完成电压监测模块的设计，需要掌握的知识点如下：

（1）A/D 与 D/A 转换的工作原理。

（2）PCF8591 与单片机连接的硬件电路设计。

（3）PCF8591 采集程序的编写。

思考与练习 9

一、填空题

1. A/D 转换器的作用是将________转为________，D/A 转换器的作用是将________转为________。

2. A/D 与 D/A 转换器的重要指标是________、________、________、________。

3. 若 8 位 D/A 转换器的输出满刻度电压为＋5V，则该 D/A 转换器能分辨的最小电压变化为________。

4. PCF8591 是一个________位的 AD/DA 转换芯片，遵从________通信协议，从转换原理来看，A/D 转换器的类型是________。

5. PCF8591 转换器模拟量输入可采用________、________、________和________ 4 种。

6. PCF8591 的通信时序主要包括________、________、________、________、________等。

二、选择题

1. 下列具有模数转换功能的芯片中属于串行通信的是（　　）。

A. ADC0809　　B. PCF8591　　C. BS18B20　　D. DS1302

2. 8 位 A/D 转换器的分辨率能给出满量程电压的（　　）。

A. 1/8　　B. 1/16　　C. 1/32　　D. 1/256

3. PCF8591 是集 A/D 和 D/A 转换于一体的（　　）芯片。

A. 4 通道 8 位　　B. 8 通道 8 位　　C. 8 通道 10 位　　D. 8 通道 16 位

4. A/D 转换器所使用的数字量位数越多，其转换精度（　　）。

A. 越高　　B. 越低　　C. 不变　　D. 不定

5. 关于 I^{2}C 总线的通信特点，下列描述不正确的是（　　）。

A. I^{2}C 总线接口线少，只有 SDA 和 SCL 共 2 根线

B. 传输速率较高：标准模式传输速率 100kbit/s，快速模式 400kbit/s；高速模式 3.4Mbit/s

C. 支持主从和多主两种工作方式，且可靠性和抗干扰性较好

D. 连在 I^{2}C 总线的器件上的地址可以任意选择

三、简答题

1. 什么是 A/D 转换器？它有哪些主要指标？请简述其含义。
2. A/D 转换器和 D/A 转换器的作用是什么？各在什么场合下使用？
3. PCF8591 的读数据的流程是什么？
4. PCF8591 与单片机连接时有哪些控制信号？作用分别是什么？

四、操作题

E2PROM 芯片 AT24C02 采用的也是 I^{2}C 总线接口，请设计 51 单片机扩展 E2PROM 的软硬件系统，并完成功能仿真。

延伸阅读

工匠寄语：青年要保持初生牛犊不怕虎，越是艰险越向前的刚健勇毅，勇立时代潮头，争做时代前锋。

工匠人物：“全国向上向善好青年”李博：平凡岗位练就工匠能手。

工匠事迹：请扫二维码阅读。

9-7　工匠事迹

单片机
创新应用篇

工作模块 10

电子密码锁的设计与实现

工作情境导入

电子密码锁在日常生活中应用很普遍，例如图 10－1 所示的家用电子密码锁、图 10－2 所示的银行自动取款机的密码输入设备。通过单片机控制的电子密码锁主要应用于便携式仪器仪表或者作为某一综合系统的一部分。这里主要讲解密码锁的电子系统部分，涉及电路设计和程序编写。

图 10－1　家用电子密码锁

图 10－2　自动取款机

一、项目描述

某锁具公司要开发一款电子锁，具体功能如下：

（1）系统上电，液晶显示“Password6:”，此时可以通过按键输入 6 位数字密码，在液晶上显示“******”。

（2）输入密码后按“确认”键，进行内容和位数的判断，全正确显示“Pass”，发出“嘀”声，LED 灯同时亮起。按下除“重置”键外的任意键，返回密码输入界面。若输入的密码不正确，显示“Error”，3s 后返回密码输入界面。

（3）密码输入正确的状态下，按“重置”键，可以进行密码重置，液晶显示“Password set:”，输入 6 位数字密码，完成后自动返回密码输入界面。

二、电路原理图

根据项目要求，设计的电子密码锁电路原理图如图 10－3 所示。

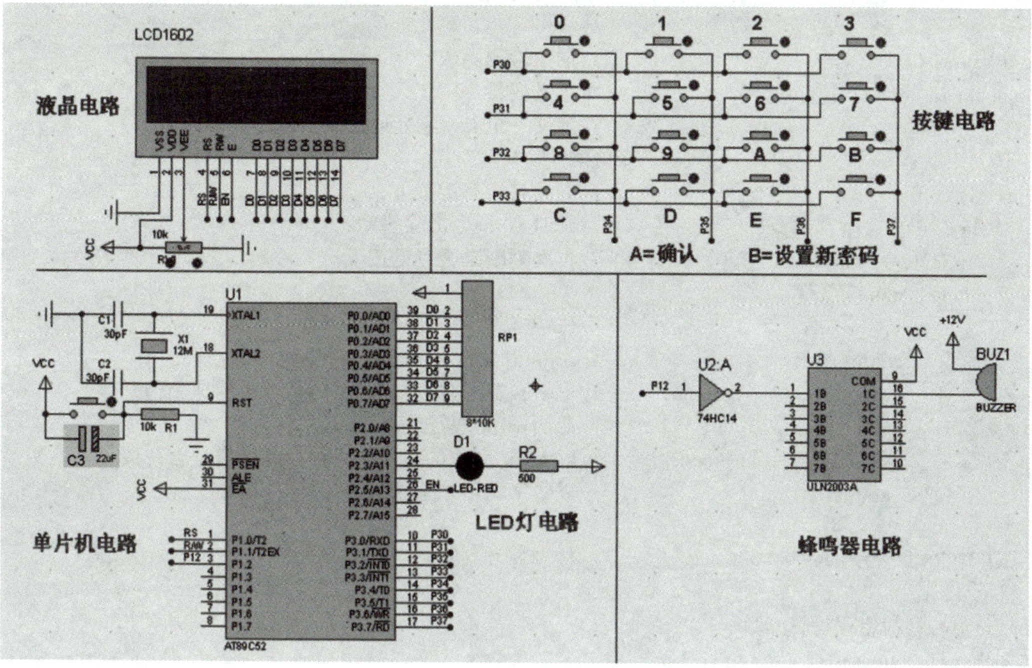

图 10－3　电子密码锁电路原理图

三、参考程序

采用模块化编程，密码锁工程中包含以下 3 个文件：

（1）主程序：6 位液晶密码锁 . c，主要处理按键功能。

（2）液晶模块文件 lcd1602. c，主要是液晶的驱动程序。

（3）LCD1602. H 头文件，对 lcd1602. c 中的子函数进行外部函数声明。

```
//主程序，6 位液晶密码锁 . c
#include<reg52.h>                    //包含头文件，定义 51 单片机的专用寄存器
#include<lcd1602.h>                  //包含头文件，定义 LCD1602 液晶的驱动函数
uchar pwdnew[6]={0, 0, 0, 0, 0, 0};  //存放输入的密码
uchar pwd[6]={0, 0, 0, 0, 0, 0};     //保存重置的新密码和原密码
uchar lcdpwd[]="Password6:";         //液晶显示字符串
uchar lcdset[]="Password set:";      //液晶显示字符串
uchar lcderror[]="Error";            //液晶显示字符串
uchar lcdpass[]="Pass";              //液晶显示字符串

sbit sound=P1^2;                     //定义可寻址位，连接蜂鸣器
sbit led=P2^3;                       //定义可寻址位，连接 LED 灯
```

```
uchar lcdnum[]="0123456789";                    //保存数字数组
uchar key_code[]={0xee, 0xde, 0xbe, 0x7e, 0xed, 0xdd, 0xbd, 0x7d, 0xeb, 0xdb,
0xbb, 0x7b, 0xe7, 0xd7, 0xb7, 0x77};            //保存键值数组
uchar keycode, keynum, key;                     //定义全局变量
void pwdset();                                  //声明自定义函数

void keytest()                                  //键盘检测函数
{   uchar i, row, column;                       //定义变量
   key=0xaa;                                    //定义一个 key 不能通过外围电路实现的值
   P3=0xf0;                                     //P3 赋初值
  if(P3! =0xf0)                                 //判读是否有键按下
   {delay(10);                                  //延时 10ms,消除抖动
      if(P3! =0xf0)                             //再次判断是否有键按下
        {   row=P3;
            P3=0x0f;                            //P3 重新赋值
            column=P3;                          //column 变量保存 P3 在外围电路影响下的值
            keycode=row | column;               //取 row 高 4 位和 column 的低 4 位组成新值
            for(i=0; i<16; i++)                 //遍历 16 个按键
          {if(keycode==key_code[i])             //keycode 变量的值与数组预存的键值是否一致
            {key=i;}                            //以数字的形式记录键值
        }
   while(P3! =0x0f);                            //按键释放判断
  }}   }
void pwdset()//密码设置函数
{   uchar j, count=0;
   lcd_w_cmd(0x01);                             //LCD1602 清屏
   lcd_w_cmd(0x80);                             //显示在第 1 行第 1 列
   for(j=0; j<13; j++)                          //显示 Password set:字符串
   {lcd_w_dat(lcdset[j]); }
   lcd_w_cmd(0xc0);                             //显示在第 2 行第 1 列
   while(1)
   { keytest();                                 //键盘检测函数
     if(key>=0 && key<=9)                       //按键是数字 0~9 时
     { lcd_w_dat(0x30+key) ;                    //液晶显示数字
     pwd[count]=key;                            //按键数值存入数组 pwd
     count++;                                   //密码位数加 1
     if(count==6)break;                         //位数为 6,退出
   }  }   }
void main()
{   uchar i, j;
   bit flag_new;                                //设置标志位
   uchar count=0;
     P3=0xff;                                   //读引脚,写 1
   lcd_init();                                  //液晶初始化函数
   delay(200);                                  //延时
     lcd_w_cmd(0x80) ;                          //在第 1 行第 1 列显示
     for(j=0; j<10; j++)
{lcd_w_dat(lcdpwd[j]);                          //显示 Password6:
```

```
}
while(1)
{   keytest( );                                 //键盘检测函数
   delay(10);
      if(key! =0xaa)                            //如果有键按下
        {if(key>=0 && key<=9)                   //如果是数字键 0~9
            {
            pwdnew[count]=key;                  //存储新输入密码
  lcd_w_dat('*');                               //显示字符“*”
      count++;                                  //密码个数增加
        }
      else if(key==10)                          //确认键
        {
              flag_new=1;                       //设置密码标志为 1
      if(count! =6)flag_new=0;                  //密码位数错误标志
      else
        {
          for(i=0; i<6; i++)
            {
              if(pwd[i]! =pwdnew[i]){flag_new=0; break;}   //密码错误标志
            }
        }
          if(flag_new==1 )                      //如果密码正确
            {
    led=0;                                      //LED 灯亮
                lcd_w_cmd(0xc0);                //在第 2 行第 1 列显示
                for(i=0; i<4; i++)
            {lcd_w_dat(lcdpass[i]);}            //密码正确，显示“Pass”
sound=0;                                        //蜂鸣器响
delay(100);
sound=1;                                        //蜂鸣器不响

        while(1)
          {keytest();                           //键盘检测函数
                if(key! =0xaa){led=1; break;}}//按下任意键，返回密码输入界面
if(key==11){pwdset();}                          //按下重置键，重置密码
            }
      else
          { led=1;                              //LED 灯熄灭
            lcd_w_cmd(0xc0);                    //在第 2 行第 1 列显示
        for(i=0; i<5; i++)
        {lcd_w_dat(lcderror[i]);}               //密码错误，显示 Error
            delay(3000);}
      count=0;
      delay(500);
      lcd_w_cmd(0x01);                          //清屏
  delay(10);
      lcd_w_cmd(0x80);                          //在第 1 行第 1 列显示
```

```
        for(j=0; j<10; j++)
        {lcd_w_dat(lcdpwd[j]);}                    //显示“Password6:”
}}}}
```

lcd1602.c 参考程序如下：

在任务 5－1 的 LCD1602 参考程序的基础上进行修改。

（1）增加头文件：#include<lcd1602.h>。

（2）保留 RS、RW、E 的可寻址位定义。

（3）保留延时函数、读状态函数 unsigned char lcd_r_start()；，写指令函数 void lcd_w_cmd(unsigned char cmd)；，写数据函数 void lcd_w_dat(unsigned char dat)；，液晶初始化函数 void lcd_init()；。

（4）去掉主函数。

LCD1602.H 头文件参考程序如下：

```
//LCD1602.H 头文件
#ifndef __LCD1602_H_
#define __LCD1602_H_

#define uchar unsigned char
#define uint unsigned int

extern uchar    lcd_r_start( );
extern void     lcd_w_cmd(uchar cmd);
extern void     lcd_w_dat(uchar dat);
extern void     lcd_init();
extern void     delay(uint i);
#endif
```

（1）单片机上电，液晶显示“Password6:”。

（2）初始密码设置成 6 个 1。输入 6 个 1，1 显示为 *，按 A 键（即“确认”键），LED 灯亮，蜂鸣器发出短暂的“嘀”声，液晶显示如图 10－4 所示。密码正确的情况下，按下除“设置新密码”键以外的任意键，返回显示“Password6:”。如果密码错误，液晶显示如图 10－5 所示。3s 后自动返回“Password6:”界面。

（3）在密码正确的前提下，按 B 键，（即“设置密码”键），液晶提示“Password set”，可以设置 6 位新密码，设置好之后自动返回“Password6:”界面。

四、项目解读

（一）硬件电路设计

电路图由 5 个部分组成，分别是单片机电路模块、液晶电路模块、按键电路模块、蜂鸣器电路模块、LED 灯模块。除了蜂鸣器模块，其他电路模块在前面的任务中都有介绍，这里不再赘述。

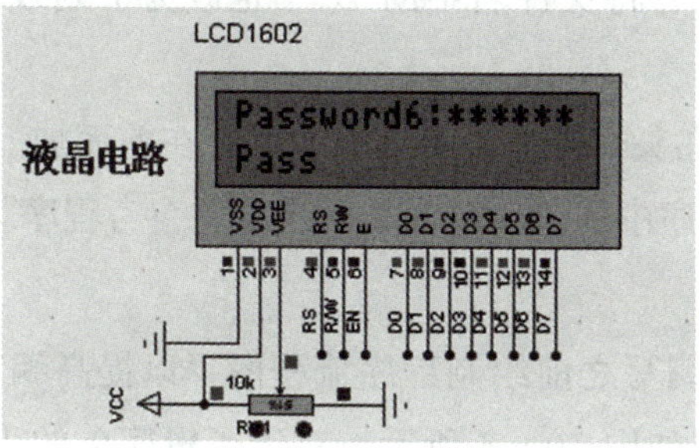

图 10-4　密码正确显示界面

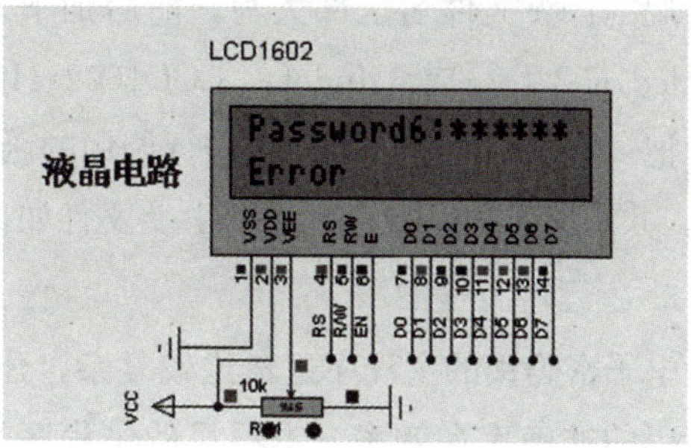

图 10-5　密码错误显示界面

蜂鸣器模块采用芯片 ULN2003。ULN2003 是高耐压、大电流复合晶体管阵列，由 7 个硅 NPN 复合晶体管组成，每一对达林顿都串联一个 2.7kΩ 的基极电阻，在 5V 工作电压下，它能与 TTL 和 CMOS 电路直接相连，ULN2003 工作电压高、工作电流大，灌电流可达 500mA，并且能够在关态时承受 50V 电压，是 7 路反相器集成电路。使用 ULN2003 的目的是提高输出电流，驱动蜂鸣器发声。在仿真电路环境中，蜂鸣器需要配置+12V 电源人们才能听到声音。

当 P12 引脚得到 0 信号时，通过反相器 74HC14 取反后是 1；高电平 1 送到 ULN2003 芯片的 1B 引脚，从 1C 输出低电平 0，蜂鸣器 BUZZER 就能够通过+12V 与 1C 引脚构成回路，进而发出声音。

（二）程序解读

前面已经介绍过 LCD1602.C 模块程序以及主程序文件中的键盘检测函数，这里主要强调两点：一是 lcd1602.h 头文件的编写；二是逻辑复杂的主函数的编写。在模块化编程思路下，某些功能相对独立的函数可以单独编写成一个 C 文件，并通过一个头文件建立起该 C 文件与其他文件之间用于相互调用的桥梁。这种模块化 C 文件可以使程序结构更加清晰，可读性和可移植性更强。

1. 头文件编写

头文件的编写格式如下：

```
#ifndef <标识>
#define <标识>
……
#endif
```

【小提示】在两个 C 文件都 include 了同一个头文件的情况下，编译时，这两个 C 文件要一同编译成一个可运行文件，这样会造成大量声明冲突。对此，把头文件的内容都放在 #ifndef 和 #endif 中就可以解决头文件被多个文件引用而造成的冲突。

ifndef 是 if not define 的缩写，是一种宏定义，称为条件编译。

理论上讲，<标识>是可以自由命名的，但每个头文件的标识应该是唯一的。标识的命名规则：头文件名全部大写，前后加下划线，并将文件名中的“.”也改为下划线。例如，lcd1602. h 写成＃ifndef __LCD1602_H_。

把一些要在多个 C 文件中进行调用的函数写在头文件中，函数声明时要在前面加上 extern，并添加到工程中，lcd1602. h 头文件如参考程序中的“LCD1602. H 头文件参考程序”。

2. 主程序流程图

电子密码锁的主程序逻辑比较复杂，建议在编写之前绘制程序流程图，以提高编写程序代码的准确率和效率。本项目的主程序流程图如图 10－6 所示。对于逻辑简单的程序，可以直接编写程序代码。

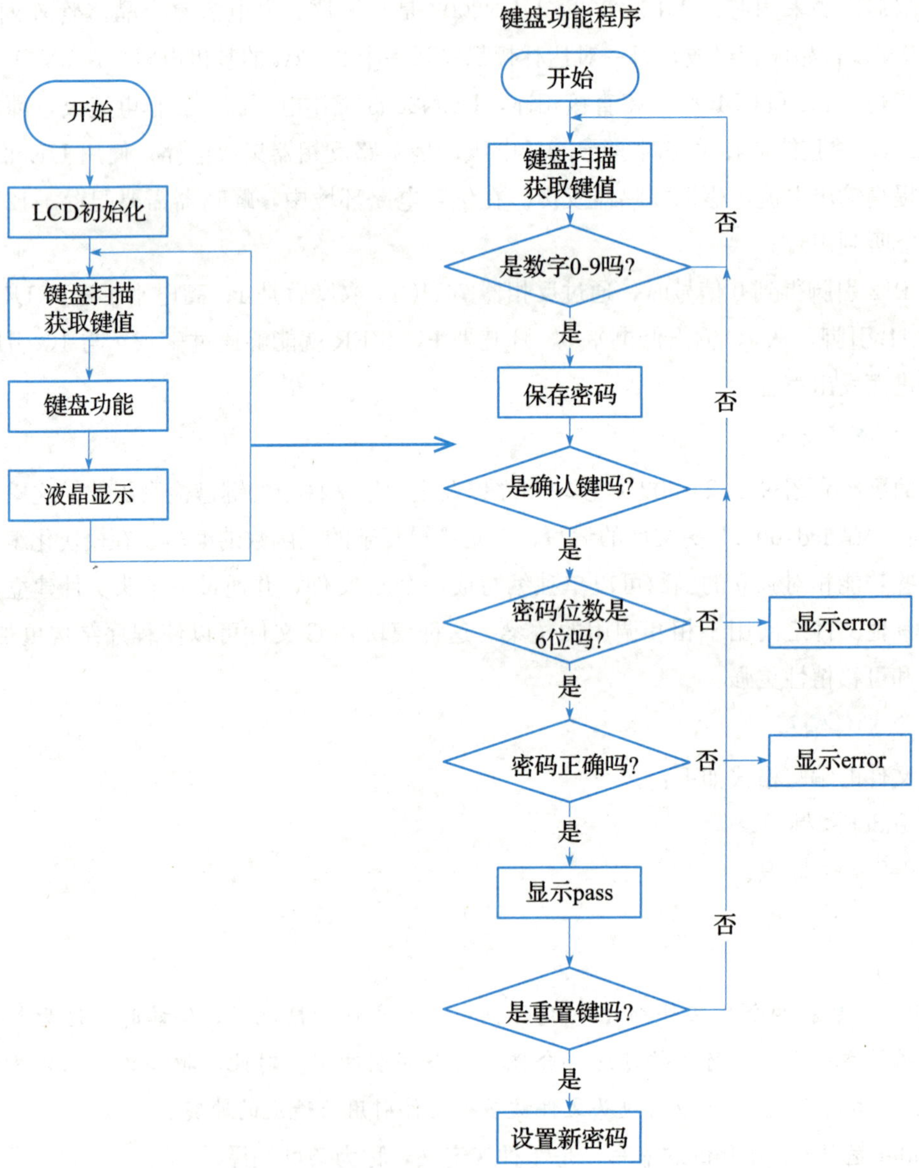

图 10－6　电子密码锁主程序流程及键盘功能程序流程

3. 模块化编程的特点

电子密码锁的设计综合运用了模块 2、模块 5、模块 6 的知识和技能，并采用了模块化编程方法，这种编程方法的优点如下：

（1）对于相对独立的程序可以直接建立 C 文件，避免大量程序代码堆积在主程序文件中，方便阅读和调试。

（2）应用模块化文件便于进行团队合作，每位技术员负责相对独立的功能的程序编写，并完成调试，全部功能模块调试完成后，再进行汇总调试，可以提高团队工作效率。

【注意】

（1）工程文件只有 1 个，所有的 C 文件和头文件都要包含到工程文件中。

（2）主程序文件要有 main 主函数，在主函数中调用其他的文件或者文件中的函数时，其他的文件不能再出现 main 函数。

（3）对于多个文件共用的函数，可以建立一个头文件，在＃ifndef……＃endif 中进行声明，声明时在前面加上 extern。在需要使用这些函数的 C 文件中包含头文件即可。

五、项目扩展

在电子密码锁程序的基础上，可以按照以下方向进行程序优化：

方向 1：密码输入错误次数超过 5 次时，延时 30min 才能再次输入。

方向 2：6 位密码要包含数字、字母组成。

方向 3：将 LCD1602 液晶换成 128×64 液晶，将提示信息显示成汉字。

工作模块 11
电压在线监测系统的设计与实现

工作情境导入

在工作模块 9 中，我们设计了电压监测仪，实现了电压的数据采集。而在变电站或配电所，电压数据往往需要通过网络上传到上位机，以满足技术人员、管理人员或用户通过电脑或移动设备实时远程查看设备状态数据并进行远程监控的需求。本模块设计的电压在线监测系统可实现以下功能：电压监测仪对待采电压进行数据采集、处理和就地显示，同时将数据传输至上位机实现远程监控。

一、项目描述

设计电压在线监测系统，实时采集 0～5V 连续可变的模拟电压信号，并通过数码管实时显示，同时通过 RS232 总线通信系统把实测电压送至监控主机，实现上位机远程监控。数码管和上位机显示的数值均保留小数点后两位。

二、电路原理图

电压在线监测系统原理图如图 11 - 1 所示。

11 - 1　基于串口显示的数字电压表硬件设计

11 - 2　基于串口显示的数字电压表软件实现

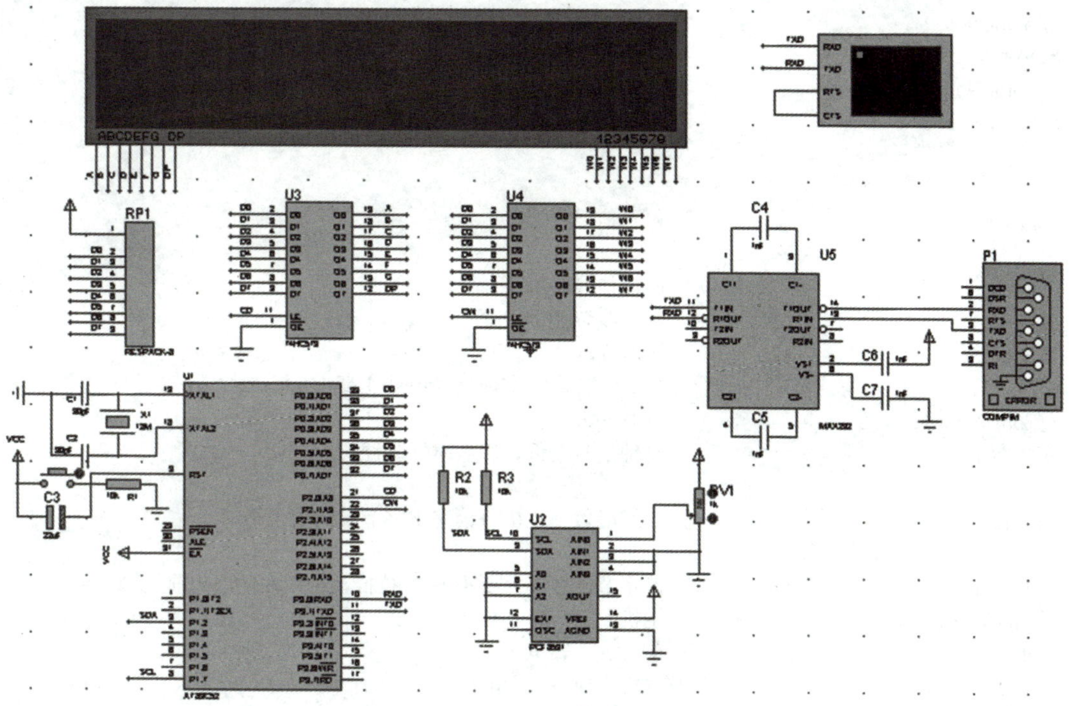

图 11－1　电压在线监测系统原理图

三、参考程序

电压在线监测系统的参考程序如下：

```
//电压在线监测系统
#define uchar unsigned char
#define uint  unsigned int
#define SomeNop() {_nop_(); _nop_(); _nop_(); _nop_(); _nop_();}
#define Addres_PCF8591_Write 0x90   //定义 PCF8591 器件写地址
sbit SCL=P1^7;                      //定义时钟信号引脚
sbit SDA=P1^2;                      //定义数据信号引脚
uchar data_pcf8591, data_ad;
float voltage;
uchar str[4];
void Delayms(uint xms)              //约 1ms 延时
{
uint i, j;
for(i=xms; i>0; i--)
    for(j=110; j>0; j--);
}
void I2C_Start()                    //起始信号
{
SCL=1;                              //时钟信号高电平
SDA=1;                              //数据线置高
```

```
//SomeNop();                   //延时 5μs
SDA=0;                         //数据线拉低，实现信号由高变低
//SomeNop();                   //延时 5μs
SCL=0;                         //时钟信号变低，从而产生完整的时钟脉冲输出
}
}
void I2C_Stop()                //停止信号
{
SCL=1;                         //时钟信号高电平
SDA=0;                         //数据线置低
//SomeNop();                   //延时 5μs
SDA=1;                         //数据线拉高，实现信号由低变高
//SomeNop();                   //延时 5μs
SCL=0;                         //时钟信号变低，产生时钟脉冲
}
void I2C_Ack(bit ackbit)       //应答函数，主机每读完 1 字节时调用
{
  if(ackbit)                   //读字节函数读完要把 SCL 拉低，否则在此语句前加 SCL=0;
  {SDA=0;}                     //主机发送应答
  else
  {SDA=1;}                     //主机不应答，即非应答
   SCL=1;                      //时钟信号高电平
  //SomeNop();                 //延时 5μs，时序图要求有，但实际可不要
  SCL=0;                       //时钟信号变低，产生时钟脉冲
}
void I2C_WaitAck(void)         //等待应答函数，主机每写完 1 字节时调用
{
  SDA=1;                       //主机释放总线，即拉高 SDA
  //SomeNop();                 //延时 5μs，等待从机应答
  SCL=1;                       //时钟信号高电平
  //SomeNop();                 //延时 5μs，等待数据稳定
  if(SDA)                      //如果 SDA 为高，说明从机非应答
  {
  SCL=0;                       //发送停止信号，返回 0
  I2C_Stop();
  }
  else                         //如果 SDA 为低，说明从机应答
  {
   SCL=0;                      //发送停止信号，返回 1
  }
}
void I2C_WriteByt(uchar dat)   //写字节函数
{
  uchar i;
  for(i=0; i<8; i++)           //1 字节 8 个位，逐位传送
  {
   if(dat&0x80)
   { SDA=1;}
```

```
    else
    {SDA=0;}
    //SomeNop();
    SCL=1;
    dat<<=1;                                  //准备传送下一位
    //SomeNop();
    SCL=0;
    }
}
uchar I2C_ReadByt(void)                       //读字节函数
{
   uchar i;
   uchar voltage;
   for(i=0; i<8; i++)                         //读 8 次，1 字节
   {
    SCL=1;                                    //SCL 高电平，准备读数据
    //SomeNop();                              //等待数据稳定
    voltage<<=1;                              //左移一位，准备保存读取数据
    if(SDA)                                   //读取数据
    {voltage |=0x01;}
      SCL=0;                                  //SCL 低电平，准备从机发送数据
    //SomeNop();                              //等待从机发送数据
   }
   return voltage;
}
uchar ReadVoltage()                           //读字节函数
{

   I2C_Start();                               //发送起始信号
   I2C_WriteByt(Addres_PCF8591_Write);        //发送器件写地址
   I2C_WaitAck();                             //等待应答信号
   I2C_WriteByt(0x00);                        //发送控制字
   I2C_WaitAck();                             //等待应答信号
   I2C_Start();                               //发送起始信号
   I2C_WriteByt(Addres_PCF8591_Write+0x01);   //发送器件读地址
   I2C_WaitAck();                             //等待应答信号
   data_pcf8591=I2C_ReadByt( );               //读取数值
   I2C_Ack(0) ;                               //发送非应答信号
   I2C_Stop();                                //结束通信
   return data_pcf8591;
}
void Init_Uart()
{
    TMOD=0x20;
    TH1=0xfd;
    TL1=0xfd;
    SCON=0x50; //01010000
```

```
    TR1=1;
}
void Send_Byte(uchar ch)
{
    SBUF=ch;
    while(! TI);
    TI=0;
}
void main()
{
   uchar i;
   Init_Uart();
   while(1)
   {
   data_ad=ReadVoltage();
   voltage=data_ad * 5.0/256;
   sprintf(str,"%1.2f", voltage);
   for(i=0; i<4; i++)
   {
   Send_Byte(str[i]);
   }
   Send_Byte(0x20);
   Send_Byte(0x20);
   Delayms(1000);
   }
}
```

电压在线监测系统仿真效果图如图 11－2 所示。

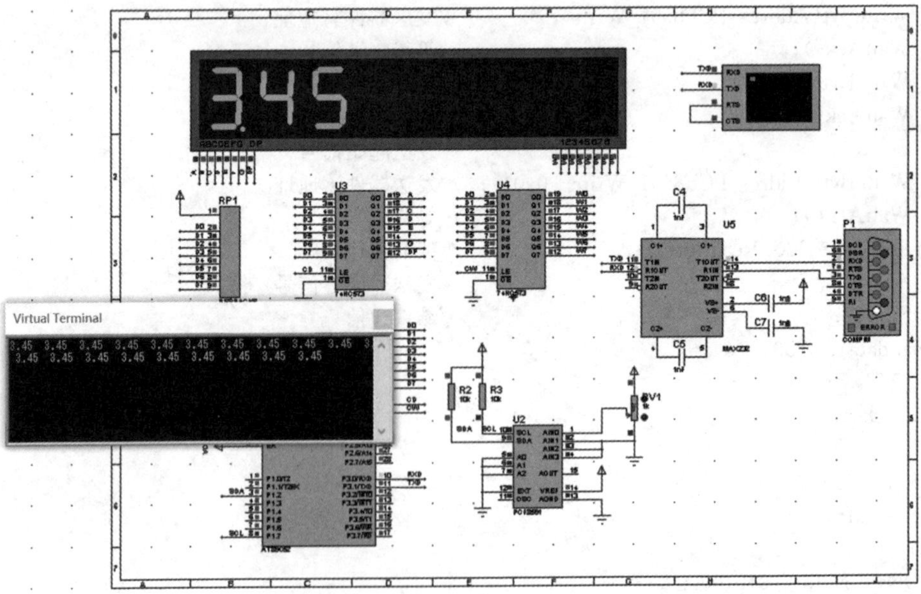

图 11－2　电压在线监测系统仿真效果图

四、项目解读

（一）硬件电路设计

电压在线监测系统框图如图 11-3 所示。系统主要包括 A/D 转换模块、单片机最小系统、数码管显示模块和串口通信模块。A/D 转换模块将待测模拟电压转换成数字信号，然后送至单片机系统进行数据处理和数码管显示，单片机通过串口通信将信息传送给监控主机进行远程监控。之前的模块分别讲述了数码管显示模块、A/D 转换模块、串口通信模块，本项目将综合运用 3 个模块进行设计。

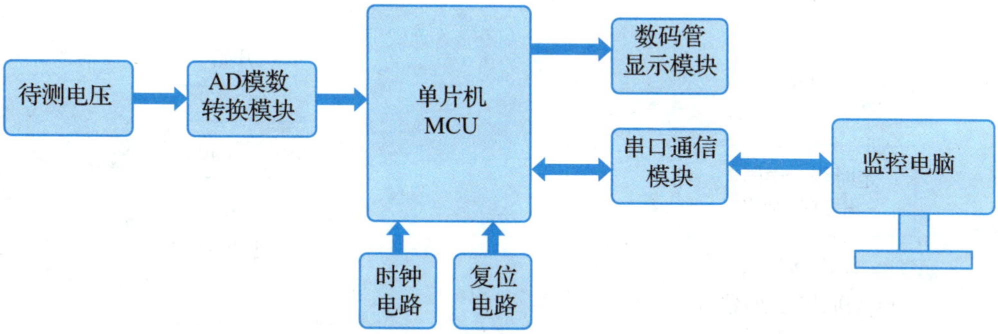

图 11-3　电压在线监测系统框图

（二）程序解读

设计开发时，需要综合利用前面学过的知识和技能，同时采用中断机制的编程方法以保证系统的实时性。

本项目旨在帮助同学们掌握使用单片机处理初步综合系统的编程方法，如采用中断机制编程；掌握常见数据的处理方法，如利用 sprintf 函数将其他数据类型转换成字符串类型。

1. A/D 采集数据处理和 sprintf() 函数的使用

在本程序中，51 单片机采集到 A/D 转换器 PCF8591 进行模数转换后的数值范围为 0～255，不是实际的电压值。因此，单片机将数据传送给数码管或监控主机之前，需要将其转换成实际的电压值，所用的数据换算语句为 voltage＝data_ad＊5.0/256。转换后获得的电压值是实型数据，但串口发送的是字符或 ASCII 码，因此，单片机需要将浮点型数据转换成字符串才能通过串口传送给监控主机，所用函数为 sprintf 函数。sprintf 函数包含在 stdio.h 头文件中。sprintf 函数和常用的 printf 函数的功能相似，sprintf 函数用于输出至字符串，而 printf 函数用于输出至屏幕。sprintf 函数在将其他数据类型转换成字符串类型的操作中应用广泛。sprintf 函数的格式如下：

```
int sprintf( char *string_buffer, const char *format_string[, args] );
```

除了前两个参数固定外，可选参数可以是任意个。buffer 是字符数组名；format 是格式化字符串（如"%3d%6.2f%#x%o" 中，%与#合用时，自动在十六进制数前面加上

0x）。在 printf 中可以使用的格式化字符串，在 sprintf 中都可以使用。

本项目采用 sprintf（str,"%1.2f"，voltage）语句将浮点型变量 voltage 转换成 4 位字符，储存在 str 字符数组，然后通过串口完成发送。

2. 程序流程

单片机需要执行读取 A/D 采集数据、数据处理、数码管显示和串口发送数据等任务。单片机在任意时刻只能处理一个任务，那么，如何确保单片机实时完成上述各项任务呢？这里采用了中断机制，单片机每隔 250ms 通过串口发送并显示电压数据。具体流程如图 11－4 和图 11－5 所示。

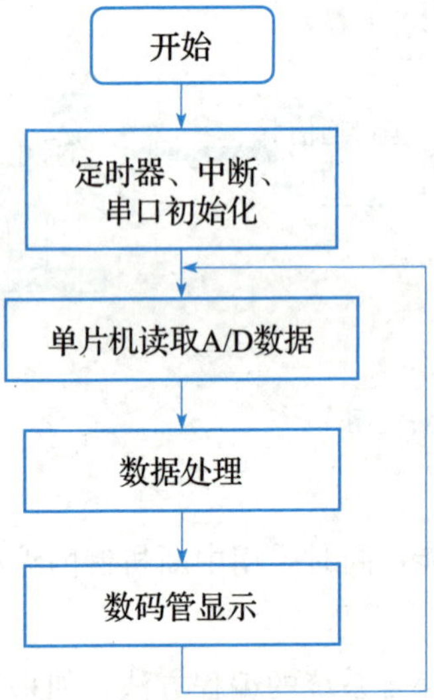

图 11－4　主程序流程图

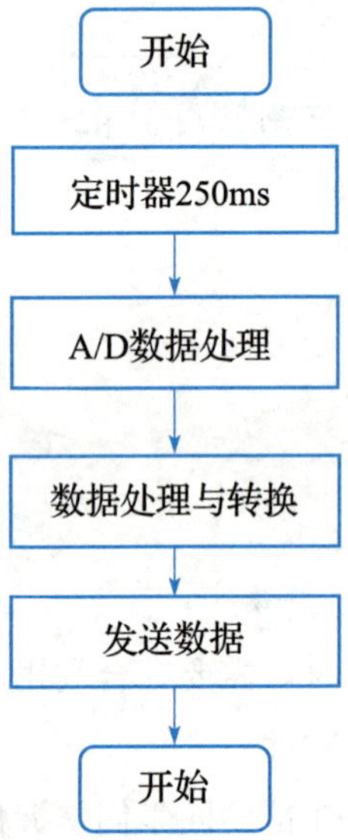

图 11－5　中断程序流程图

五、项目扩展

在电压在线监测系统的基础上，可以按以下方向进行拓展：

方向 1：制作实物电路板，完成项目的设计、制作及调试。

方向 2：将 RS-232 通信升级为 RS-485 通信，拓展为通过一个监控主机监控多个电压采集仪。

工作模块 12

基于 PWM 的直流电机控制

工作情境导入

在自动控制系统中，直流电机一直占据着重要地位，其特点是启动、制动特性好，调速范围广，调速平滑，适合对启动和调速有较高要求的场合，因而被广泛应用于电气控制、信息技术、交通运输、工农业生产、国防等领域。

目前，基于单片机的电机控制技术应用在各级各类职业技能大赛以及 1+X 职业技能认证中所占比重越来越大，例如，“电子设计与制作”国赛涉及的智能水果采摘器（见图 12－1），智能硬件应用开发 1+X 职业技能认证涉及的智能搬运小车（见图 12－2）。

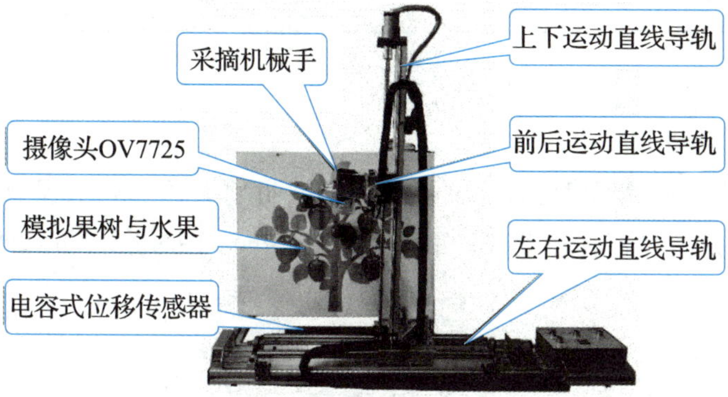

图 12－1　智能水果采摘器

图 12－2　智能搬运小车

一、项目描述

设计智能小车控制系统，要求使用 51 单片机基于 PWM 技术控制智能小车的速度和方向，并能通过按键实时调整小车的速度。智能小车的车轮电机采用直流电机，电机驱动采用 L298N 芯片，采用两位共阳极数码管显示 PWM 波形的占空比，可通过按键调整 PWM 的占空比，实现加速和减速控制。

二、电路原理图

智能小车控制电路原理图如图 12-3 所示，主要包括单片机最小系统、数码管动态显示电路、独立按键、直流电机和 L298N 驱动电路。

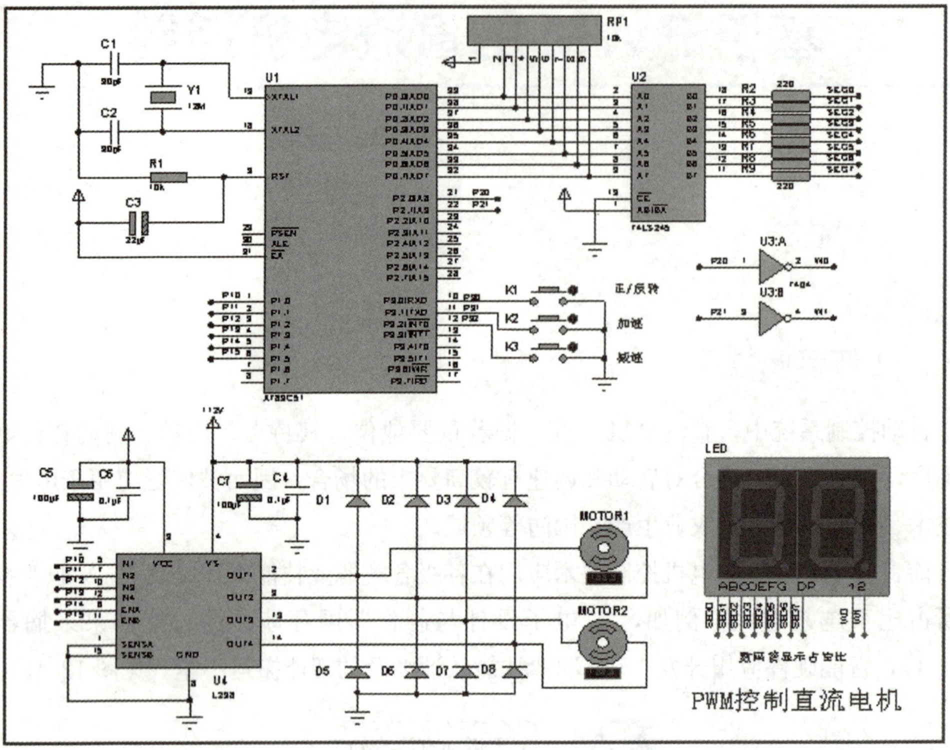

图 12-3　智能小车控制电路原理图

三、参考程序

先在 Keil 中创建一个工程文件，然后新建源程序文件 pwm.c，并将其添加到工程中。在 pwm.c 文件中输入程序，保存并编译，直至无误，最后通过 Proteus ISIS 进行仿真调试。工程界面如图 12-4 所示。

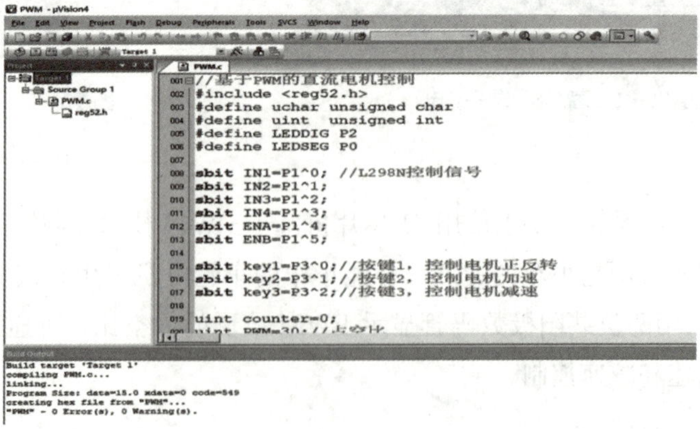

图 12-4　工程界面

智能小车控制程序如下：

```
//pwm.c
//综合项目：基于 PWM 的直流电机控制
#include <reg52.h>                     //包含头文件
#define uchar unsigned char            //宏定义：无符号字符型数据
#define uint   unsigned int            //宏定义：无符号整型数据
#define LEDDIG P2                      //宏定义：数码管位选端口
#define LEDSEG P0                      //宏定义：数码管段选端口

sbit IN1 = P1^0;                       //L298N 方向控制信号
sbit IN2 = P1^1;
sbit IN3 = P1^2;                       //L298N 方向控制信号
sbit IN4 = P1^3;
sbit ENA = P1^4;                       //L298N 使能输入控制信号
sbit ENB = P1^5;

sbit key1 = P3^0;                      //按键 1，控制电机正反转
sbit key2 = P3^1;                      //按键 2，控制电机加速
sbit key3 = P3^2;                      //按键 3，控制电机减速

uint counter = 0;                      //无符号整型变量 counter，计数变量
uint PWM = 30;                         //无符号整型变量 PWM，占空比
uint CYCLE = 100;                      //无符号整型变量 CYCLE，周期

//定义数组 LED8Code，存放数码管的段码(共阳极)，分别对应显示字符为 0～9、A
uchar code LED8Code[] = {0xc0, 0xf9, 0xa4, 0xb0, 0x99, 0x92, 0x82, 0xf8, 0x80, 0x90, 0x88};

void delay(uint t);                    //延时函数声明
void keyscan();                        //按键扫描函数声明
void init();                           //定时器及中断初始化函数声明
void display();                        //显示函数声明

void main()                            //主函数
{
  init();                              //定时器及中断初始化
  while(1)
   {
    keyscan();                         //按键扫描
    display();                         //数码管显示
    }
}

void init()                            //定时器及中断初始化函数的定义
{
  TMOD = 0X01;                         //定时器 T0 工作在定时方式，采用方式 1
  TH0 = (65536-5000)/256;              //定时器赋初值，12MHz 时钟频率，定时时间为 5000μs
  TL0 = (65536-5000)%256;
```

```
  EA = 1;                    //开放中断总允许开关
  ET0 = 1;                   //允许定时器 T0 中断
  TR0 = 1;                   //启动定时器 0

  IN1 = 1;                   //设置电机 1 正转
  IN2 = 0;
  IN3 = 1;                   //设置电机 2 正转
  IN4 = 0;
}
void keyscan()               //按键扫描函数的定义
{
  if(key1 == 0)              //查询按键 1 是否按下，按下时为低电平 0
    {
      delay(10);             //软件延时消抖
      if(key1 == 0)          //再次判断按键 1 是否按下
      {
      while(! key1) ;        //等待按键 1 被释放

      IN1 = ~IN1;            //电机 1 状态取反，反转
      IN2 = ~IN2;
      IN3 = ~IN3;            //电机 2 状态取反，反转
      IN4 = ~IN4;
      }
    }
if(key2 == 0)                //查询按键 2 是否按下，按下时为低电平 0
  {
    delay(10);               //软件延时消抖
    if(key2 == 0)            //再次判断按键 2 是否按下
    {
        while(! key2);       //等待按键 2 被释放
    PWM += 5;                //电机加速，占空比加 5
    if(PWM > CYCLE)          //如果占空比大于设定值 100，则占空比置 0
    PWM = 0;
      }
  }
   if(key3 == 0)             //查询按键 3 是否按下，按下时为低电平 0
     {
      delay(10);             //软件延时消抖
      if(key3 == 0)          //再次判断按键 3 是否按下
      {
        while(! key3) ;      //等待按键 3 被释放
        if(PWM > 0)          //如果占空比大于 0，则电机减速
      PWM -= 5;              //电机减速，占空比减 5
    else
      PWM = 100;             //如果占空比小于 0，则占空比置 100。
        }
     }
}
```

```
void   display()                         //数码管显示函数的定义
{
  LEDDIG = 0x02;                         //共阳极数码管显示数字的"十位"位选
  LEDSEG = LED8Code[PWM /10];            //显示十位的数字
  delay(5);                              //延时
  LEDDIG = 0x01;                         //共阳极数码管显示数字的"个位"位选
  LEDSEG = LED8Code[PWM %10];            //显示个位的数字
  delay(5);                              //延时
}

void 定时/计数器 0() interrupt 1          //定时器 T0 的中断服务函数，中断号为 1
{
  TR0 = 0;                               //停止定时器 T0
  TH0 = (65536-5000)/256;                //定时器 T0 重新赋初值，时间基准 t=5000μs=5ms
  TL0 = (65536-5000)%256;
  counter ++;                            //计数值加 1

  if(counter < PWM)                      //定时器中断产生 PWM 波
  {
  ENA = 1;                               //PWM 波的高电平持续时间，5000μs * 30
  ENB = 1;
  }
else
  {
  ENA = 0;                               //PWM 波的低电平持续时间，5000μs * 30
  ENB = 0;
  }
if(counter == CYCLE)                     //如果 counter 计数到 CYCLE 值，则清零
{
counter = 0;                             //counter 清零
  }
  TR0 = 1;                               //重新启动定时器 0
}
void delay(unsigned int k)               //延时函数的定义，延时时间为 k * 1ms，针对 12MHz
{     unsigned char i;                   //定义循环变量 i
     while( -- k)                        //循环判断是否到达延时时间
      {
         for(i = 124; i > 0; i --) ;     //延时，时间约 1ms
      }
}
```

当电机正转，占空比为 95%时的运行结果如图 12-5 所示；当电机反转，占空比为 30%时的运行结果如图 12-6 所示；当电机停止，占空比为 0%时的运行结果如图 12-7 所示。

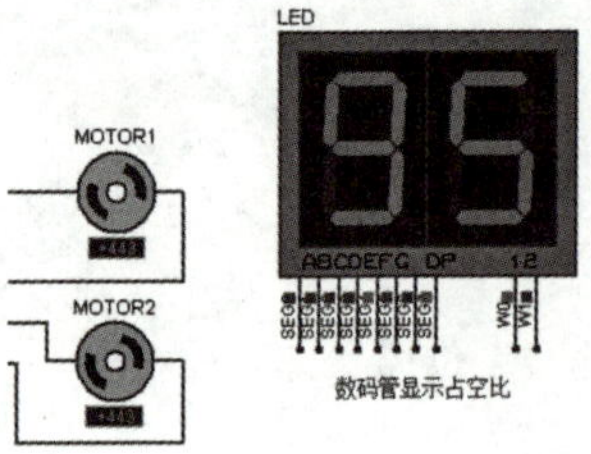

图 12－5　电机正转

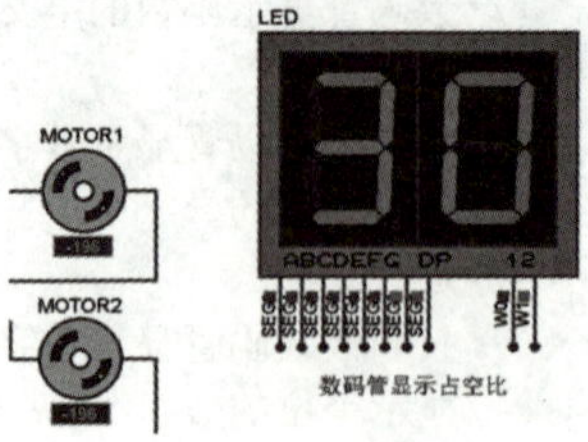

图 12－6　电机反转

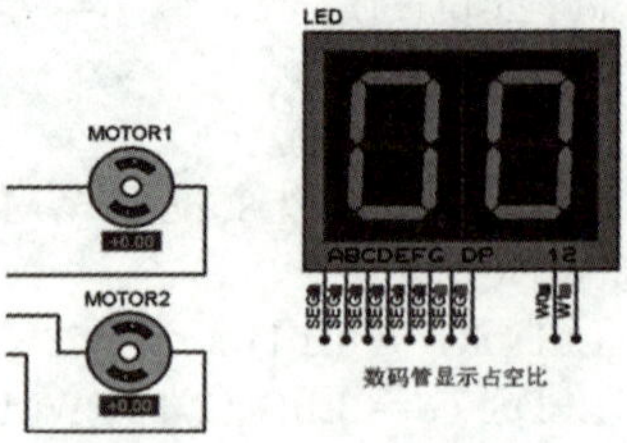

图 12－7　电机停止

四、项目解读

（一）硬件电路设计

1. 直流电机及控制原理

电机俗称“马达”，是一种根据电磁感应定律实现电能转换或传递的电磁装置，包括电动机和发电机。电动机在电路中用字母 M 表示，主要作用是产生驱动转矩；作为用电器或各种机械的动力源，发电机在电路中用字母 G 表示，主要作用是将机械能转化为电能。

电机的种类很多，通常分为直流电机、步进电机、伺服电机等。其中，直流电机（见图 12－8）结构简单，操控方便，成本低廉，因此被广泛应用。近年来，在全国职业院校技能大赛和 1＋X 职业资格认证中均涉及直流电机的应用，前面提到的智能水果采摘器使用的就是直流减速电机，如图 12－9 所示。

图 12－8　直流电机

图 12－9　直流减速电机

这里重点讲解直流电机的控制和使用方法。

电机控制是指对电机的启动、加速、运转、减速及停止进行控制。直流电机的控制非常简单，给电机供电就可以旋转，输入正电压电机就正转，输入相反的电压电机就反转；电压越大电机转速越快，电压越小电机转速越小。

可见，要控制直流电机的转速，只要改变电压即可。但是这种方法有很大的局限性，因为可调直流电源构造复杂、成本高昂，应用不太现实。所以通常采用另外的控制方式：电压源→驱动器→直流电机。电压源提供直流电压，不同的驱动器控制不同的直流电机，操作起来非常灵活。驱动器利用 PWM 对电机进行调速。

虽然通过单片机 I/O 端口驱动直流电机时，只要连接在对应的 I/O 端口并输出高低电平电机就能正转和反转，但是因为单片机的 I/O 端口能提供的输出电流只有几毫安，驱动能力有限，而直流电机的额定工作电流至少需要几百毫安，所以必须要外加驱动电路，以提供足以保证直流电机转动的电流。常用的驱动电路是 H 桥电机驱动电路。

2. H 桥电机驱动电路

（1）H 桥电路原理。

H 桥电路原理图如图 12－10 所示，控制开关 A、B、C、D 的状态就可以方便地控制电机 M 的旋转方向。因为其形状类似字母“H”，而作为负载的直流电机是像“桥”一样架在上面，所以称为“H 桥驱动”，4 个开关所在位置称为“桥臂”。

具体控制方法如下：

1）当开关 A 和 D 闭合、B 和 C 断开时，直流电机正常转动，记该旋转方向为正方向。

2）当开关 B 和 C 闭合、A 和 D 断开时，直流电机正常转动，记该旋转方向为反方向。

3）当开关 A 和 C 闭合、B 和 D 断开，或者开关 B 和 D 闭合、A 和 C 断开时，直流电机不转动。此时可以认为电机处于“刹车”状态，电机惯性转动产生的电势将被短路，形成阻碍运动的反电势，起“刹车”作用。

4）当开关 A 和 B 闭合或者开关 C 和 D 闭合时，直接电源短路，会烧毁电源，严禁出现此类情况。

5）当开关 A、B、C、D 都断开时，电机处于“惰行”状态，电机惯性转动产生的电势将无法形成电路，也就不会产生阻碍运动的反电势，电机将惯性转动较长时间。

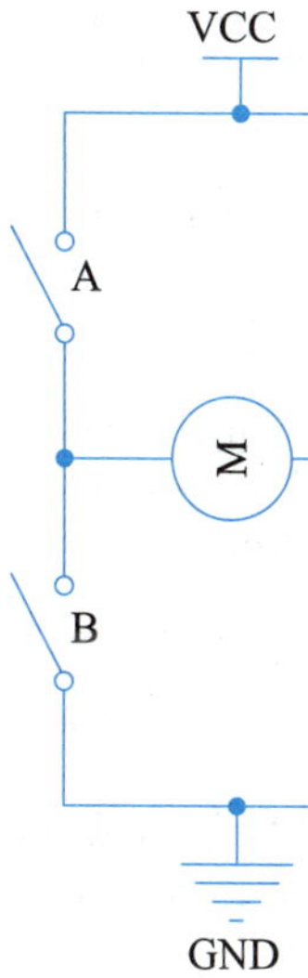

图 12－10　H 桥电路原理图

在实际电路中，可以用三极管和 MOS 管代替开关，从而实现如图 12－11 所示的 H 桥驱动电路。

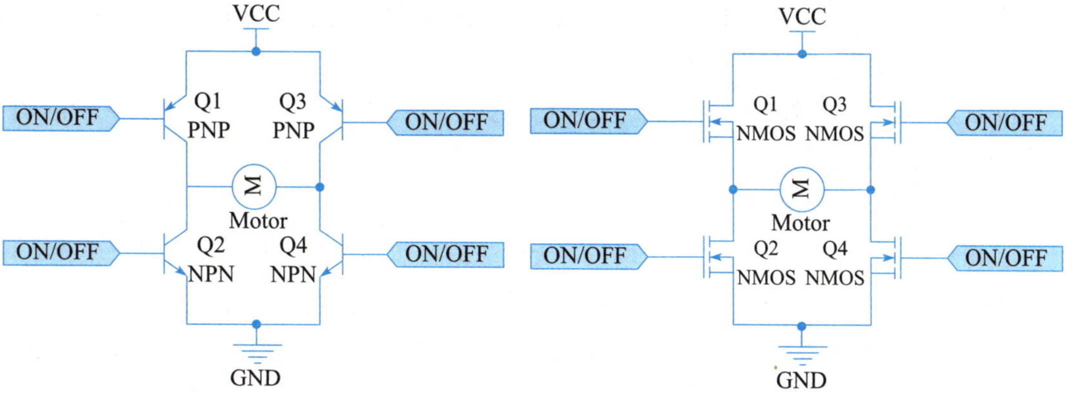

图 12－11　三极管和 MOS 管构成的 H 桥驱动电路

（2）H 桥电路分析。

下面以 MOS 管搭建的 H 桥电路讲解电机正反转控制原理。要使电机运转，必须使处于对角线的一对 MOS 管导通。如图 12－12 所示，当 Q1 管和 Q4 管导通时（此时必须确保 Q2 和 Q3 关断），电流就由电源正极经 Q1 从左至右穿过电机，然后经 Q4 回到电源负极，如图 12－12 中的箭头所示，该流向的电流将驱动电机顺时针转动。

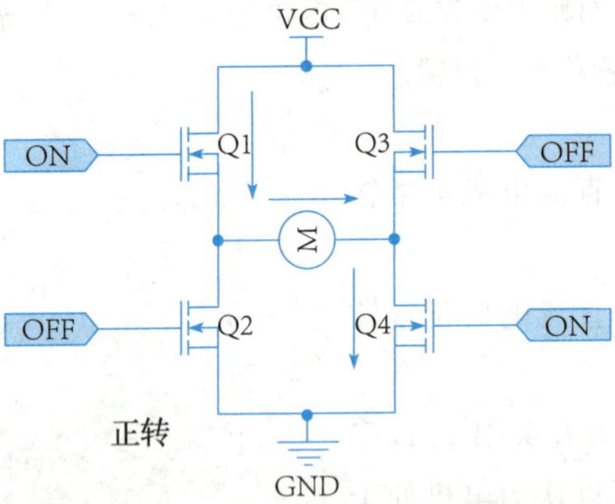

图 12－12　H 桥电路分析

另一对 MOS 管 Q2 和 Q3 导通时（此时必须确保 Q1 和 Q4 关断），电流从右至左流过电机，从而驱动电机逆时针转动。

【注意】驱动电机时，保证 H 桥两个同侧的 MOS 管不会同时导通非常重要，如果 MOS 管 Q1 和 Q2 同时导通，电流就会从电源正极穿过两个 MOS 管直接回到负极，因为电路中除了 MOS 管外没有其他任何负载，所以电路中的电流会达到最大值，烧坏 MOS 管和电源。禁止 Q3 和 Q4 同时导通也是同样的道理。

上述简单的开关只能控制电机正反转，若要实现方向和速度调节，则可以引入 PWM 控制。通过调节占空比实现控速，占空比越大，平均电压（电流）越大，速度越快。PWM 频率范围一般为 10kHz～20kHz。频率太低会导致电机转速过低，噪声较大。频率太高，会因为 MOS 管的开关损耗而降低系统的效率。

市场上有很多封装好的 H 桥集成电路（如电机驱动芯片 L298N），接通电源、电动机和控制信号就可以使用了。

3. 电机驱动芯片 L298N 简介

L298N 是 ST 公司生产的一种高电压、大电流电机驱动芯片。其主要特点是工作电压高，最高可达 46V；输出电流大，瞬间峰值电流可达 3A，持续工作电流为 2A。L298N 是内含两个 H 桥的全桥式驱动器，用于驱动直流电动机和步进电机、继电器、线圈等感性负载。该芯片可以驱动一台两相步进电机或四相步进电机，也可以同时驱动两台直流电机。

如图 12－13 所示，L298N 芯片的引脚有两种封装形式：Multiwatt15 和 PowerSO20。Multiwatt15 封装的 L298N 的引脚分布如图 12－14 所示，其引脚功能说明见表 12－1。

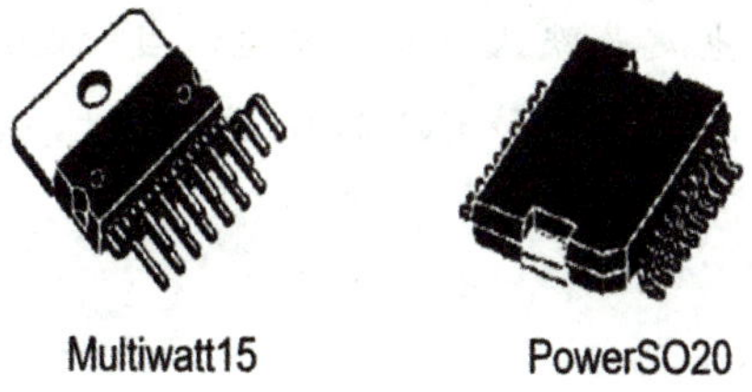

图 12－13　L298N 芯片的封装形式

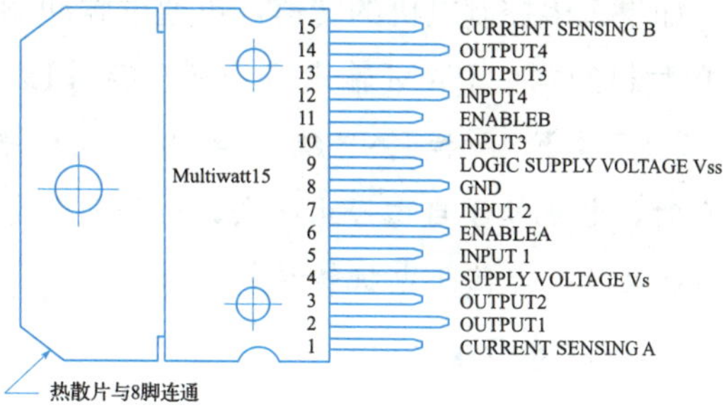

图 12－14　L298N 芯片的引脚分布

表 12－1　L298N 芯片的引脚功能

引脚	符号	功能
1、15	SENSING A SENSING B	此两端与地连接电流检测电阻，并向驱动芯片反馈检测到的信号（对应图 12－3 中的引脚名称 SENSA、SENSB）
2、3	OUT1、OUT2	全桥式驱动器 A 的两个输出端，用来连接负载
4	Vs	电机驱动电源输入端
5、7	IN1、IN2	输入标准的 TTL 逻辑电平信号，用来控制全桥式驱动器 A 的开关
6、11	ENABLE A ENABLE B	使能控制端输入标准 TTL 逻辑电平信号；低电平时全桥式驱动器禁止工作（对应图 12－3 中的引脚名称 ENA、ENB）
8	GND	接地端，芯片本身的散热片与 8 脚相通
9	VSS	逻辑控制部分的电源输入端口
10、12	IN3、IN4	输入标准的 TTL 逻辑电平信号，用来控制全桥式驱动器 B 的开关
13、14	OUT3、OUT4	全桥式驱动器 B 的两个输出端，用来连接负载

4. L298N 使用说明

L298N 内部集成了 2 个 H 桥驱动电路，包括 2 个使能输入端 ENA 和 ENB，4 个方向控制端 IN1、IN2、IN3、IN4，4 个输出端 OUT1、OUT2、OUT3、OUT4，可以控制 2 个电机。

将 L298N 的 OUT1 和 OUT2 连接一个直流电机的两极，OUT3 和 OUT4 连接另一个直流电机的两极，这样，L298N 就和两个直流电机连接在一起。然后通过单片机的端口给 IN1、IN2、IN3、IN4 分别输入高低电平，就能控制电机的转动方向。其控制逻辑见表 12－2。

表 12－2　L298N 的控制逻辑

ENA（ENB）	IN1（IN3）	IN2（IN4）	电机
L	X	X	停止
H	H	H	停止
H	H	L	正转
H	L	H	反转
H	L	L	停止

注：L 代表低电平，逻辑 0；H 代表高电平，逻辑 1；X 代表任意。

如果希望控制电机的转速，可通过脉冲宽度调制（PWM）来控制电机的电压，需要把51单片机的两个PWM输出口分别连接到L298N的ENA和ENB。

【注意】ENA和ENB默认和5V的高电平相连，也就是默认最大的转速。当使能信号为0时，电机处于自由停止状态；当使能信号为1时，且IN0和IN1为00或11时，电机处于制动状态，阻止电机转动。

（二）程序解读

1. PWM的概念及实现方法

（1）PWM的概念。

PWM（Pulse Width Modulation）：脉冲宽度调制（简称脉宽调制，即调节脉冲的宽度）是利用微处理器的数字输出对模拟电路进行控制的一种非常有效的技术，广泛应用在测量、通信、功率控制与变换等多个领域中，尤其在电力电子领域应用广泛，如直流电机的无级调速，以及开关电源和逆变器等。

PWM波是PWM技术控制下产生的脉冲波，如图12-15所示。

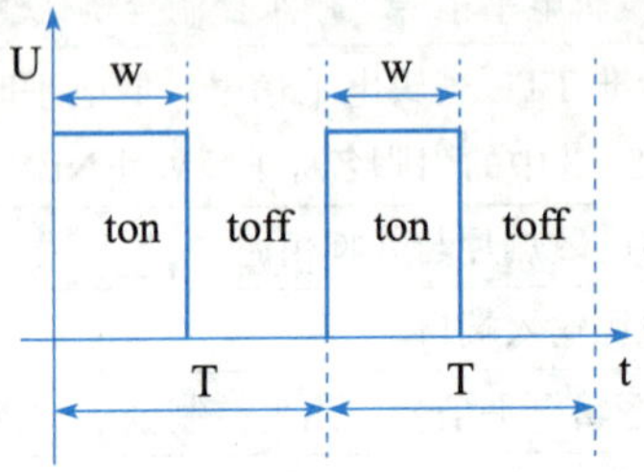

脉宽：W=ton

周期：$T = ton + toff = \frac{1}{f}$

占空比：$D = \frac{ton}{ton + toff} = \frac{ton}{T}$

图12-15 PWM波的参数及相互关系

1）脉冲频率（f）：指1s内信号从高电平到低电平再回到高电平的次数，即一秒钟PWM有多少个周期。单位是赫兹（Hz）、千赫兹（kHz）等。

2）脉冲周期（T）：与脉冲频率成倒数关系，$T=1/f$，单位为纳秒（ns）、微秒（μs）、毫秒（ms）等。如果频率为50Hz，即周期是20ms，那么一秒钟就有50次PWM周期。

3）脉冲宽度（W）：简称“脉宽”，是脉冲高电平持续的时间。

4）占空比（D）：一个脉冲周期内，高电平的时间与整个周期时间的比例。即脉宽除以脉冲周期的值，以百分数表示，如50%；也可用小数或分数表示，如0.5或1/2。例如，周期是10ms，脉宽是8ms，那么低电平时间就是2ms，总的占空比为8/(8+2)=80%，即占空比为80%的脉冲信号。

工程应用中的PWM波是幅值、周期（或频率）不变，脉宽（或占空比）可调的脉冲波。

（2）PWM原理。

以单片机为例，其I/O口输出的是数字信号，只能输出高电平和低电平，假设高电平为5V，低电平则为0V，那么要输出不同的模拟电压，就要用到PWM，通过改变I/O口输出的脉冲波的占空比来获得用数字信号模拟的电压信号。

模拟电压是通过单片机 I/O 口输出高电平（连接）和低电平（断开）交替变换的一系列重复脉冲序列来模拟，该模拟电压被加载到模拟负载（如 LED 灯、直流电机）。其中，连接表示直流供电输出，断开表示直流供电断开。通过对连接和断开时间的控制，可以输出任意不大于最大电压（即 0～5V 的任意值）的模拟电压。

例如，占空比为 50%，表示高电平时间占一半，低电平时间占一半，在一定的频率下，就可以得到模拟的 2.5V 输出电压。同理，占空比为 75%，得到的电压就是 3.75V。如图 12－16 所示。

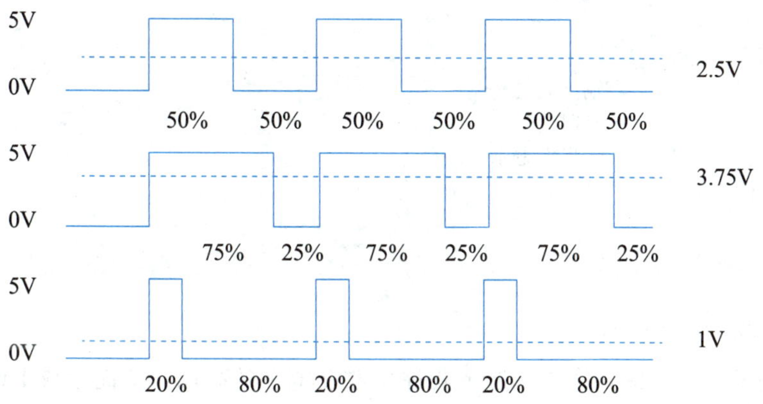

图 12－16　不同占空比输出的等效电压

可见，在一定频率下，通过输出不同的占空比，可得到不同的输出模拟电压，PWM 就是通过这种原理实现 D/A 转换的。

总结如下：

1）PWM 波就是一种脉宽可连续调节的矩形脉冲波；可在合适的信号频率下，通过在一个周期中改变占空比的方式来改变输出的有效电压。

2）占空比是脉宽与脉冲周期的比值，属于量化值；占空比调节实际上就是脉宽调节。

3）通过 PWM 输出的模拟电压的作用效果与直流电压一样，调整占空比就可以实现对电机转速的调节。

（3）编程实现。

直流电机的转速和方向的调节需要通过对电机电枢两端的直流电压的大小和方向的控制来实现。电机的转速与施加的平均电压成正比，输出转矩则与电流成正比。直流电机 PWM 调速信号就是一连串可以调整脉冲宽度的信号，只有高电平和低电平两种状态。通过改变占空比，即可方便地改变加给电机电枢的平均电压的大小，实现调速的目的。

随着大规模集成电路技术的不断发展，如增强型 51 单片机、AVR 及 STM32 单片机等都已内置 PWM 模块。但普通 51 单片机没有自带 PWM 模块，如果要产生 PWM 波就必须通过软件编程的方法来模拟，具体方法如下：

1）软件延时产生 PWM 波。

单片机 I/O 端口输出高电平并延时一段时间，输出低电平并延时一段时间，达到模拟 PWM 波的效果，改变高电平和低电平的持续时间就可以改变 PWM 波的频率及占空比。这种编程方法较为简单，缺点是 CPU 执行软件延时函数时不能执行其他操作，如键盘扫描、显示等，浪费 CPU 资源。

例如，下面的程序便是通过软件延时产生 PWM 波，可实现 PWM 波占空比 $D=60/(60+40)=60\%$。

```
sbit pwm=P1^0;              //宏定义
main()
{   while(1)
  { pwm=1;                  //输出高电平
    delay(60);              //延时
    pwm=0;                  //输出低电平
    delay(40);              //延时
  }
}
```

2）定时器产生 PWM 波。

利用定时器溢出中断，在中断服务程序中改变电平的高低，从而生成 PWM 波。这种方法在程序较复杂、多操作情况下仍能输出较准确的 PWM 波。本模块采用的就是该方法，具有程序见“void 定时/计数器 0（）interrupt 1”部分。

定时器产生 PWM 波的编程思路：首先确定输出 PWM 波的周期 T 和占空比 D，再用定时器产生一个时间基准 t（即一次定时器定时时间），使定时器溢出 n 次的时间是 PWM 波的高电平时间。溢出次数 n 可通过定义一个全局变量来记录。

具体实现：在主程序中启动定时器 T0 或 T1，定时器开始定时，当定时器定时到一个时间基准 t 时，进入定时中断服务函数，重新给定时器 T0 或 T1 赋初值。程序开始定义计数变量 counter，用来记录定时器溢出的次数，每次进入定时中断服务函数后，变量 counter 的值加 1，因为单片机输出的 PWM 波的周期和高电平或低电平持续的时间均是 t 的倍数，所以 t＊counter 的值小于高电平持续时间时，单片机端口输出高电平；t＊counter 的值大于高电平持续时间时，单片机端口输出低电平；t＊counter 的值大于 PWM 波的周期时，counter 的值置 0。本模块中，若采用默认值 PWM＝30，CYCLE＝100，用定时器 T0 产生 PWM 波，其周期为 t＊CYCLE＝5ms＊100＝500ms，其占空比＝PWM/CYCLE＝30/100，即占空比为 30%。

2. 基于 PWM 控制智能小车的软件实现

编程任务：

用 3 个按键控制智能小车的速度和方向，并将 PWM 波的占空比通过数码管显示。

编程思路：

(1) PWM 波输出：PWM 波产生的方法同前，用定时器 T0 中断产生占空比不同的方波，由按键确定占空比值。详见“void 定时/计数器 0() interrupt 1”部分。

(2) 按键处理：采用查询法进行按键扫描，读取 3 个按键值。当 key1 按下时，智能小车电机正转；当 key1 再次按下时，智能小车电机反转；当按键 key2 按下时，智能小车加速，占空比 PWM 值每次加 5；当按键 key3 按下时，智能小车减速，占空比 PWM 值每次减 5。详见“void keyscan() ”部分。

【注意】加减的值“5”可根据需要更改，建议将其定义为宏并放置于文件首部，并将 keyscan 函数中的对应语句替换，这样程序更简明、规范。相关语句如下：

uint Adj_value 5;

PWM += Adj_value;

PWM −= Adj_value;

(3) 数码管显示占空比：将按键程序中获取的占空比值的十位、个位拆解为两位 BCD 码，然后采用动态显示方式将其显示在两位数码管上。详见“void display () ”部分。

五、项目扩展

本模块主要是对通过直流电机驱动的智能小车的车轮进行控制，实现正转、反转、加速、减速。在此基础上，可以进行功能拓展，利用 51 单片机控制 L298 芯片，编程实现前进、后退、停止、左/右转弯及速度控制功能。编程时可参考表 12－3 所列的控制电机转动的编码表。

表 12－3 控制电机转动的编码表

左电机		右电机		左电机	右电机	智能小车运行状态
IN1	IN2	IN3	IN4			
1	0	1	0	正转	正转	前行
1	0	0	1	正转	反转	左转
1	0	1	1	正转	停	以左电机为中心原地左转
0	1	1	0	反转	正转	右转
1	1	1	0	停	正转	以右电机为中心原地右转
0	1	0	1	反转	反转	后退

工作模块 13

单片机控制超声波模块

工作情境导入

蝙蝠和某些海洋动物都能够利用超声波进行回声定位或信息交流，如图 13-1 所示。超声波是一种频率高于 20 000 Hz 的声波，特点是方向性好，穿透能力强，易于获得较集中的声能，在水中传播距离远，可用于测距、测速、清洗、焊接、碎石、杀菌消毒等。在医学、军事、工业、农业领域均有应用。超声波因其频率下限大于人的听觉上限而得名。声音每秒钟振动的次数称为声音的频率，单位是赫兹（Hz）。人类的耳朵能听到的声波频率为 20Hz～20 000Hz。我们把频率高于 20 000Hz 的声波称为“超声波”。研究表明，在振幅相同的情况下，物体振动的能量与振动频率成正比，超声波在介质中传播时，介质质点振动的频率很高，因此能量很大。在日常生活领域，如果把超声波通入水罐中，剧烈的振动会使罐中的水破碎成许多小雾滴，再用内置风扇把雾滴吹出来，就可以增加室内空气湿度，这就是超声波加湿器的工作原理。在医学领域，可以利用超声波雾化药液、粉碎结石、对医疗器械进行消毒。

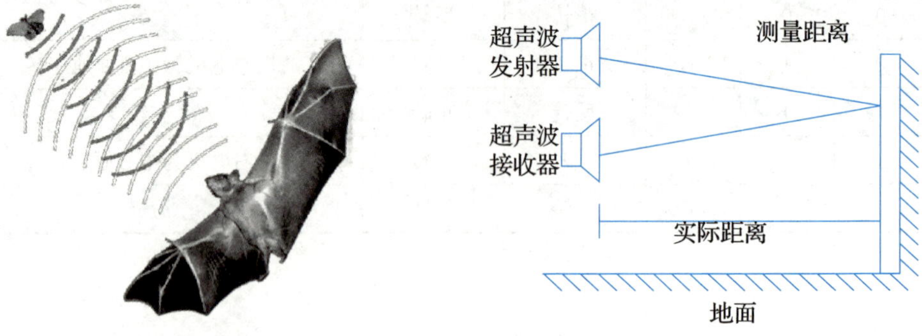

图 13-1　超声波回声定位示意图

一、项目描述

以如图 13-2 所示的智能分拣小车为研究对象，配合仿真电路完成物体距离的测量。

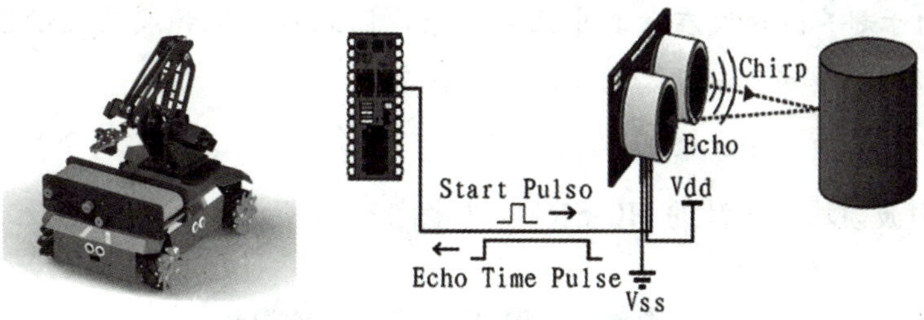

图 13－2　智能分拣小车实物及原理图

智能硬件平台的主要模块采用比较先进的单片机 IAP15W4K58S4 为控制核心，其具有磁导航循迹功能、超声波避障功能、RFID 识别货架位置功能、电机驱动功能，可以控制小车的行驶路径，并将小车采集到的信息传送到单片机上，以实现对小车的智能控制。位于小车前部的超声波模块负责避障，是小车的核心功能之一。

二、电路原理图

（一）单片机和液晶显示器的连接

选用 LCD1602 作为显示元器件，显示部分硬件设计见表 13－1。单片机与液晶显示模块的连接如图 13－3 所示，液晶显示模块用于显示当前测量的距离。

表 13－1　LCD1602 显示部分硬件设计

序号	单片机接口	LCD1602 功能管脚
1	P2.6	LCD_RS
2	P2.5	LCD_WR
3	P2.7	LCD_EN
4	P0 口	LCDD0 ～ LCDD7

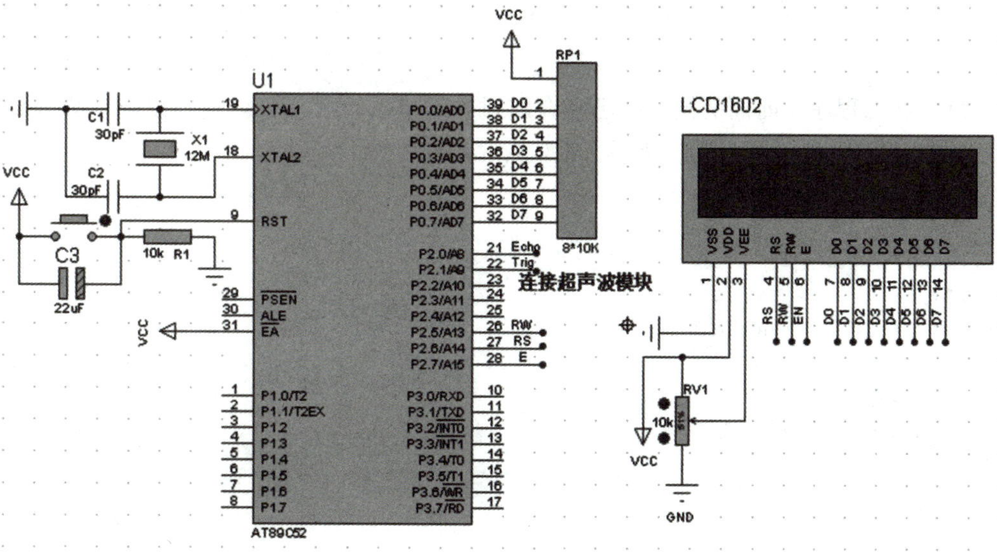

图 13－3　单片机与液晶显示模块的连接

【注意】由于超声波模块在仿真中比较复杂，因此单片机和液晶显示模块之间的连接需要根据实际硬件开发板来确定，图 13－3 仅作参考。

（二）单片机和 HC-SR04 模块的连接

常用的超声波模块是 4 针的 HC-SR04，如图 13－4 所示。

图 13－4　HC-SR04 超声波模块

主要技术参数如下：

使用电压为 DC 5V，静态电流小于 2mA，电平输出为高 5V，高精度（可达 0.2cm），感应角度不大于 15°，探测距离为 2～450cm。

接线方式（从左到右）：VCC、Trig（控制端）、Echo（接收端）、GND。

超声波控制部分硬件设计见表 13－2。

表 13－2　超声波控制部分硬件设计

序号	单片机接口	HC-SR04 功能管脚
1	P2.1	Trig
2	P2.0	Echo

三、参考程序

LCD1602 的程序在前面的模块中已经介绍过，这里进行了部分调整，以便于集成。同学们可以根据 lcd1602.c 文件自行完善 lcd1602.h 文件。

lcd1602.c 液晶程序如下：

```
//液晶 LCD1602 的显示程序
#include"lcd.h"
void Delay1ms(unsigned  int time)        //误差 0μs
{
    unsigned int  i，j；
for(i=0；i<time；i++)
for(j=0；j<125；j++)；
}

void LcdWriteCom(unsigned char  com) //写入命令
```

```
{
LCD1602_E = 0;                          //使能
LCD1602_RS = 0;                         //选择发送命令
LCD1602_RW = 0;                         //选择写入

LCD1602_DATA = com;                     //放入命令
Delay1ms(1);                            //等待数据稳定

LCD1602_E = 1;                          //写入时序
Delay1ms(5);                            //保持时间
LCD1602_E = 0;
}
void LcdWriteData(unsigned char dat)    //写入数据
{
LCD1602_E = 0;                          //使能清零
LCD1602_RS = 1;                         //选择输入数据
LCD1602_RW = 0;                         //选择写入

LCD1602_DATA = dat;                     //写入数据
Delay1ms(1);

LCD1602_E = 1;                          //写入时序
Delay1ms(5);                            //保持时间
LCD1602_E = 0;
}
void LcdInit()                          //LCD 初始化子程序
{
LcdWriteCom(0x38);                      //开显示
LcdWriteCom(0x0c);                      //开显示不显示光标
LcdWriteCom(0x06);                      //写一个指针加 1
LcdWriteCom(0x01);                      //清屏
LcdWriteCom(0x80);                      //设置数据指针起点
}
void LcdSetCursor(unsigned char x, unsigned char y)   //坐标显示
{
    unsigned char addr;
    if(y == 0)
        addr = 0x00 + x;
    else
        addr = 0x40 + x;
    LcdWriteCom(addr | 0x80);
}
void DisplayOneChar(unsigned char X, unsigned char Y, unsigned char Data)
{
Y &= 0x1;
X &= 0xF;                               //限制 X 不能大于 15，Y 不能大于 1
if (Y) X |= 0x40;                       //要显示第 2 行时地址码+0x40;
X |= 0x80;                              //算出指令码
```

```
LcdWriteCom(X);                        //发命令字
LcdWriteData(Data);                    //发数据
}

void LcdShowStr(unsigned char x, unsigned char y, unsigned char * str)//显示字符串
{
    LcdSetCursor(x, y);                //当前字符的坐标
    while( * str ! = '\ 0')
    {
        LcdWriteData( * str++);
    }
}
```

超声波程序 main. c 如下：

```
#include<reg51. h>
#include<intrins. h>
#include"lcd. h"
sbit Trig = P2^1;
sbit Echo = P2^0;
unsigned char Show[]=" Hebei HBSI ";
static unsigned char DisNum = 0;       //显示用指针
        unsigned int   time=0;
   unsigned long S=0;
   bit        flag =0;
   unsigned char disbuff[4]    ={ 0, 0, 0, 0,};
/ * 测距函数 * /
void Conut_distance(void)
{
time=TH0 * 256+TL0;                    //计算经过的总时间
TH0=0;
TL0=0;

S=(time * 1. 7)/100;                   //把时间转换为距离，单位是 cm
if((S>=700) | | flag==1)               //超出测量范围显示“-”
{
  flag=0;
  DisplayOneChar(0, 1, '_');           //显示下划线
  DisplayOneChar(1, 1, '.');           //显示点
  DisplayOneChar(2, 1, '_');
  DisplayOneChar(3, 1, '_');
  DisplayOneChar(4, 1, 'M');           //显示 M
}
else
{
  disbuff[0]=S%1000/100;
  disbuff[1]=S%1000%100/10;
  disbuff[2]=S%1000%10 %10;
```

```
  DisplayOneChar(0, 1, disbuff[0]+'0');
  DisplayOneChar(1, 1, '.');                     //显示点
  DisplayOneChar(2, 1, disbuff[1]+'0');
  DisplayOneChar(3, 1, disbuff[2]+'0');
  DisplayOneChar(4, 1, 'M');                     //显示 M
}
}
void zd0() interrupt 1                           //T0 中断用于计数器溢出，超过测距范围
  {
    flag=1;                                      //中断溢出标志
  }
void  StartModule()                              //启动模块
  {
  unsigned char i;
      Trig=1;                                    //启动一次模块
  for(i=0; i<20; i++)
      _nop_();
  Trig=0;
  }
void delayms(unsigned int ms)
{
unsigned char i=100, j;
for(i=0; i<ms; i++)
  for(j=0; j<110; j++);
}
void main(void)
{
TMOD=0x01;                                       //设 T0 为方式 1，GATE=1;
TH0=0;
TL0=0;
ET0=1;                                           //允许 T0 中断
EA=1;                                            //开启总中断
LcdInit();
LcdShowStr(0, 0, Show);
while(1)
{
StartModule();
    while(! Echo);                               //当 RX 为 0 时等待
    TR0=1;                                       //开启计数
    while(Echo);                                 //当 RX 为 1 时计数并等待
    TR0=0;                                       //关闭计数
        Conut_distance();                        //测距
delayms(80);
}
}
```

四、项目解读

（一）超声波模块的时序

单片机和超声波传感器组成的电路可以用于超声波距离检测。在系统软件的驱动下，单片机向超声波传感器发送一个触发脉冲，超声波传感器被触发后产生一个 40 kHz 的脉冲电信号，电信号在超声波传感器内部转换成传感器机械振动，最终从传感器口发射出去，形成超声波信号。在超声波距离系统中，超声波传感器发射出的超声波信号遇到障碍物后，会被立即反射回来。超声波接收器接收到反射回来的超声波信号后，通过内部转换，再次将超声波变成电信号并传送给单片机。单片机通过发射给超声波的电信号到接收到反射回来的电信号这个脉冲宽度，计算出超声波从传感器发出到返回传感器的往返时间，再乘以声音传播速度，即可算出超声波传感器与障碍物的距离。超声波模块时序图如图 13－5 所示。

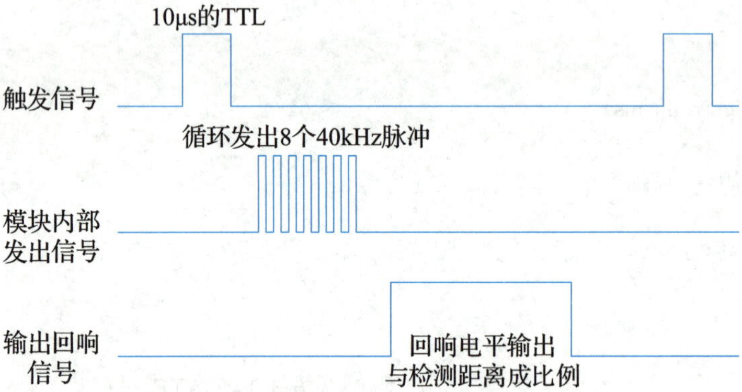

图 13－5　HC-SR04 超声波模块时序图

（二）超声波模块的工作原理

（1）单片机模块触发 Trig 测距，需要给出至少 10μs 的高电平信号。

（2）HC-SR04 发送 40kHz 的方波，并且自动检测返回信号。

（3）如果有信号返回，则通过 Echo 信号输出一个高电平，可使用单片机定时器计算高电平的持续时间。

（4）计算超声波从发射到返回的间隔时间，利用时间换算出相应的距离：

$$距离=\frac{(高平\times 340\text{m/s})}{2}$$

【注意】不同温度环境下，声速是不同的，这里采用环境温度 20℃时的声速，如果需要精确测距，应根据环境温度修正测距公式。

（三）程序解读

（1）液晶程序可参考前面模块中的解读，这里不再赘述。

（2）主程序中，StartModule() 函数使用了 20 次_nop_()；函数，以满足 HC-SR04 模块的启动时序。在定时器 0 的中断程序中，到达定时间隔以后，使 flag=1。flag=1 会影响 Conut() 函数中的 if((dis>=700)||flag==1)语句，从而将测量距离显示到 1602LCD 显示模块中。

（3）测距函数 void Conut_distance(void)；是主函数的核心。

```
time=TH0*256+TL0;        //计算经过的总时间
 TH0=0;
 TL0=0;
```

此部分计算出从 0 开始到测距结束时经过的计数间隔。随即将定时器寄存器清零，准备下一次测距。

```
    S=(time*1.7)/100;           //把时间转换为距离，单位是 cm
if((S>=700)||flag==1)           //超出测量范围显示“—”
```

此部分根据计算出的计数间隔推算出定时器的时间间隔，单位是微秒。考虑到计数间隔是往返各一次，因此时间间隔乘以声速 340m/s 后再除以 2，即可得到距离，单位取厘米。计算距离的算式如下：

$$s=\frac{(\text{time}\times 1.7)}{100}$$

如果计算出的距离大于 700，就用下划线替代；如果在正常范围内，则按照实际测出的距离显示。

五、项目扩展

超声波模块使用简单，电路设计灵活，应用广泛，如汽车行车辅助系统、物流识别系统、智能避障系统等。学习和设计的重点在于理解其时序逻辑，同学们可试着将超声波模块灵活运用到其他常见的控制系统中。

参考文献

[1] 王静霞．单片机应用技术[M]．4版．北京：电子工业出版社，2020.

[2] 郭天祥．新概念51单片机C语言教程：入门、提高、开发、拓展全攻略[M]．北京：电子工业出版社，2009.

[3] 徐宏英．单片机基础及应用项目式教程[M]．北京：机械工业出版社，2021.

[4] 陈海松．单片机应用技能项目化教程[M]．北京：电子工业出版社，2012.

[5] 袁东、周新国．51单片机典型应用30例（基于Proteus仿真）[M]．北京：清华大学出版社，2016.

[6] 陆旭明、缪建华．C51单片机技术应用与实践——基于Proteus仿真+实例、任务驱动式[M]．北京：机械工业出版社，2018.

[7] 杜洋．爱上单片机[M]．北京：人民邮电出版社，2011.

[8] 范洪刚．51单片机自学笔记[M]．北京：北京航空航天大学出版社，2010.